U0176763

A CULTURAL HISTORY OF THE SEA
IN THE MEDIEVAL AGE

中世纪
海洋文化史

海洋文化史·第2卷

Margaret Cohen

[美] 玛格丽特·科恩　主编

Elizabeth Lambourn

[英] 伊丽莎白·兰伯恩　编

刘嫩　译

上海人民出版社

海洋文化史

主编：玛格丽特·科恩（Margaret Cohen）

第一卷

古代海洋文化史

编者：玛丽·克莱尔·波琉（Marie-Claire Beaulieu）

第二卷

中世纪海洋文化史

编者：伊丽莎白·兰伯恩（Elizabeth Lambourn）

第三卷

近代早期海洋文化史

编者：史蒂夫·门茨（Steve Mentz）

第四卷

启蒙时代海洋文化史

编者：乔纳森·兰姆（Jonathan Lamb）

第五卷

帝国时代海洋文化史

编者：玛格丽特·科恩（Margaret Cohen）

第六卷

全球时代海洋文化史

编者：法兰兹斯卡·托尔玛（Franziska Torma）

目　　录

CONTENTS

插图目录

中文版推荐序

———————————————

　　《海洋文化史》丛书六卷的出版是一项重大的学术成果，该套丛书的中译本亦是如此。

　　人们通常认为中国的文明是陆地文明而非海洋文明，用"黄土地"来比喻中国就体现了这一观点，而15世纪的郑和下西洋则被视为一个例外。事实上，海洋在中国历史上一直是一个不可或缺的元素。几千年来，中国人为了寻求商机、获得政治避难或出于其他原因而远涉重洋，他们在东南亚的主要贸易口岸建立了社区，世界各地的商人纷纷通过海路来到中国进行贸易。宋朝时的泉州可能是世界上全球化程度最高的城市，当时这里到处都是来自南亚、东南亚和阿拉伯的商人。为了让世人感受到这种密切的互动和交流，一些学者建议把中国南部的海洋区域称为"亚洲地中海"。

　　有人可能会说，在中国历史上，海洋虽然在经济方面很重要，但这并不意味着其在更广泛的文化方面也很重要，显然这是个错误的观点。纵观全球科技史，海洋在造船和制图技术的发展中起着至关重要的作用；而纵观全球宗教史，我们都知道，元朝之后的伊斯兰教、明朝及以后的中国民间宗教，在很大程度上都是经由海洋在东南亚进行传播的。所以，即便我们把文化史定义到更小的范畴，海洋在中国文化史上也从未被边缘化，而是如同在欧洲一样，是信息、传说和隐喻的丰富来源，早在秦始皇时期，中国就有了徐福寻找长生不老药的故事。

　　因此，虽然我十分赞赏英文版编者和撰稿者的工作，但我对这个项目的感受仍颇为复杂。丛书的标题稍有误导性：实际上，标题不应该是海洋文化史，因为丛书的前几卷描述的是欧洲海洋文化史，而后几卷则是西方海洋文化史，丛书的欧洲中心主义是一个最引人注目的方面。尽管丛书的编者认可了这一缺点，但遗憾的是，后续内容并未见到更多的改进。

　　本套丛书虽存在这一问题，但必须承认，从狭义上讲，它是关于海洋文化史最好的英文著作之一，也将是中国读者的宝贵参考工具，或许还能成为进一步推动中国海洋史研究的引擎。需强调的是，这并非是说中国的海洋研究缺乏丰富悠久的传统，由此，不得不提起我的一位老朋友兼老师王连茂，多年来他一直担任泉州海外交通史博物馆馆长，在中国航海史的学术研究方面做了大量的工作。如今，王老师已经退休，他的工作由新馆长丁毓玲继续，而他们也只是国内外无数从中国人的角度为海洋文化史作出贡献的学者中的两位。

本套丛书所展示的文化史方法或许会给海洋文化史领域带来富有见地的思想，这也是本套丛书的一大优点。丛书中的文章并没有遵循严格的时间顺序，而是从知识、实践、表现等八个不同的主题来审视海洋文化史，这八大主题都经过仔细考量、跨越古今，契合丛书的全部六卷。书中的每种观点都有一个中国故事的类比。事实上，在阅读这些书籍时，我常想如果将每个主题都用中国例子的重要证据来阐述，那这些观点又会有何不同？这些观点的内容十分广泛，中国的历史学家们可以考虑引用，而无需担心被指责成将国外类别和术语无知地引入不同的历史背景。因此，我希望本套丛书的出版能够对中国的海洋文化史领域产生积极的影响。

上文中，我提到了在全球海洋文化史研究中本套丛书忽视了中国的影响，当然，世界其他地区被忽视的问题也同样可能出现。从积极的一面来说，本套丛书或许能让世界各地从事海洋文化史研究的学者之间进行更多的对话和交流。最终，这些对话可能促成真正的世界海洋文化史的诞生。丛书的第六卷告诉我们，如今我们生活在人类世（Anthropocene）时代，人类的行为正给我们的持续生存造成威胁。在这种背景下，深入了解导致持续忽视环境的所有不同文化遗产，以及最终可能会让我们改变自身行为并为我们所面临的问题找到综合解决方案的所有文化资源，则成为我们非常重要的一个目标。

应同事金海博士（本丛书第一、三、六卷的译者）之邀，我为该书作序，但恐难达到他的预期，希望此序不会使他或中文版的出版商感到不妥，无论如何，希望我的序言能够如同英语谚语所说，"to call a spade a spade"（抛砖引玉）。

宋怡明（Michael Szonyi）
哈佛大学费正清中国研究中心主任
哈佛大学东方语言与文明系教授

主编序

　　过去三十年间，海洋研究已经成为人文学科中一个领先的跨学科领域。海洋研究的重要性在于它能够说明完全跨文化、越千年的全球化。在其逐渐成形的过程中，海洋研究合并和修订了通常在国家历史框架内的涉及海洋运输、海洋战争和全球探索的早期学术成就。海洋研究领域有着各种类型的文献，主要展示海洋运输和海洋资源如何将分开的陆地连接成水基区域，重现两个从未接触过的社会在海滩的相遇如何带来棘手的统治结构，并揭示从外太空拍摄的我们这个蓝色星球的单张照片的影响。今天，海洋研究的目的在于讲述那些在海上旅行的人物的故事，包括专业人士、冒险家、乘客、被迫迁移者，以及动物。

　　此外，这一新领域还认为，海洋是个充满想象的地方，尤其是海洋对许多人而言十分遥远，但同时对于生命的维持又非常重要，这种矛盾对立使得海洋更具想象空间。据说，诺贝尔奖得主、诗人德里克·沃尔科特（Derek Walcott）写过一句令人难忘的名言："海洋是历史。"[1] 同时，对海洋的想象并不是纯粹的幻想，而是根据所处的海洋环境以及人类海洋实践而形成的想象，引导人文主义者去接触物质世界的现实。现代海洋学和海洋生物学在 19 世纪形成时，将海洋确立为非人类的自然领域，但此前，两者是结合了对环境的好奇以及对权力和财富的追求的混合性实践知识。伴随两种学科的分离，海洋一次又一次地向我们表明，我们必须认识到海洋为人类而生、与人类共存及其本身的存在。

　　21 世纪，第二次全球化、后殖民冲突和气候变化等使得海洋在世界发展中的重要性 越来越明显，让我们不能忽视海洋的社会和文化现实。用《全球时代》(*The Global Age*) 编者弗兰兹斯卡·托尔玛（Franziska Torma）的话说，这种发展"迫使我们一并'思考科学和人文'，因为科学提供了数据，而人文将它们'转化'为社会和学术解释，这就开启

---

[1]　这是沃尔科特一首诗的标题（"The Sea Is History"，2007）。

了对海洋从古代到现在的历史视角"（Franziska Torma，个人通讯，2020 年 5 月）。无论是利用航海考古学来重现沉没的城市和船舶，还是利用气候变化对沿海社区影响的科学研究，海洋研究在这种令人感到迫切但又棘手的交叉的人文学科领域中都处于领先地位。

在编辑"海洋文化史"的过程中，我有幸与制定 21 世纪海洋研究议程的各卷编者合作。总体而言，他们的专业知识涵盖了全球各大洋，特别是地中海、印度洋、大西洋和太平洋的知识，也包括科学和环境历史方面的知识。我们的跨大西洋大学机构启动了研究项目，但我们首先就表示，我们承认以西方为导向的观点的地位并反对它。此外，读者还会看到，西方的抽象观点本身在受到水上活动和航海实践的压力时会不攻自破。因此，海上旅行涉及跨越数千公里的遥远接触区域，我们不能将其简单地视为西方的取向，即便西欧可能是一个出发点。这些接触区域中的社会极其复杂，会改变区域中的人，而区域中物理环境的重要性又带来了更多的思考。此外，由于船上生活的艰苦以及帝国航线的海船上都有的多元文化习惯等因素，海上生活的需求使那些在船上工作的人失去归属感，可能形成一种与陆上社会脱离的文化。

为让世人更多地了解海上相遇的历史，我们将丛书的主题进行了定义。布鲁姆斯伯里（Bloomsbury）出版社的文化史丛书的一个特点就是为每本书都设计了贯穿古今的八个章节标题。这些标题涉及从广泛人类学意义上对文化的理解，即指定组织社会结构的不同实践领域。就海洋而言，重要方面包括但不限于战争、技术、海上贸易、科学知识以及神话和想象。我们以一种使撰稿者能够呈现民主历史的方式定义我们的主题。例如，我们将海上的"战争与帝国"的历史定义为"冲突"，以说明海上暴力斗争的多种范围，包括国家支持的海军、非国家行为者以及船上生活的暴力等场景，从船上哗变到旅客待遇和奴隶贩运等不一而足。此外，我们将"科学与技术"的主题重新定义为"知识"，以便有机会阐述严格科学界限之外的知识。这种知识包括古典哲学思辨以及西方范式之外的海洋知识和实践等。

我们在组织章节时，也考虑到了由陆上事件形成的传统西方历史分期。同时，读者会在丛书各章节中看到有关这种历史分期是否会由于前面提到的以陆地为重点的海洋视角的压力而最终在陆上停止的问题。因此，埃及航海以及与其地中海盆地其他文化的接触的历史贯穿了这一特殊文化的陆上分期，传统上是根据该文化的统治王朝来分期，即从希腊史前到古典时期再到罗马时代，大约是从公元前 2000 年到公元 1 世纪。在现代，以单一技术为例，1769 年到 1989 年只是航海史上的一个时期，但这个时期贯穿了三卷书。1769 年，英国工程师约翰·哈里森（John Harrison）完善了一种可以在长时间航行中保持准确时间的计时器。这种计时器能够比较船舶在航行期间的正午和在任意定义的起点处（按传统习惯，被定为格林威治子午线）的正午，使得导航员最终可以在航行时确定船的经度，这一发展大大提升了海上安全性，即使这种计时器的使用在数十年之后才扩展到海军圈之外。直到 20 世纪第三个 25 年全球定位系统（GPS）的发明为止，天体导航一直是确定船舶位置的最佳方法，后来到 1989 年，美国国防部发射了一个 GPS 卫星系统，人们只需触摸几个按钮就可以摆脱天体导航所需的费力计算。

海上分期特殊性的另一个方面是海洋作为一种物理环境的时间尺度。千万年以来，海洋历史都是按照地质变迁的速度发展，但在"人类世"的时代，我们正在了解人类对地球领域的影响。长期以来，地球一直被认为有着用之不竭的资源和人类无法企及的巨大力量。这种人类的影响可能我们每个人在有生之年都可以见到，例如，自 1979 年以来，极地冰盖的融化已经使之在卫星可视化景象中大幅减少（Starr，2016）。这种影响反过来又影响着社会，影响着依赖于天气模式的北极土著居民和世界各地的农民，但天气模式已经因为全球变暖而遭到破坏。但冰盖的融化导致了穿越北极的新航线的开辟，进一步扰乱了海洋的人类和地质时间尺度，可能给北极带来更多的人类足迹。

极地冰川融化的全球性后果说明了如何从海洋视角（无论是将海洋作为一种环境还是作为人类活动的场所）重新界定地理分析的陆地单元。丛书各章节揭示了国家划定的边界对海洋文化的重要性可能不如由自然特征定义的流动空间，并说明了从陆基历史的角度来看，非中心的岛屿或海岸如何在一个国家的海洋抱负中发挥巨大的形成性作用。而且，海上运输导致了一些在同一旗帜下立即联合、但领土互不相连、具有独特和特别难解的行政特征的国家的产生。但在词汇层面上的另一个挑战是，当我们试图用陆地上的语言来表达海洋现象时，我们所采用的形象化描述会妨碍理解，难以令人满意。当今有关这方面的一个很好的例子是太平洋上巨大的污染"垃圾带"（garbage patch）。"带"（patch）这个形象限制了污染的范围，并没有捕捉到塑料在海水中的微观扩散。

海洋浩瀚无边，对海洋的研究使人们认识到，任何研究均需为零散研究并有具体定位。丛书的撰稿者包括具有既定和新兴观点的作者，他们所撰写的章节是围绕我们中心主题的原创研究，而不是二手文献的摘要。丛书编辑鼓励撰稿者以他们认为最能展示其主题原创性并最适合其专业知识的方式来阐明自己的见解。有些撰稿者采用了调查叙述的方式。另一些撰稿者则把一个典型的或异常的单独事件作为画布。但还有一些撰稿者围绕海洋环境的尺度提出问题。

这种灵活性也很重要，因为我们丛书标题中的"海洋"并非只是一个事物。相反，根据参与海洋研究的人员以及目的的不同，海洋元素的文化构建和想象方式有着很大的区别。这一范围在各章节的丰富形象的描述中也很明显，这是文化史丛书的另一个特点。因此，读者将看到，在古代，人类从未直接描述海洋，而只是在壁画和花瓶上，用鱼、船或神话海洋生物的绘画来暗示海洋。相比之下，将海洋展现为一个令人敬畏的剧场的宏伟海景吸引了启蒙和浪漫时代的众多观众。有一个跨越几个世纪的常用工具，即实用图表，这种图表用各种方法，根据不同的认识和环境，来寻找和标记跨越开放水域的路径，这一切都是为了一个共同的目标——安全。我希望读者在梳理本丛书中收集的各种主题和方法时，能够更好地理解人与海洋之间持久而普遍的联系，并认识到海洋研究的新的和未来的发展方向，从而将在浩瀚的、很多情况下无人涉足的水域的航行与新兴学术领域作个比较。

玛格丽特·科恩（Margaret Cohen）

引　言

绘制中世纪海洋文化史的海图

———————————

伊丽莎白·兰伯恩（Elizabeth Lambourn）

中世纪的海洋文化史是怎样一幅面貌，学者们还在研究当中。海洋有它的历史，甚至具体到文化史这种理念，也并不像起先看起来那样出现在近期，不过，海洋的文化史，特别是中世纪的海洋文化史，依然是较新的领域。对海洋文化史的研究，起始于对当代的，即18、19世纪的西方文化产品，如小说、游记或海景画等的研究。这个领域诞生在文学史学家和艺术史学家当中，并最初由他们进行探索。随着中世纪史学家和其他人在他们自己的领域和地理学领域"尝试"这个理念，并根据他们自己的具体资料和学科重点来对它进行调整，这个领域现在已经成为重点。对于我们研究的这个时期，海洋文化史的理念实际上远未得到充分的探索，也相当的支离破碎，因此布鲁姆斯伯里出版社在委托编写本卷之时，实际上需要它的编著者具备相当独到的思维，在这个过程中，他们以一种可能并非他们本意的方式，点燃并助推对海洋文化史的研究。

正如《海洋：海洋地理学和史学》(*The Sea*：*Thalassography and Historiography*)一书的编著者所强调的那样，海洋的历史"在史学中……一直是少数派"(Miller 2013：278)。更重要的是，在现有的这本书的语境中，很少有关于海洋的历史，当然也很少有关于中世纪海洋"文化"史的大范围史学反映。这本书中的内容不仅散乱，而且也常常不连贯。该书的编者彼得·米勒 (Peter Miller) 敏锐地指出，研究这一领域的史学家大部分都在各自为战，"彼此之间没有联系，也缺乏更广泛的交流"(17)。相反，作为这种"更广泛的交流"的一部分，大量相关的著作得以产生，但位于文化史或海洋史的特定框架之外：例如宗教研究、考古学的许多分支学科、物质文化研究等。

而本卷，则提供了一种亟须的机会以与更广泛的读者发展和分享这种交流，而且它出现在一个重要的时刻。如前所述，中世纪海洋文化史的书写一直以来都是以

2

欧洲文献的文学批评为基础，得到的支持也来源于欧洲的视觉图像研究。如果文学研究成为这种历史的引路人，那可能是因为传统主题和其他文学手法清楚地传达了这样一个事实：海洋不仅是人、观念、万物流通的高速公路，同样重要的是，正如著名大西洋史学家卡伦·魏根（Kären Wigen）（2007：16）所言，它也是"想象力投射的空间"。用一句俗语来说："海洋很适合思考。"不过，海洋文化史有落入一种舒适的、主要受文学驱动的格式的风险，这种格式不仅暗地里以欧洲为中心，同时还把注意力放在少数有文化的群体的富于想象的推断上，而这些人对海洋和海洋周边的居民所知甚少。那些通过文学传统主题和视觉图像将海洋知识化的人，并不一定是居住在海岸周围的人，也不一定是在海上航行和捕鱼的人。后两者通常是不识字的居民，拥有另一种海洋文化史，而正是通过这些群体和社会的——也许不那么显然"可读的"——物质文化，或者他们的口述历史和民间传说，我们能够开始了解另一种叙事。

不用说，这类"想象力投射"过程并非欧洲所独有，而是全球所有与海洋接触的人类的共性。在欧洲以外地区检验在欧洲背景中倡导的文学和视觉方法的时机当然已经成熟，而反之，欧洲无疑也会受益于在欧洲以外发展的思想和新方法。然而，如果海洋文化史要想繁荣发展，它还必须考虑如何整合和解释更大范围内的资料：当然包括口口相传的史料，但也包括大量非写实的文化产品和由海洋制造及以海洋制造的实物。在欧洲的背景下，实物为精英的文学投射带来了重要的对照物，但在欧洲之外，它们通常是撰写海洋文化史主要的，有时是唯一的资料。本卷并不假定文学文本或视觉表现是海洋文化史的唯一起点。文化史的下一波浪潮必须走出它在北大西洋和地中海的欧洲安全避风港，但仍然要敏锐地意识到，这种地理转移还涉及重大的方法论和理论转变。

如前几段所示，本卷无意佯装提供一个明确的答案。对于公元800年至1450年的海洋文化史，它呈现的并不是"唯一"，而是"其一"，它的成形，一方面是由本系列丛书本身参数所塑造，另一方面也得益于它的编者和撰稿人的视野、好奇心和专业知识。在不希望将编著者过于严密"分割"的情况下，本书有意挑战之前的中世纪海洋文化史的文学重点，因此撰稿者中仅有两位文学史学家：一位是莎朗·木下（Sharon Kinoshita），中世纪法国文学和全球比较文学专家，另一位是詹姆斯·L.史密斯（James L. Smith），他的著作一直以欧洲中世纪水域史为重点，至少在撰写本卷的章节之前如此。除此之外，本书的章节还由一些史学家和考古学家以不同的语言风格撰写。乔纳森·谢泼德（Jonathan Shepard）是一位历史学家，专门研究中世纪早期的俄罗斯、高加索和拜占庭帝国；伊丽莎白·兰伯恩、罗克珊妮·玛格丽蒂（Roxani Margariti）和艾曼纽埃尔·瓦格农（Emmanuelle Vagnon）的著作在地中海和印度洋世界的物质和视觉文化史方面有着深厚的基础。三位考古学家也参与了本书的撰写：埃里克·斯特普尔斯（Eric Staples）是一位在实验考古学方面有丰富经验的海洋考古学家；斯蒂芬妮·韦恩-琼斯（Stephanie Wynne-Jones）是斯瓦希里海岸考古学家，研究的重点是陶瓷证据和国内物质文化；詹妮弗·哈兰德（Jennifer Harland）是一名动物考古学家，她专门从事北大西洋研究，以及通过分析出土的鱼遗骸进行渔业和鱼类消费研究。

在现行的海洋文化史中，地中海地区自然占有重要地位，这在本书的许多章节中有所反映，如莎朗·木下的《旅人》、罗克珊妮·玛格丽蒂的《岛屿与海岸》、艾曼纽埃尔·瓦格农的《表现》，其作者都是地中海学家。不过，这些章节，还有其他一些章节，也在这些水域之外展开，将地中海的素材与其他海域结合起来，或实际上专注于非洲—欧亚大陆（Afro-Eurasia）周围的非地中海水域。《知识》（埃里克·斯特普尔斯）和《岛屿与海岸》（罗克珊妮·玛格丽蒂）两章将地中海与更广阔的印度洋世界，从非洲东部直至中国东海岸、韩国和日本结合起来加以探讨。考古学家斯蒂芬妮·韦恩-琼斯和詹妮弗·哈兰德在《实践》一章中详细地比较了中世纪时期的两个关键海域：大西洋和西印度洋。乔纳森·谢泼德的《网络》横跨北大西洋和黑海，并且聚焦连接北部水域与东地中海的河流网。在《冲突》一章（伊丽莎白·兰伯恩）中，探讨了能够将围绕欧洲水域（广义上）的暴力主题而发展起来的现有学术研究主体转化到印度洋的方法。所有章节中，在地理学上任务最艰巨的是艾曼纽埃尔·瓦格农的《表现》和詹姆斯·L.史密斯的《想象的世界》。这两章的取材从早期的北大西洋直至中国东海岸、韩国和日本，在史密斯的章节中，甚至还有毛利人的奥特亚罗瓦（Aotearoa）（新西兰）。由于本卷文字所限，无法寄希望任何一章能够让其主题涵盖全球。我们主要将重点放在连接非洲—欧亚大陆的"旧世界"的历史上，而让美洲和大洋洲在本系列的后几卷中得到展现。就这一点而言，詹姆斯·L.史密斯《想象的世界》一章是富于开创性而卓有贡献的，它在波利尼西亚文化史和想象力的投影上花了不少篇幅。即便如此，人们可能仍会合理地认为，对西非花的篇幅依然是不够的，作为编者，我苦恼地意识到这个缺憾。这样选择重点并不是思想上的懒惰决定的，而是由于在跨越非洲—欧亚大陆如此广阔的地区、连接历史和数据方面面临着巨大的挑战。用彼得·米勒（2013：17）的话来说，这些历史和数据当前"彼此之间没有联系，也缺乏更广泛的交流"。综合概述和比较历史是复杂难写的，本卷的构想需在综合性和内容范围之间进行权衡。米歇尔·巴拉德（Michel Balard）的《历史中的海洋：中世纪世界》（*The Sea in History*：*The Medieval World*）（2017）选择的覆盖全球的方法在本卷中并不合适。巴拉德的著作中有少数几个单独的章节论述加勒比海地区、南美、西非和远东海洋历史的特定方面，由此做到了覆盖全球，但读者只能在欧洲和地中海依然占绝对中心的更大框架内对这些非欧洲的资料进行选择并作出自己的理解。这种模式与布鲁姆斯伯里文化史系列丛书的精神是背道而驰的，丛书的精神恰恰是综合性与结合性。尽管在地理范围上受到限制，但我们的这卷书积极地对广泛不同的材料进行综合和比较。作为一名编者，我所面临的极大挑战，是找到勇于在离家如此遥远之处进行遨游的学者，即使在这些地理界限之内。编撰本书是极其不易的。我们谨希望美洲、大洋洲和西非的学者们加入这一新生的交流，并在将来对完整的中世纪海洋全球史作出贡献。

我们也认识到，使用"中世纪"这个术语存在问题，它是以欧洲为中心的术语和概念，却被应用于意图去欧洲中心化的叙事。这样的分类是由出版者设定的，但它们也反映了普遍的学术运用情况。尽管有大量的学术争论，但"中世纪"并没有其他可行的替代词，所以我们继续在这里使用它。尽管有瑕疵，希望它的问题不会妨碍读者们了解呈现在他们面前的资料和思想。本卷所有的撰稿者都认识到，将中世纪的术语扩大到欧洲之外，正如历史学家凯瑟琳·戴维斯（Kathleen Davis）和迈克尔·普特（Michael Puett）在围绕"全球中世纪"这个观点的早期交流中所言，将涉及"对殖民历史和民族主义历史许多主要主张的冲撞"(2016：2)。这个词带有浓重的殖民意味，但是，小心谨慎地对它进行运用，有助于我们从世界"同时代文化"的角度来思考，引发新的交流，极大地丰富现有的交流，并为围绕着联系和相遇的过程而过于简单地构建起来的全球史提供重要的替代选项。虽然本卷不能够也不敢称完整覆盖全球，但它接纳并吸引了目前更多地撰写中世纪全球史的学者。

这个类型的系列丛书通常把自己摆在对现有文献进行系统介绍性概述的位置，以及在某个特定主题下广泛的知识潮流流动的位置。相较而言，本书提供的则是一个论坛，将彼此无关联的学术论述联系起来，并参与到海洋文化史"更广泛的交流"当中。这里是提出我们"未知"的地方，同时它也提供机会让我们表达"所知"，并标出进一步研究之后我们可能的所知，特别是如果我们把研究得更好的地区和世纪的方法和问题，转化到原始而未被解析的、多得多的中世纪现存的文字资料、视觉资料、物质资料中而进行进一步研究的话。本书的章节难免常是探索性的、思考性的、试探性的，甚至对"概述"系列丛书应有的自信、肯定的基调的采用也显得谨慎。

尽管并不完美，但我们希望我们对在很大程度上未知的、布鲁姆斯伯里丛书所称的"中世纪"(事实上我们愿意如此明确地陈述)的海洋文化史的知识空间进行绘制的首次尝试，能够促进海洋文化史学家们彼此进行崭新的对话，同时给刚刚从其他学科涉险而来的更多的读者带来新的观念和问题。这一领域相对年轻，这从多方面来说都是好事，在此太多的原创主张还未提出，因此也无须争夺。本卷的许多章节代表着跨越如此广阔的海洋和时间范围的世界首次尝试。作为本卷的编者，我代表本中世纪卷的所有撰稿者，竭诚欢迎你加入这种努力。

描写欧洲及欧洲之外的海洋

在 20 世纪海洋文化史的发展中，文学批评一直是主要的驱动力。因此毫不奇怪的是，中世纪海洋文化史最集中、最有活力的著作，也正是从对广泛的"欧洲"中世纪文献的文学批评当中产生的，而且还在持续产生当中。我将首先概述这些欧洲文学资料，然后将讨论范围扩大到非欧洲的文学和物质资料，以及它们所拥有的

7

丰富潜力。

　　塞巴斯蒂安·索贝奇（Sebastian Sobecki）2008 年出版的专著《海洋与中世纪英国文学》（*The Sea and Medieval English Literature*）在多方面都证明了中世纪学者们面临的丰富机遇。针对"我们所意识到的前现代（英国）文学及其视野中"海洋的极端缺失，索贝奇进行了一项把海洋作为"前现代英国充满文化色彩且不断变化的文学主题"（2008：17，20）的开创性研究。在一个因岛屿地位问题而空前分裂的英国，索贝奇对这些主题如何成为"英国方言话语的一部分"（4）的描绘是非常贴切的。① 然而，一直到 2008 年，英国文学批评史上一个较晚的时期，它都仍被看成一种开创性的努力，所依赖的几乎是完全原始的物质资料，这只会突显我们这个领域是多么的年轻。欧洲的不同区域与海洋关系的原始研究，继续从匮乏的二手文献和丰富的原始资料中产生。西蒙娜·皮涅特（Simone Pinet）的《群岛：从骑士传奇到小说的海岛虚构故事》（*Archipelagoes*：*Insular Fictions from Chivalric Romance to the Novel*）（2011）雄心勃勃地探索了海洋和岛屿在文学中的表现，以及伊比利亚半岛直至 19 世纪的艺术。同样，至少对于中世纪部分，它是完全通过原始的资料进行编写的。然而，它与欧洲丰富的地域个性保持一致，其见解和结论与索贝奇完全不同。《群岛》一书提出，在伊比利亚对海洋的表现中，中世纪是一个关键时刻。皮涅特认为，到中世纪，森林砍伐严重侵蚀了森林作为荒野的象征所建立起来的意义，以至于它被一种新的荒野——海洋所取代。海洋文化史再次让我们直接收获了对大陆史的洞察，不过这次环境方面和政治方面一样重要。

　　费尔南·布罗代尔（Fernand Braudel）的祖国法国，对中世纪法国社会将海洋作为一种充满文化气息的观念的理解作出了重大贡献。至少从 20 世纪 80 年代中期开始，法国学者对我们这个时期的海洋文化史都表现出显著持续而广泛的兴趣。他们在一系列研讨会文章合集和论文合订本中进行了探讨。仅举几个例子，它们包括：《中世纪海洋》（*L'eau au Moyen Âge*）（1985）、《中世纪文化中的海洋》

---

① 索贝奇的作品对于海洋的关注，以及在文化海洋史内的明确构架，使它有别于凯西·拉维佐（Kathy Lavezzo）较早的《世界边缘的天使：地理、文学和英语群体，1000—1534》（*Angels on the Edge of the World. Geography*，*Literature*，*and English Community*，*1000—1534*）（2006）。

（ *La mer dans la culture médiévale* ）（1997）、《在水中、在水下：中世纪的水上世界》（ *Dans l'eau，sous l'eau：Le monde aquatique au Moyen Âge* ）（2002）、《中世纪的海洋世界》（ *Mondes marins du Moyen Âge* ）（2006），以及最新的《亚历山大的深海探测器：中世纪的人与海》（ *Le bathyscaphe d'Alexandre：l'homme et la mer au Moyen Age* ）（2018）。法国的这方面学术研究不仅内容丰富，而且还显著地涉及多门学科，在它的文学核心之外具有来自艺术史和考古学的深刻见解。

正如这些作品的标题所示，它们有时把海洋作为水的更大分类的一部分，以它的所有形式——淡的、咸的、有涯的、无际的、彼此交错的——连同与它们相关的活动而被探讨。值得一提的还有一部意大利的著作 *L'Acqua Non è Mai la Stessa* （《水是永远不同的》，或翻译得更流畅一些，《水是不断变化的》）（2009），它的重点是中国和日本文化中的水。詹姆斯·L.史密斯的《中世纪知识文化中的水：十二世纪修道院制度案例研究》（ *Water in Medieval Intellectual Culture：Case-Studies from Twelfth-Century Monasticism* ）（2017）和在线系列《中世纪水研究新方法》（ *New Approaches to Medieval Water Studies* ）（Smith and Howes 2018），如今将这种更大的框架引入了英语写作领域。当然，未来要提出的一个问题是，这个“水”的分类——有时也受到地理学家喜欢的这个分类（Anderson and Peters 2016）——是否比成问题的“海”或“洋”分类更适合于对水体的前现代理解（Miller 2013）。许多中世纪文化并没有在概念上区分封闭的水体（如湖泊）与我们现在归类为海和洋的水体。任何广阔的水域，无论是淡水还是咸水，都曾是“海”。水研究领域的新活力无疑提出了一个问题：公元 1500 年前的海洋文化史如果加入这个更大的学术群体，是否会成为一个更有价值的研究课题，并且得到更多人的参与。

令人惊讶的是，法国这项活跃的学术研究，至今还未催生一部法国中世纪海洋文化史专著。唯一大规模的综合性叙述是菲利普·克莱默（Philipp Kramer）发表的博士论文《法国古文学中的海洋》（ *Das Meer in der altfranzosischen Literatur* ）（1919），它已有一个多世纪的历史。而西蒙·莱伊（Simon Leys）的《法国文学中的海洋》（ *La mer dans la literature française* ）（2003）仅从拉伯雷（Rabelais，1494—1553 年）开始。目前，这个庞大的学术团体所提出的见解仍然是高度多样化的，并

8

且对单一的叙述是抵制的。这一点，加上语言障碍，可以解释为何在以英语为母语的有关中世纪海洋文化史的著作中，这项学术研究在很大程度上被忽略了。不过，在我们的领域内，不同的、以语言为基础构成的学术团体仍然是典型的，这证实了（如果需要证实的话）彼得·米勒所察觉的褊狭心态占优势的状况。德语的研究，例如卡罗拉·芬（Carola Fern）开创性的对海上风暴的定量文本分析《中世纪的海上风暴》（*Seesturm im Mittelalter*）（2012），也同样地被划分在外。

让即使撰写"简单的"欧洲层面上的海洋文化史也变得复杂的是，研究我们泛指的凯尔特和维京北方的学者与研究中世纪后期欧洲的学者之间，也存在着裂痕。本卷公元 800 年到 1450 年的时间框架包含了具有自己独特的文献和学术研究传统的不同子时期。在此，在欧洲大陆的边缘，社会基本上是两栖的，海洋作为一个活动和交换的场所是无所不在的，拥有它自己独特的想象。在对混杂和融合在欧洲各地的文学主题进行少有的长时间跨度的考虑时，阿兰·柯贝拉里（Alain Corbellari）把海洋描述为凯尔特文本中所反映的"几乎无限的空间……出类拔萃的冒险化身之一和异世界"（2006：105，由我翻译）。不足为奇的是，在公元 1000 年之前，如詹姆斯·L. 史密斯所述，海洋的特征最频繁地出现在早期基督教化的叙事背景中，且它被视为陆上世界的水下镜子（Siewers 2009）。

从广义的"欧洲"和"中世纪"文学批评中产生新的海洋文化史是非常令人兴奋的，应该会激励和鼓舞远近的学者。无论是在文字上还是在视觉上，即使只是作为对其他事物的隐喻，中世纪欧洲的文化精英们都花费了大量的精力去思考和表现海洋。刚才提到的几个例子，以及接下来章节中引用的许多其他例子，应足以说服那些研究中世纪海上交流史的识字社会的学者在他们的资料中对海洋加以留心。这些资料对国家身份或环境史等各种问题的深刻见解，应该使怀疑论者确信，海洋文化史有对更大的历史问题作出贡献的潜力。

并非只有欧洲的精英们才将海洋作为"知识投影"的场所。在北非、中东、南亚、东南亚以及远东各地，海洋同样也是一种文学主题，有时甚至是视觉图像的主题。因此，希望欧洲中世纪史学家们的研究能够转向诸多的其他地区和其他文化。它们对海洋的比喻和表现，以及它们所建立的文化史，才刚刚开始得到关注。

索贝奇概述了促使他进行研究的英国文学批评中对此的严重缺乏：仅有一本书的一章和寥寥几篇文章试图对这个主题进行全面的概述，另还有五篇更加集中的研究（Sobecki 2008：17—20）。他的概述轻松地总结了将海洋作为"充满文化色彩且不断变化的文学主题"（20）进行研究的领域的状况。不仅在欧洲其他地方存在这种状况，在中东和北非的文献中（例如，'Atwan 1982；Belhamissi 2005；de Planhol 2000；Montgomery 2001），在南亚文献（见本卷末尾的参考书目）或远东的文学传统中（例如，Maeda 1971；Park 2012）也是如此。

印度教及佛教世界的投影和图像

不要认为这是在含蓄地邀请欧洲中世纪学者去占领前现代水研究领域，因为在欧洲以外已有振奋人心的研究成果，它们揭示了截然不同的知识传统。南亚和东南亚的文学和视觉文化似乎特别适合参与到新的、不太以欧洲为中心的中世纪海洋文化史当中。这两个地区都有大量经过编辑，且通常经过翻译的宗教和文学文本，在它们当中，海洋很显然是"思考的场所"（Wigen 2007：16）。而且，这两个地区还发展有丰富而复杂的视觉图像，如同欧洲的诺亚方舟或美人鱼，它们提供了同等的"可读性"。

在印度洋世界的文学作品中，一个反复被提到的概念是，婆罗门印度教（Brahmanical Hinduism）据说禁止高种姓婆罗门乘船旅行，因为海上旅行会带来污染。这是一个自 19 世纪以来就被广泛讨论的观点，正如这一主题的一个最新概述的参考书目（Bhindra 2002）所示，虽然它通常只是在贸易和经济史的背景中得到讨论。换到文化史的框架中，或者换到在印度教内对海洋精英论述的理解的框架中，这些材料的潜力也尚未枯竭。不过，新的研究展现了有关对南亚水域的观念、对于它的知识投影更加细致入微的状况。正如斯里尼瓦·雷迪（Srinivas Reddy）在他近期发表的章节《七海和智慧之洋：印度对印度洋的知识》（"Seven Seas and an Ocean of Wisdom: An Indian Episteme for the Indian Ocean"）里所说，"在印度，水、海和大洋本身都是知识的象征"（2021：26），对印度教水神话的研究有可能"为知识在印度的创造和传播的概念"提供"丰富的隐喻"（26）。雷迪将水的流动性视为

10

人类认知的象征，特别是"印度认知论和本体论的灵活性和开放性"（27）的象征。

海上世界，尤其是船，在佛教和耆那教（Jain）的故事和图像中也扮演着重要的角色，尽管对后者的研究仍主要是为了从悠久的造船历史中获得技术信息，而对前者的研究是为了获得早期贸易实践的线索。在公元前第一个千年晚期和公元第一个千年中创作的《本生》（jātakas）① 和《譬喻》（avadānas）② 两部释迦牟尼的佛教生活史中，航海都是重要的内容。其中，航行，尤其是航行所固有的艰辛和危险，是一种隐喻人生旅途的旅行。道格拉斯·英格利斯（Douglas Inglis）指出，"佛教徒利用了海上民间传说中固有的刺激、危险、贪婪和勇气，并让《本生》和《譬喻》中充斥着贪婪的商人，大胆的水手，可怕的海怪，充满宝藏的海洋，居住着恶魔、精灵和女神的岛屿"（2014：8）。然而，其要旨却是严肃的。正如莎拉·肖（Sarah Shaw）所言，在这些佛教叙事中，海洋代表着死亡和重生的无尽循环（saṃsāra），而穿越海洋，以及它所呈现的所有危险和奇迹，是通往智慧之旅的隐喻（2012：133）。英格利斯认为，虽然爪哇岛（Java）婆罗浮屠佛教遗址中船的图像（见图0.1）常被海洋考古学家用来重现造船技术，但这类表达也必须在它们本应属于的叙事范围中被理解（2014）。图0.1是婆罗浮屠的一块饰片，讲述的是苏帕拉迦菩萨（Bodhisattva Suparaga）的《本生》故事，以及他拯救一群差点被大地尽头的海洋狭口吞噬的商人的故事。这个故事属于一种历史悠久的，也可以说是普遍存在的，对沉船的极度厌恶的隐喻。我们可看到苏帕拉迦在船尾向释迦摩尼祭酒，而他身后的旅客们在祈祷，他的船员爬上帆索取下船帆。海洋的狭口在右下角被描绘成张着大嘴的鱼。有大量丰富的耆那教的传奇故事，其中很多已经得到翻译，也处在我们的时间框架内，并且也提供了同样丰富的素材（例如，Uddyotanasūri 2008）。对南亚和东南亚的海洋图像和文本进行更以文化为导向的研究，其可能性是显而易见的。近年来，安德里亚·阿克里（Andrea Acri）展示了跨信仰和区域开展工作的可能

---

① 《本生》（阇多伽），印度的佛教寓言故事集，主要讲述佛陀释迦牟尼前生的故事，是印度佛教文学中重要的经典。——译注

② 《譬喻》（阿婆陀那、阿波陀那），本意即"英雄行为的故事"，与因果业报说有关系。最早的《譬喻》故事集由大约600首诗歌组成，主要讲述高僧，包括佛陀的传记故事。——译注

图 0.1　苏帕拉迦菩萨向释迦牟尼祈祷并祭酒，以避免一艘船在海洋的尽头被狭口吞噬。印 11
度尼西亚婆罗屠浮雕，第 1 层，栏杆，建于约公元 778 至 850 年。© Anandajoti Bhikku（public
domain）。

性，他对南亚和东南亚的佛教、印度教世界的文本中对沉船之极度厌恶的隐喻进行
了大量富有成效的研究。海上航行是通向智慧的途径，在印度的宗教信仰中，以及
在后来融入中世纪欧洲文学的古典航海（*navigatio vitæ*）文学主题（Noacco 2006）
中，都对这一点有着共鸣。这种共鸣仅仅是对人类经验的普遍性提出重要问题，并
祈求跨地区对话和进行比较研究的众多主题之一。

　　在地区视觉图像上同样重要的是印度的创世神话：搅拌乳海的故事，即在主神
毗湿奴（Vishnu）的带领下，一群天神和阿修罗搅动海洋以产生不死甘露（*amrita*）
和许多其他的生物及物质的一段故事。印度教宇宙观的圣山须弥山（Mount Meru）
变成了搅海的杵，蛇王婆苏吉（Basuki）献出自己的身体作为搅绳，成群的阿修罗
和天神拉着它奋力搅拌乳海。经反复的讲述，这段故事在南亚和东南亚各地都广为 12
人知。雷迪敏锐地指出，它是一种"自由的叙事，尽管它表面上是在固定的文本中
表达的，但这个文本同样也是可变的、多种多样的"（2021）。这段故事为人所熟知，

图 0.2　柬埔寨吴哥窟中央寺庙建筑群鸟瞰图，这座寺庙作为印度教毗湿奴神庙建于 12 世纪早期，位于一座大型人工湖的中心，它直接参照的是须弥山和环绕的乳海。© Charles C. Sharp via Wikimedia Commons（public domain）.

也可能是由于它在细密画以及 16 世纪以后的印本中的大量出现。不过，这个神话事件也以一种独特的力量构建了整个印度教世界的景观和客体。乔安娜·威廉姆斯（Joanna Williams）早在 1992 年发表的一篇简短但有先见之明的论文中就指出，从 6 世纪开始，搅动乳海的图像在南亚和东南亚各地的建筑和供水设施中就广为流行。雷迪把重点放在印度认知的关键——叙事上，但对图像本身的研究仍然十分缺乏。

13　　　　柬埔寨 12 世纪的吴哥窟遗址位于前高棉首都耶输陀罗补罗（Yasodharapura）的所在地，整个寺庙规划的规模是这种思想的一种最雄心勃勃的体现（图 0.2）。吴哥庙（最初供奉毗湿奴）就是须弥山，周围的水池就是它的原海。寺庙建筑群非常庞大，图 0.2 所示的水池周围的外部区域占地 208 公顷（500 英亩），总周长 5.5 公

图 0.3　毗湿奴搅拌乳海，吴哥窟第三道围墙东墙南侧的浅浮雕。© Olaf Tausch via Wikimedia Commons（public domain）.

里（3.4 英里）。寺庙外南走廊的墙壁上有一道浅浮雕饰条，刻着毗湿奴搅拌乳海的场景，似乎是为了将这个视觉图像完美地体现出来。图 0.3 呈现的是长饰条的中心部分，毗湿奴充满活力地组织着一群阿修罗和天神，他们拉动婆苏吉像绳子一样的身体来转动作为搅杵的须弥山。这个隐喻引人注目：这一段情节就占据了约 49 米长的饰条。走廊曾被用作寺庙仪式中游行的场所，这样一来，参与者，以及今天的游客，都被放在了这个水景作品的中心位置。尽管这座和很多其他的神庙建筑的宇宙论基础已在 19 世纪被西方学者所了解，但这个图像的海洋部分，或水的部分，直到当今才成为更为着重研究的对象。如维罗妮卡·沃克·瓦迪洛（Veronica Walker Vadillo）所表明的那样，吴哥窟寺庙的图像只是在这座巨大的都城中发展起来的更大的君主"航海图像"的一部分（2016，2021）。

这也是一种遍布在物品中的图像。在印尼的印度教仪式中，圣水尤为重要，而水容器成为一种重要的仪式器具。如南达娜·古吉旺斯（Nandana Chutiwongs）所言，"圣水被认为具有和从须弥山上涌出的'甘露'（amrta）一样的效力……它被认为充满恢复生命的力量"（Chutiwongs 2000：73）。图 0.4 是一只华丽的 13 世纪东爪哇水罐，它的造型就体现了这种要素。这件青铜制品的形状像奶油搅拌器，有伸出的搅拌棒和绳子，"古印度神话的所有成分都被象征性地表现了。又高又细的环柄上饰有具艺术效果的岩石图案，它代表着须弥山，而蛋形的容器则代表着宇宙之海。蛇（nāga）代表着蛇王婆苏吉"（Fontein 1990：278）。容器里盛装的仪式用水——实际上就是它供应的神露，并不像那些熟悉传统水罐的人所认为的那样是从蛇嘴里倒出来，而是从搅拌棒的顶端倒出来。也许值得注意的是，在这件和其他具有类似象征意义的容器中，容器本身的主体上完全没有装饰。古吉旺斯认为，这件和其他容器的蛋形主体让人联想到神话中包含宇宙核心的金蛋（2000：73），而在方滕（Fontein）更按字面的意思把它作为奶油搅拌器主体而解释的语境下，人们也可以把这种装饰的缺乏理解为原海中未成形的空虚，而不死甘露正是从中产生。

同类的图像遍布在其他物品中，常不那么具备字面意义。詹姆斯·霍内尔（James Hornell）在对贝壳的依然具有代表性的研究中表明（Hornell 1942; also Ray 2003：31—34），通常被称为"仙卡"（chank 或 shanka）的蝾螺，作为祭酒器和号角在亚洲被广泛使用。作为冲锋号角的仙卡是毗湿奴的象征之一，常出现在对这位天神的表现中。不过，蝾螺在亚洲各地的仪式中都被广泛使用，有许多经过精心雕刻、常镶有贵重金属的实物幸存至今（Lerner 1985：82—85）。图 0.5 中的仙卡现收藏于纽约大都会艺术博物馆，它展示了这种海洋贝壳漫长而复杂的陆上生涯。这枚蝾螺在印度次大陆周围的水域中被渔获，最初在 11 或 12 世纪，可能是在帕拉王朝统治下的东印度被饰以浅浮雕，它的毗湿奴派图像表明它显然是为印度教所用：在主体上，毗湿奴以那罗延（Narayana）的形象出现，带着他最喜爱的妻子、美丽与财富的女神拉克希米（Lakshmi），她自己从被搅拌的乳海中获救。一些仙卡的镂空雕刻表明它们被做成了圣水的祭器，因为镂空贝壳不适

图 0.4 表现搅拌乳海的仪式用圣水容器，须弥山为搅拌棒，蛇王婆苏吉为搅绳。青铜，东爪哇，13 世纪。高 31 厘米。荷兰国家世界文化博物馆（Nationaal Museum van Wereldculturen）。Coll. no. RV-1403-2346.©The National Museum of World Cultures，The Netherlands.

16

图 0.5　雕有拉克希米、那罗延等人物的海螺。印度（可能是西孟加拉邦）或孟加拉国，帕拉
时期，11 或 12 世纪。螺壳及后来的银饰，中国西藏。高 20.5 厘米；宽 9.5 厘米；直径 9.2 厘米。
纽约大都会艺术博物馆 1986.501.6。伊芙琳·科萨克（Evelyn Kossak）捐赠，克罗诺斯系列，1986
年。© Metropolitan Museum of Art（public domain）.

合做号角。但图 0.5 这个例子，似乎是有意作为仪式的号角而雕（Lerner 1985：82）。后来，在一个无法确定的时间，它被带到遥远的内陆中国西藏，它的螺口在那里被龙形银凸纹镶嵌所覆盖，龙是藏传佛教保护神的象征（84）。在中国西藏，蝶螺通常被饰以贵金属吹嘴和其他附加物。不过，如迈克尔·勒纳（Michael Lerner）对这件物品的图形所进行的仔细分析所示，这件仙卡的长边缘已受到损坏，我们不知道这发生在印度还是在中国西藏，而上面的银饰既是修理也是装饰（83—84）。

南亚和东南亚的材料的未受到重视的潜力，强调说明无论是在欧洲之内还是之外，迄今为止对海洋文化史的研究都是时断时续、孤立无援的。这些丰富的关于海洋的地区性认知几乎没有与同时代的欧洲历史开展对话，导致了双方的贫乏。

17

谁的历史？

然而，无论上述材料的潜力多么令人激动，但一部仅根据精英资源和这样的珍贵物品撰写的海洋文化史，必然会受到严重的限制。并非所有的文化都有文字和视觉资料，或同等程度地保存着它们。除了文字系统确实存在的南美洲和中美洲，"中世纪"的大洋洲、太平洋和北美洲都是史前社会。这里我使用"史前"（prehistoric）这个词，因为它，举例来说，被非洲考古学家用来描述书面历史出现之前的时期，它的字面意思就是"历史之前"。在此，海洋的文化史，必须从它们或许不太易读的日常物质文化、口述历史，甚至基因历史中进行阅读。

在此，欧洲中世纪史学家从世界其他地区的学者和其他数据库中能学到很多东西。与文本史料和视觉图像丰富的欧洲、南亚和东南亚不同的是，在近东和伊斯兰教地区中部，尽管文字资料非常丰富，但海上图像极少，轮船图像甚至更少（Agius 2008；Nicolle 1989）。东非沿海的斯瓦希里文化是一个极端的例子，因为它没有保存任何早于 15 世纪的本土文字，而少量稀有的船只涂鸦成为仅存的与海洋有关的视觉表现。然而，至少在公元 1000 年后，斯瓦希里世界是完全的海上世界（Fleisher at al. 2015）。在这种背景下，对物质文化和考古资料的解释就显得尤为重要。斯瓦希里社会和其他类似的社会——居住在澳大利亚沿海地区和美洲许多地区的原住民——能否被纳入前现代海洋文化史，取决于我们是否整合其他类型的原始资料和它们带来的非常不同的方法。

如果物质文化和动植物遗迹考古之间的对话能够发展和持续，这两个领域就继续能够为撰写海洋文化史提供重要的新资料。在这方面，有一部著作充当了先锋。约翰·R. 吉利斯（John R. Gillis）的《人类海岸》(*The Human Shore*)（2012）是一座重要的知识里程碑，是一位学者撰写的最接近于深层时间的海洋文化史。它从大约7.5万年前智人在非洲沿海大量存在开始①，到他们在美洲、大洋洲、太平洋最远端定居，再到我们现今在海岸再次居住。不过，在目前的背景下，他的著作尤显突出，是因为它是少量有意涉及人类学和物质文化的海洋文化史之一。当然，吉利斯的重点是海岸，他的书很少把时间花在现代文化史所重视的主题上，比如海上生活或船上社会等。然而，正如他指出的那样，很少有人类社会是真正两栖的，也没有社会是完全生活在水上的，海岸一直是大多数社会和海洋之间最活跃的接口。虽然吉利斯在他写前现代的两章《另一种伊甸园》("An Alternative to Eden")和《古代水手的海岸》("Coasts of the Ancient Mariner")中，并没有像我在此一样，把资料问题作为公然的方法论问题提出，但他是试图这样做的。他所采取的方式，不仅尽可能以非欧洲为中心，而且还试图整合人类学和考古学的数据以及各种各样的文本和视觉资料。事实上，在这两章中，考古学和人类学给吉利斯提供了主要数据。不可否认的是，第一章是真正以全球为重点的，但在第二章中重点却让位于更狭窄的地中海和大西洋，仅一笔带过了印度洋。此外，由于该领域变化非常快，许多章节现在都需要更新了。尽管有这些缺点，但吉利斯跨学科阅读的意愿为人类和海洋提供了第一个广泛叙事，它十分引人瞩目，且对于海洋文化史的未来也极其重要。

考古资料在撰写海洋文化史上的潜力，在它们早于文学和文献资料出现的中世纪英格兰就得到了极好的证明。经过之前15年的研究，现已鉴定出，大约有1000个喜好吃鱼的消费者，以及能够满足他们需求的海上群体开始转向远海和离家十分遥远的海域，去寻找新的鱼类资源。考古学家将海上捕鱼和海鱼消费的大规模扩

---

① 吉利斯给出的数字是距今5万年（2012：19）；这个日期此后被修正。

张命名为"鱼视界"（Fish Event Horizon, FEH）（Barrett and Orton 2016）。如斯蒂芬妮·韦恩-琼斯和詹妮弗·哈兰德在《实践》中所述，在这种情况下，考古学提供了远比文字资料更详细的视野和更精确的年代测定工具。不仅盐鳕鱼和腌鲱鱼在早于首个书面资料好几百年的考古记录中大量出现，而且考古研究还证明，或许在仅仅半个世纪的时间内，FEH就大大改变了不列颠群岛和北大西洋其他地区的饮食文化。历史学家和文学研究者们现在正在努力理解推动这种变化的原因以及它对中世纪文化史的意义，但双方存在着健康的分歧。如果可以肯定的是，随着陆地上更易捕捞的淡水鱼资源的枯竭，新的海洋渔场开始被开发，那么关键的问题就是，为什么鱼类消费会如此之多？鱼类在基督教中作为斋戒食物的潜在用途是否导致了更高的需求，或这些新领域的开辟是由于对这种本质上仍然是奢侈食品之物的需求的扩大（Frantzen 2014: 232—245）？鱼的遗骸是整个社会宗教信仰增强的信号，还是精英食物大众化的证据？

不管答案如何，仍有许多问题有待探索，尤其是，如韦恩-琼斯所说，它究竟是单一的欧洲的变化，还是更广泛的全球趋势的一部分？如果是，又是如何和为何？FEH背后的考古研究突出表明，我们对近代早期之前鱼类消费、海上捕鱼、非洲—欧亚大陆周围其他地方的海上交流知之甚少。这些答案将对参与撰写未来我们研究的这个时期海洋文化史的资料类型与学科产生重要的影响。更重要的是，这些答案会影响这些未来历史的地理范围，以及它们是否包含直到15世纪后期都依然处于"史前"的文化。在这方面，中美洲和南美洲的考古研究已经做好了被纳入讨论的充分准备，我感到遗憾的只是，这在本卷中还未成为可能。对中美洲后古典玛雅时期（900—1500年）海上贸易和盐的开发，或对安第斯山脉中部太平洋海岸多样而活跃的海洋文化的考古研究，都是非常先进的，在挖掘方法和理论方法上都有很大的贡献。米歇尔·巴拉德的《历史中的海洋：中世纪世界》收录了希瑟·麦基洛普（Heather McKillop）、豪尔赫·奥尔蒂斯-索特洛（Jorge Ortiz-Sotelo）和埃米利亚诺·梅尔加（Emiliano Melgar）关于中南美洲海洋考古研究不同方面的三篇论文，这是极具创新性的，为研究欧亚非大陆的中世纪史学家提供了容易获得的概述和基础阶段使用的参考书目。

19

在没有文字历史存在的地方，语言学证据和物质证据在绘制文化互动和移民地图方面长期发挥着重要作用。在 19 世纪，人们注意到南岛民族的文化和语言在马达加斯加留下的独特而深刻的印记，它们体现在语言、音乐、葬礼仪式、造船技术和饮食方式上，然而被采用的机制和时间仍然在很大程度上是推测出来的。在之前的 10 年中，语言和考古数据正在迅速被人类、动植物残骸的古基因（aDNA）分析的潜力所超越。基因分析新技术现已彻底改变了这一领域，它提供的新数据表明，来自东南亚沿海，尤其是南婆罗洲的人口和植物在 8 世纪前到达了马达加斯加（Hoogervorst and Boivin 2018）。跟随其他学者的研究工作，汤姆·胡格沃斯特（Tom Hoogervorst）和尼科尔·博伊文（Nicole Boivin）在他们的论述中强调，这种现象需被理解为东南亚出现的活跃的、更广泛的印度洋航行和贸易网络的一部分。人们普遍认为，这种迁徙利用了有利的赤道洋流，从东南亚的岛屿航行到马达加斯加，其跨越远洋的旅程超过了 1600 海里（3000 公里），可能在查戈斯群岛和塞舌尔群岛作了停留。马达加斯加可谓中世纪远距离定居和融合最成功的例子之一。相比之下，斯堪的纳维亚人在格陵兰岛的定居只持续了 500 余年。

尽管在太平洋的发现在这些章节中只是题外话，但正如罗克珊妮·玛格丽蒂在本卷第 135 页所指出的那样，我们这一时期还见证了"人们……（在）太平洋中最偏远的一些海上陆地"的定居，"……它们尚未被纳入'全球中世纪'的学术视野"。正如埃里克·斯特普尔斯对航海的论述，就历史来源而言，太平洋的问题尤其特殊。然而，古基因分析也在快速改写着人类与这片广袤海域之间关系的故事和年表。太平洋覆盖了地球表面的三分之一，它是最大的海洋，有 165200000 平方公里（63800000 平方英里）。遗传学和考古学的证据表明，南岛民族朝东向这个水体占绝对优势的"另一个"半球扩张的最后阶段是在 11 至 13 世纪（Wilmshurst et al. 2011: 1815—1820）。在这几个世纪里，世界上仅存的无人居住的群岛——奥特亚罗瓦（新西兰）和拉帕努伊岛（Rapa Nui，复活节岛），因来自东波利尼西亚的长途海上移民而首次有人定居。阿纳韦卡（Anaweka）独木舟的 6 米长段（图 0.6 和图 7.1），原本是一艘更大的波利尼西亚航海独木舟的一节，出土于奥特亚罗瓦南岛的西北海岸。这艘船骸是有力而极其罕见的物证，它提醒人们中世纪的互通具有完全

图 0.6 阿纳韦卡独木舟内视图，新西兰南岛西北海岸出土的东波利尼西亚航海独木舟的一节，放射性碳测定的年代为约公元 1400 年。节长 608 厘米。© Dilys Johns.

的全球性规模（Johns, Irwin, and Sung 2014）。太平洋因它的航运技术已出现在约23翰·麦克（John Mack）的《大海：文化史》（*The Sea: A Cultural History*）（2011）一书中，作为人类扩张的重要战场，它也出现在吉利斯的《人类海岸》中。随着波利尼西亚人航海和探索的规模和野心在我们这一时期变得突出，太平洋无疑将在未来的海洋文化史中占据更重要的位置。

基因学、语言学、船舶技术和全系列的考古专业，在未来应是非常重要的参与者：海洋文化史也将会被发现存在于植物、动物和人类的基因中，在锅碗瓢盆和食物残骸中，在祭祀供品中，在陆地上加工和消费海洋资源的痕迹中，在口岸和海港的建筑中，或在沉船和重建中世纪船舶的实验中。问题在于，至少在欧洲的很多地方，这两个领域很少进行对话。考古学认为在文化史的论文中纳入它的论述没有必要也没有用，而当文化史仍与文学和图像资料紧密结合时，它往往显得与考古材料和技术格格不入。譬如，不列颠群岛的文学史家更愿意使用为 19 世纪太平洋航海发展起来的数据和模型，而不愿意使用在他们自己的地区能获得的大量中世纪考古证据（Goldie and Sobecki 2016; Sobecki 2008: 13—15）。相反，虽然中世纪考古学家必定纳入文字资料证据，这在历史考古学中也是正常之举，但这并不意味着他们使用的资料必然会和文学史家及艺术史家使用的资料相同，或他们会使用文化史论文。真正的跨学科、跨地区的著作，如薇姬·萨博（Vicki Szabo）关于中世纪北大西洋捕鲸史的先锋尝试《巨鱼和蜜黑的海洋》（*Monstrous Fishes and the Mead-Dark Sea*）（2008），往往是例外而不是惯常做法。对于将鲸鱼视为一种具有象征意义的鱼的文学理解，对于考古遗迹，以及对于针对那些真正进行猎捕者，或更准确地说，在鲸尸中觅食以及食用鲸鱼者的实践与文化的更以民族志学为基础的见解，萨博都进行了艰难的对抗，这正是海洋文化史在未来应该进行的活动。

因此，虽然后续章节的内容在很大程度上依赖于文学研究和视觉资料，但也有部分章节从物质文化、动物考古学、实验考古学和民族考古学中引入了海洋文化史的证据。在这样做的过程中，它们的作者提出了一些重要的问题：文化史的资料在哪里可以找到，谁的文化史正在被表现和讨论。如果美洲和大洋洲加入公元 1500 年前的真正的全球海洋文化史中的"旧世界"，它们的历史将绝大多数由来自考古学和人类学的资料写成。

"最以陆地为主的时期"？

研究海洋的学者们会赞成卡伦·魏根的说法，即，在大多数学者的心理地图上，"海洋被奇怪地遮住了"（2007：1）。塞巴斯蒂安·索贝奇所哀叹的对大海的充耳不闻，他们是再熟悉不过了。重要的是，一些研究欧洲中世纪历史的史学家提出了这样的问题：在学术上的失聪之外，是否还有更多的因素在起作用？犹太—基督教共有的传统是否比世界上其他信仰更有抵触海洋的含蓄倾向（Connery 2006；Gillis 2012；Sobecki 2008）？他们认为，这种态度的根本原因，是在犹太—基督教共有的传统中，土地被确立为"《圣经》地理中的核心角色"（Gillis 2012：10），而非陆地的海洋被视为陌生而可怕的空间。有大量的资料建立在这一观点的基础上，并似乎证实了这一观点，尤其是用大海来表现西蒙娜·皮涅特所说的新伊比利亚的"荒野"。然而，一项又一项的研究，无论是对文学资料还是对物质文化的研究，都顽固地表明，更多的情况下是现代学者对大海充耳不闻（Rüdiger 2017），而不是资料本身保持沉默。海洋大量地存在于各种各样的资料中，并且，像索贝奇展示的那样，海洋作为思想的知识投影的场所，远比它仅作为可怕而空旷的空间要丰富得多。

我们已经提到过，本质上以陆地为中心的说法曾被认为与婆罗门印度教有关，但这已被证明是毫无根据的。同样，在一些研究中，如泽维尔·德普莱诺（Xavier de Planhol）的《伊斯兰教与海洋：清真寺与水手，七至二十世纪》（*L'Islam et la mer：lamosquée et le matelot*，viie—xxe *siècle*）（2000）中，"伊斯兰"对海洋有着根本厌恶的观点，已被大量的文字和物质证据全面否认和反驳（Conrad 2001）。正如索贝奇所示，我们的资料常更喋喋不休地在谈论与海洋的其他关系，而不仅仅是恐惧。一些人认为，除犹太—基督教本身之外，是新教徒"对海洋的恐惧"积极地遮挡了许多学者的心理地图（Delumeau 1989；Hegel 1970）。犹太—基督教共有传统中以陆地为中心的问题以及它对海洋研究的影响，应得到更仔细的观察和更细致的评价。但很可能的是，本质上以陆地为中心的恰恰是西方的学术传统，而不是它所研究的文化或信仰。不过，目前毫无疑问的是，正如中世纪史学家让·吕迪格尔（Jan Rüdiger）所批评的那样，"对当今的欧洲人来说，中世纪总体上是所有时期中最以陆地为主的时期"（Rüdiger 2017：35）。

在我们这一时期，南岛人在太平洋和印度洋迁徙的新证据，只是有助于挑战中世纪以陆地为中心的观点。事实上，如果在这些航行里我们再加上维京人横跨北大西洋，一直到格陵兰岛和纽芬兰的远航和定居，那么800年到1450年的几个世纪与海洋的关系并不比后来更疏远。我们发现，从9世纪到15世纪都存在密集而大规模的远洋航行，沿非洲—欧亚大陆的西北海岸和东南海岸，直至美洲的东西部边缘。目前，15世纪被视为海洋文化史上的关键时刻，按照彼得·米勒的术语（2013：2—3），是仅有的两个"海洋世纪"之一。他认为，在15至20世纪，首先通过探险，而后是通过海洋战争，海洋成为人类经历不可避免的存在，并因此确定了它在文化史中的地位。刚刚讨论过的考古新发现和科学分析技术，虽然难有理由反驳15世纪末之后人类流通的新的全球性质，或大型远洋船舶和潜艇的发明带来的密集、新型的海洋立体居住，但很有用地消除了这种整齐划一的分期。需要多少人航行、需要航行多远才能确保他们在海洋文化史上的地位？要过多久我们才会承认中世纪和15、20世纪一样是海洋世纪？

结论

2007年，卡伦·魏根有先见之明地提出，海洋历史（maritime history）中日益增长的"文化转向"对海洋史（sea histories）有很大贡献。魏根的观点是，以文学研究和人类学为主导的文化史具有相对理论化的"文化和传统"，以及深厚的"处理跨文化和文化内问题的累积的经验"，这使它尤其适合于海洋空间。"更传统的学者，尤其是历史学家"，她警告说，忽略这些机会是很危险的（2007：36）。文学研究带来的机会确实是巨大而令人兴奋的，但其他领域，如考古学或视觉及物质文化研究，其理论化程度同样也很高，并越来越多地参与跨文化问题和文化内问题的探索，同样也能带来很多机会。事实上，十年过去了，中世纪的海洋文化史与后来时期的海洋文化史相比，依然是一个年轻的领域，依然基本上不相关联。如本章和本卷的综合参考书目所示，在大多数情况下，中世纪海洋文化史不得不从百科全书、编辑合订本、期刊、更广时间段或主题范围的特刊，甚至在其他学科的单独的文章或章节中去找寻。在很多（太多的）情况下，搜索者还必须是解释者，他们把在完全不同的学科框架内产生的问题和结果转化到文化史的框架内和论述中。

对于读者而言，很显然的是，本卷篇幅相对有限，每章只有八千到一万字，不可能以覆盖全球为目标。尽管如此，我们每一章都力求创新和原创性，至少标出全球各地的重要发展和资料。即使在这些并不完善的全球数据中，本卷的每一位撰稿者所面临的任务也都是艰巨的，一方面需要广泛的阅读来关联彼此不相关的研究，另一方面还要尝试退一步思考，就如何在海洋的文化史中对此加以理解形成一些认识。我们简单地指出通常不包含在中世纪海洋文化史中的资料，希望以此鼓励新的对话，让这一领域充满活力，并确保它们将来被纳入其中。本卷的参考书目不可避免地是多语种的，它使我们及早认识到，海洋文化史的未来将取决于国际合作。为对中世纪海洋文化史直接、明确作出贡献而开展的研究和撰写的著述仍然是极少的。希望本卷能迈出改变的第一步。

第一章

知识

————————————

从自然寻路到使用仪器

埃里克·斯特普尔斯

导言：航海知识

公元 800 年到 1450 年是具有卓越海上成就的时期之一。在这一时期，新技术和科学知识的进步，加之对地理和航海的不断加深的理解，创造了一个商业、政治和文化互动的非凡时代。欧洲文化只是众多在中世纪时期对其海洋知识进行扩大和完善的文化之一。斯堪的那维亚人穿越北大西洋未被跨越的水域，在北美建立了殖民地（尽管时间短暂）；波利尼西亚人往返航行，远至夏威夷，实现了现代前在太平洋中部航海的伟大壮举之一。阿拉伯人、波斯人、东非人、中国人、印度人和马来人在印度洋和西太平洋已经确立的航线上的航行，比以往任何时候都要频繁。在这个过程中，经济相互交织，创造了文化上更加多元的海景（Fernández-Armesto 2006）。伊比利亚人冒险深入大西洋中部和南部，沿着非洲西海岸建立殖民地；在郑和的带领下，中国人在印度洋进行了一系列规模空前的航行。来自不同文化的水手分享和比较他们的导航、造船和航海技术，所有这些活动从根本上改变和扩展了人类的海洋知识。建立了横跨大西洋固定航线的地中海水手之间的相互交流，导致了 15 世纪末"全帆装船"①的发展，这种设计在接下来半个世纪的贸易航线中占据了主导地位。再往东，海上丝绸之路将阿拉伯人的恒星高度导航知识带到西太平洋，将中国的指南针带到印度洋。

要全面讨论公元 800 年至 1450 年间与海洋有关的全球性知识，一本书都远远不够，更不用说一章了。因此，本章将对与航海相关的应用知识的特定领域进行概述，特别着重于那些超越个体文化的共有的航海实践。在科学史上有一个明显的趋

---

① 全帆装船（英文作 Full rigged ship）是有三根或以上桅杆，全部桅杆均挂横帆的帆船。典型的全帆装船一般是三桅，也有四桅、五桅。——译注

势，就是把前现代的知识领域放在文化或民族的背景下来考虑。因此，图书馆里充满了与伊斯兰科学、中国科学、西方科学相关的标题。然而，过去几代学者对这种范式提出了挑战，并概念化了不同的方法来构建对知识生产、传播和适应的研究框架（Elshakry 2010；Raj 2016；Sivasundaram 2010）。在某些情况下，例如与船舶建造有关的知识，区域分析是合适的。但是，在其他情况下，却需要采取更全球性而不那么区域性的方法。在这方面，航海知识是一个特别有趣的领域，因为长距离海上贸易中的文化流动和相互作用的程度，使相当多的超越文化边界的共享知识得以产生。显而易见的是，尽管在中世纪初期有一些海上航行区域传统彼此相对隔绝地发展起来，但强有力的证据表明，到中世纪末期，非洲—欧亚大陆的海上群体已在共享各自特定文化背景下的航海知识和实践。个体社会参与其中并对这种知识作出了贡献，但这种知识本身既不根植于任何单一社会，也不是任何单一社会所固有的。相反，它是一个具有地区差异的共享知识体系。为了加以证明，我们将通过探寻在大多数中世纪海洋文化中明显存在的环境导航的形式来开始我们的论述，然后把重点放在更大的、更具体的、发生在中世纪末期的共享知识、实践和技术的例子上。它们将包括航海文献的发展，对星体高度的不断增加的依赖，以及新航海仪器（如罗盘）的使用。

不过，历史学家必须面对的问题是与那个时代有关的资料相对匮乏。他们研究的大多数沿海社会，如波利尼西亚人和图勒人（the Thule），是通过口述和实践传播知识，而这些知识也很难在考古记录中发现，除非它以船的形式存在。因此，当时许多与海洋有关的文字作品都是由地理学家或有文化的旅行者依靠二手信息撰写的。显然，真正的水手、渔民、航海家和船长为海洋知识的不断进步作出了最大的贡献，但后来记录和评估这些发展的往往是有文化的精英。因此，我们必须抛弃过去"伟人"的历史概念，形成对创作网络更细致的理解，将在大众化叙事中常被忽视的角色的多样性纳入其中。克利福德·康纳（Clifford Conner）在其著作《人民科学史》（*A People's History of Science*）（2005）中以葡萄牙著名的航海者亨利亲王（Prince Henry the Navigator）为例探讨了这种现象。他指出，尽管亨利亲王资助了海上探险和航海知识的积累，但他这样做主要是出于政治目的。尽管他得到"航海家"的特殊荣誉,但他既不是航海家,也不是水手,对海上的技术知识也知之甚少。事实上,让葡萄牙人能够在15世纪探索西非海岸的技术和知识,是由真正进行航行的水手和航海者创造、收集和传播的,他们中许多人的名字已经被历史遗忘了。实际上可以这样说,在中世纪世界对天体和海洋的理解方面,拥有对海洋和天空的实践与运用知识的人比陆地上的地理学家和天文学家理论贡献更大。

罗兹岛的迈克尔(他自称 Michalli da Ruodo)就是真正水手的例子。迈克尔是一名威尼斯船员,他从一名普通的桨手晋升为水手,精通航海和造船。他的著作显示出他对15世纪地中海的航海实践有专业的理解,特别是被称为"marteloio"的数学导航方法,以及与造船、星座和理论数学相关的知识(Falchetta 2009:199—210)。迈克尔并不是天生的知识精英,而是一名真正的水手,他一步一步地晋升,并在这一过程中积累了丰富的海洋知识和理论数学知识。真正的航海家对天体和海洋活动的理解往往比坐在天文台里的地理学家和天文学家更为详尽和细致。因此,我们对这一时期的知识生产和传播的了解仍然是片面的,即使在文献记录情况较好的地区也是如此。

虽然本章的重点时间段是公元800年到1450年,但年代上的一些灵活性是必要的,因为像海洋知识这样有渗透性而复杂的东西很难很好地适应这种人为构建的时间边界,特别是在全球背景下。印度—太平洋地区具有历史意义的航海文学著作都略超出这两个时间点,比如最著名的阿拉伯航海家伊本·马吉德(Ibn Majid)的海上航行诗歌写于1450年之后,但它们成为理解中世纪时期海事知识发展的重要历史资料,因此被纳入本章(Ibn Majid 1993, 1971; Tibbetts 1981; Zhao Rugua 1966: 9—14)。

环境导航

环境导航,也被称为"自然导航"或"寻路",或许可谓与海洋有关的最具地域特色的知识。自古以来,航海者就依靠他们对海上环境的了解来确定他们在海上的路线,中世纪航海家使用的绝大部分知识依然基于这种方法。这一时期所有可获得的航海文献都提到了使用环境标记来确定一个人在海上的位置的重要性，而对理想航海者的描述也强调了这一事实。例如，杰弗里·乔叟（Geoffrey Chaucer）在对典型的"船员"的描述中，就强调了不同类型知识的重要性。

航海者所依赖的特定标记类型因海洋环境而有很大的不同，但几乎所有的航海者都熟悉他们航行的海域与众不同的特点。例如，阿拉伯和波斯的航海者会注意一个特定类型的海蛇"māraza"，它的出现表明他们已经位于印度西南海岸附近（Ibn Majid 1993：79；al-Mahri 1970：164—165）。维京航海者通过寻找大量的鲸鱼或海鸟来确定冰岛南部陡峭的海底斜坡（Taylor 1956：77）。其他自然景观特征，如山脉或高山，突出或形状独特的岩石也经常被用到。这样的寻路知识很少被记录下来，更谈不上绘图。不过，伊朗旅行家伊本·穆贾维尔（Ibn al-Mujawir）认为，当船靠近非洲之角附近的索科特拉（Socotra）岛时海上看得见海鸟是值得提及的重点，因此它们被纳入他的手稿插图中岛屿示意图的七圈（Ibn al-Mujawir 2008：fig.12）。由乌普萨拉主教奥勒乌斯·马格努斯（Oleus Magnus，1490—1557年）撰写的《北方民族描述》（*Historia de gentibus septentrionalibus*），于1555年在罗马出版，包含了大量关于这种传统寻路点的参考资料和插图，不过出版的时间是在我们严格定义的时代之后。在中世纪，随着海洋探险的增多，航海者们拓展了他们的自然导航知识的边界。阿拉伯人、波斯人和非洲人在中国海上往返航行，中国人航行到西印度洋，波利尼西亚人穿越浩瀚的太平洋，斯堪的纳维亚人开始熟悉北大西洋的岛屿。

尽管我们对太平洋水手知之甚少，但他们也许是中世纪时期最伟大的自然航海家。大约在8世纪左右，来自东南方向2000海里（3500公里）外的玛贵斯（Marquesas）岛的水手在夏威夷群岛定居下来。后来大约在公元1200年，毛利人的祖先从南波利尼西亚航行至奥特亚罗瓦（新西兰），在当时这座地球上最大的依然无人居住的群岛上定居下来（Johns, Irwin, and Sung, 2014；Wilmshurst et al. 2011）。太平洋是一片浩瀚的大洋，其航海挑战与水手们在大西洋和印度洋遇到的

31

截然不同。现代对"传统"南太平洋航行的研究指出,他们的"航海能力依赖于对海洋、天空和风的深刻认识,对造船和航海原理的深刻理解,还依赖于认知装置——都在大脑中——来记录和处理大量不断变化的信息"(Frake 1985:256)。然而,我们对太平洋远距离航行的了解在很大程度上依赖于这些民族志证据和口口相传,以及18、19世纪欧洲人的描述,以至于不可能详细讨论这一时期具体航海知识的发展。我们所知道的是,在中世纪时期,在太平洋上,南岛民族水手能够在一张岛屿形成的网络中进行定期的长途航行,其中包括塔希提岛和夏威夷岛,其距离超过3500海里,而且他们还有其他非凡的自然导航技能(Johns,Irwin,and Sung 2014;Kirch 2000;Lewis 1994;Richards 2008)。引言中提及的阿纳韦卡独木舟(见图0.6和图7.1)就是这些成功航行的见证,也是如造船等伴随他们航行的知识类型的见证(Johns,Irwin,and Sung 2014)。民族志研究表明,20世纪的南太平洋航海者在很大程度上依赖环境导航和星图,但我们应该避免假设他们的航海传统处于静止状态,几乎没有随时间推移而改变。事实上,可以肯定的是,太平洋上的南岛人在中世纪的航行距离是十分遥远的,而且主要依靠的是他们自己的环境导航知识。

维京人属于另一种航海文化,它强调自然寻路,但他们的方法得到了较好的记录。大西洋是比封闭的地中海更令人生畏的航行水域,它有残酷的风暴,有远海,有刺骨的北部水域、极端的潮汐变化和强大的洋流。虽然如此,维京人却正是在中世纪探索了北大西洋的大部分地区,并极大地增加了他们对西欧海岸以外海域的知识。维京人在不列颠的大部分地区定居之后,冒险向西穿越大西洋,在公元874年英格夫·阿纳尔森(Ingolf Arnarson)的首次航行后,他们在冰岛建立了定居点,随后又在格陵兰岛建立了定居点,最后到达北美并在"文兰"(Vinland)建立了小型社区。在今天的加拿大纽芬兰的兰塞奥兹牧草地(L'Anse aux Meadows)发现了史前器物和定居点遗迹,显示维京人于10世纪至11世纪中期在此建立了一个永久的社区(Jones 1984:269—311;Paine 2013:247—254)。他们还于公元859年向南航行至地中海,并沿着跨欧洲的河流走廊,如伏尔加河航行。在这一系列引人注目的海上探险中,他们绝大多数时候依赖的是他们的环境导航知识,辅以测深锤来测量深度，并有可能使用了太阳石等其他仪器。

环境导航也是在印度洋航行的基础，数千年来，水手们一直在那里发展海洋环境的知识。其中一个知识领域与风有关，印度洋北半部分的风是基于季节的风型，在英语中称为"monsoons"（季风），它来自阿拉伯语"mawsim"一词，意思是"季节"。从11月到3月，东北季风将从亚洲大陆吹向南印度洋。一旦陆地开始变热，从5月到9月所谓的西南季风期间，风向就会逆转，并刮得更加猛烈。在这两段时间的中间，风的强度有所减弱，天气也不稳定，其间还穿插着严重的风暴事件，比如孟加拉湾的飓风。水手们对这些不同的风加以利用，根据一年中的时间和风向，从一个港口航行到另一个港口再返回。有证据显示，水手们对季风的模式有深刻的理解，至少从公元前1000年甚至更早的时候就开始对它们加以利用。不过，同样明显的是，在中世纪时期，水手们发展出一套更复杂的系统来规范航海日期，到15世纪，"mawsim"一词不仅指季节，它还指基于波斯阳历的具体航行日期（Ibn Majid 1971：309—342；Lunde 2013：75—82，119—126；al-Mahri 1970：111—121；Tibbetts 1981：225—242）。

这种风的知识也融入了中世纪的文化背景。随着伊斯兰教的传播，阿拉伯水手的风向图结合了两种不同的标记风的系统，一种基于伊斯兰教的圣域地理，另一种基于恒星恒向线（stellar rhumbs）。在阿拉伯航海传统中，许多风都是根据它们吹来方向的恒星来命名的。因此，"al-Jāhī"是北风，根据北极星的波斯语名称"al-Jāh"命名，"al-Suhaylī"是南风，根据老人星的阿拉伯名称"Suhayl"命名。不过，它开始融合到伊斯兰风向图的方向中，根据其相对于麦加的克尔白（Ka'aba）[①]（King 1991：839—840；Tibbetts 1981：382—384）的位置来标记风。这些例子说明，自然现象的知识在具体的文化背景下不断被采纳和修改。

显而易见的是，在中世纪时期，大多数航海都使用环境导航，有时辅以测深锤以确定水深。不过，在自然导航这一更大的知识框架内，我们可以看到中世纪时期的一些发展，它对整个导航的发展具有更广泛的意义。本章将讨论三点：（1）具体

[①] 克尔白，世界穆斯林礼拜朝向和朝觐中心，阿拉伯语音译，意为"立方体房屋"，专指"真主的房屋"。中国穆斯林称"天房"。位于沙特阿拉伯麦加禁寺中央。——译注

的航海文献的发展，（2）对在"纬度航行"中使用星体高度的逐步依赖和对它的改进，以及（3）航海中的新仪器，如船用罗盘等的发明和广泛使用。这些发展值得注意的一点是，很难精确地找出技术的单个"发明者"或"创始者"。相反，它们在大致相同的时期在中国海、印度洋、地中海和大西洋的不同航海群体中出现。例如，尽管直接技术传播的证据少得令人沮丧，但在多个地点出现的这种发展却有力地表明，不同的海洋文化之间的航海知识正在日益融合，并且一系列广泛的知识传播也在发生。此外，每个区域的发展都显示出对适合每个航海传统自身文化景观的特定概念或工具的积极而富有创造性的适应。

航海文献

航海文献自古以来就存在，因为有文化的商人、地理学家和水手会将他们海上旅行的知识记录下来。很显然，这种体裁的起源是环境导航的口口相传。但在中世纪时期，大量的不同语言的航海指南文献和航海图都得到发展。这些资料以各种各样的图像和文字形式为后代的航海者记录了航海知识，其中大部分流传至今。这些文献远远超出了最初的希腊罗马传统，包括欧洲的波特兰（portolan）① 航海指南和罗泰罗（roteiro）② 航线日志，伊斯兰世界的 "rahmānij"（即航海指南），以及中国的航海手册、恒星图和地图。这些著作总体上代表了大批的原始资料，它们为我们提供了中世纪海洋知识状况的更详细、更具全球性的视角。

我们看到，在9、10世纪，在伊斯兰世界和中国的地理著作中，出现了与海上航线有关的内容。第一份资料是贾耽在公元785年到805年间撰写的汉语文本，描述了从中国唐朝到阿拔斯（Abbasid）伊拉克的航行（Zhao Rugua 1966：9—14）。主

---

① 波特兰为标有海岸、港口等的航海指南，最早为文本而无插图，后来发展为波特兰海图，是写实地描绘港口和海岸线的航海图。自13世纪开始，意大利、西班牙、葡萄牙开始制作这种航海图。本卷中与波特兰海图相关的所有译名主要参考了何国璠博士与韩昭庆教授所著《波特兰海图研究及存在问题的分析》，原文载于《清华大学学报》（哲学社会科学版）2020年第2期。——译注

② Roteiro 是葡萄牙为帮助水手和领航员而编写的航路描述，被使用于16世纪至19世纪。葡萄牙语中的 "roteiro" 翻译过来就是"路线"的意思。——译注

要用阿拉伯语书写的初期伊斯兰地理传统也记载了 9 世纪的这条路线，但方向相反，是从西亚到中国。年代为 851 年的《中国印度见闻录》（*Akhbār al-sīn wa-l-hind*）（2014）中最古老的部分，描述了从西拉夫（Siraf）到广州的航行路线。虽不及后来的描述那么详细，但也提到了它们之间的航行方向、航行危险、寻路标记、停靠港、补给站，还有从一个港口到下一个港口估计所需的天数。阿拔斯的行政长官伊本·胡尔达比赫（Ibn Khurdadhbih）在 9 世纪下半叶所写的《道路与王国之书》（*Kitāb al-masālik wa-l-mamālik*）中也描述了这条路线（Ahmad 1989：3—30）。到 10 世纪，阿拉伯和波斯地理学家在他们的著作中和民族志学更有关的部分也纳入了对海洋的描述。例如，知识广博的马苏迪（al-Masʿudi）（1861—1877 年）曾经去过西印度洋，他描述了 10 世纪的海上航行，同时他的《黄金草原和宝石矿山》（*Murūj al-dhahab wa-maʿādin al-jawhar*）也包括几章关于世界海洋的内容。

在这一时期，一些更具技术性的航海文献也被提及。10 世纪的地理学家穆卡达西（al-Muqaddasi）提到了航海指南，他认为船长和商人这些"对这海洋最有辨识能力的人"会"一起仔细研究，并完全依赖于它，根据其中的内容行事"（al-Muqaddasi 1906：10；2001：9）。15 世纪阿拉伯航海家艾哈迈德·b. 马吉德（Ahmad b. Majid）（通称伊本·马吉德——译注）在对他出生前编撰的航海著作的引用中，也支持了这些言论。伊本·马吉德提到了先前航海文本的三位作者：穆罕默德·b. 沙汗（Muhammad b. Shadhan）、萨赫·b. 阿班（Sahl b. Abban）和莱思·b. 卡兰（Layth b. Kahlan），他将他们称为航海领域的三头"雄狮"。尽管年代存在争议，但学者们普遍认为他们生活在 11 世纪和 / 或 12 世纪，这强烈地表明，在 10 世纪或 11 世纪，甚至更早，航海文献（阿拉伯语和 / 或波斯语）就已经发展并得到运用。

11 到 13 世纪，世界其他地区也出现了重要的航海文献。例如，在这一时期出现了第一份成文的潮汐表。最早的潮汐表出现在中国，时间是 11 世纪前的某个时间段。它出现在杭州附近。如艾曼纽埃尔·瓦格农在第七章《表现》中所述，杭州以其涌潮而闻名（见图 7.9），潮汐表说明他们了解月球对潮汐的影响。13 世纪，圣奥尔本（St. Albans）修道院的僧侣们编制了欧洲第一份潮汐表，不过罗宾·沃德（Robin Ward）（2009）指出，它似乎主要根据潮汐变化的理论而非经验认识。不过，在 1375 年的《加泰罗尼亚地图集》(Catalan Atlas) 中，潮汐被记录在一幅北大西洋 14 个港口的环形图中（图 7.6）。在北欧水域发现的巨大潮汐变化使潮汐成为一个重要的话题。沃德估计，中世纪欧洲大西洋航迹图中大约有三分之一的内容与潮汐有关。其他航海文献，如有关印度洋的文献，对潮汐并没有给予同等程度的关注，主要原因是潮汐变化在这些水域没那么剧烈（Aleem 1967：459—467；Needham, Ling，and Gwei-Djen 1971：3：483—494；Ronan 1986：3：178—179；Taylor 1956：136—139；Ward 2009：139）。

由于航海指南越来越多地被写下来，并最终在视觉上呈现，因此我们也看到了 13 世纪地中海和黑海地区航海手册和波特兰航海指南的发展。现存最古老的波特兰航海指南文献是《航海手册》(Compasso da navigare)，为意大利语文本，时间为 13 世纪晚期。它为地中海航行作出了详细说明，但没有插图。不过，在一份更古老的 12 世纪拉丁语文本 Liber de existencia riveriarum 中 ①，已画出了地中海的海图（Gautier Dalché 1995），它说明视觉表现有更长的历史。因此，"波特兰"一词通常被用来描述以区域为重点、通常绘制在羊皮纸上、表现海岸但仅表现少数内陆地貌的海图。港口名称的题写与海岸线呈 90 度角，用特定符号，如红点或十字等标示浅滩。这些海图内纵横交错的线网形成星形，被称为风线或恒向线，它们又进一步细分与罗盘的主要方向相对应的 16 个、然后 32 个次级方向。波特兰海图包括以英里为单位的距离比例尺。现存最早的波特兰海图是 1275 年左右的《比萨航海图》(Carte Pisane)，如图 1.1 所示，它是一幅绘制在未裁剪的羊皮纸上的巨大海图，其名称源自意大利城市比萨，因为它是由法国国家图书馆于 19 世纪从比萨获得的（Kelly 1979：33.2；Taylor 1956：98—114）。尽管像《比萨航海图》这样保存完好的例子可能并未在船上得到使用，但有充足的证据表明，自 13 世纪晚期开始，波特兰海图就被带上了地中海的船舶，与它们一起的还有一些欧洲最早的磁罗盘。有几

---

① 手稿全称为 Liber de existencia Riveriarum et Forma Maris Nostri Mediterranei，英文翻译为 Book about the Locations of the Shore of our sea the Mediterranean and Its shape，中文大意为《关于我们地中海沿岸地点位置及其形状之书》，它是法国地图学者帕特里克·戈蒂埃·达尔切（Patrick Gautier Dalché）在英国不列颠图书馆发现的，达尔切于 1995 年发表了研究论文。——译注

图 1.1 《比萨航海图》，地中海波特兰海图，13 世纪晚期，羊皮纸，墨水。© Bibliothèque nationale de France, CPL GE B-1118（RES）.

篇文本将这些海图描述成为航海提供便利的技术工具，尤其是帮助被吹离航线的船员找到方向。

在 14 世纪，波特兰海图发展到将大西洋，尤其将不列颠群岛纳入其中。到 15 世纪，葡萄牙水手沿西非海岸航行时已经在使用它们导航。在葡萄牙君主雇意大利和马略卡航海家协助他们出海探险时，他们将地中海的技术应用到大西洋的波特兰海图上，比如使用黑色、绿色和红色的方位线（恒向线）和用十字来标记近海的暗礁（Baldwin 1980：41）。从地中海的穆斯林水手中也能看到这一传统，如在安布罗斯图书馆发现的 1325 年的阿拉伯海图上，或者在 1413 年图奴斯路·易卜拉欣·卡提比（Tunuslu Ibrahim Katibi）的波特兰海图上（Brice 1977：55—56）。这些海图以不同程度的准确性记录了至关重要的地理和航海细节，它们提高了安全性和航行效率。

这些文献也展现出航海知识随时间推移的逐步改进。《比萨航海图》描绘地中海相当准确，但对于大西洋海岸线却并非如此，不过后来的波特兰海图对这片区域的呈现就精确了许多。航海图精度的不断提高反映了无数（大部分是无名的）船员的努力，他们纠正了以前的错误，如对大西洋海岸距离的估计等，记录了新的海岸地貌，并慢慢地丰富和完善了他们对于各水域的知识。航海图可靠性的提高也反映了 13 世纪末和 14 世纪地中海和大西洋之间海上商业交流水平的提高，尤其是在热那亚和威尼斯商人的层面上（Kelly 1979：19—23）。15 世纪早期威尼斯水手的一份手稿，被称为《罗兹岛的迈克尔之书》（*The Book of Michael of Rhodes*），是另一份引人注目的欧洲航海资料，最近受到了相当多的关注，它显示出对适用于航海的数学原理的运用（Long，McGee，and Stahl 2009）。

在北大西洋，现存最早的航海手册来自 15 世纪，不过，在更早的文献中已出现与航海有关的章节，比如在 13 世纪中期的古挪威著作《国王之镜》（*Konungs Skuggsjá*）中发现的航海章节，且在古挪威或冰岛的讲述冒险经历和英雄业绩的长篇故事和冰岛法律书（*Konungs Skuggsjá* 1917：156—162）中也有提及。15 世纪的航海资料包括用中古低地德语（Middle Low German）撰写的导航指南《海书》（*Seebuch*）和一份用中古英语（Middle English）编写的航迹图。两者都依赖于大部分来自南欧的前几个世纪的航海知识。《海书》具有特别丰富的环境方面的知识，它列出了潮汐、罗盘方位、港口、水深点、距离和航行危险（discussed in Ward 2009：152—154）。它几乎没有伊本·马吉德的著作中十分突出的天文学内容，对北大西洋上恒星的高度几乎毫不重视，这表明了当地航海实践的不同。正如艾曼纽埃尔·瓦格农在本卷第七章中所述，技术航海文献在 15 世纪的印度—太平洋地区更为突出，其中包括多种中国的航海手册、地图和图表。

　　在西印度洋，现存最早的详细航海技术文献是由阿拉伯航海家艾哈迈德·b. 马吉德在 1462 年至 1492 年间创作的。他撰写了 40 多部著作，为详细了解 14 世纪到 15 世纪中期印度洋的航海状况提供了资料（Ferrand 1921—1928；Ibn Majid 1993，1971；Tibbetts 1981）。他的作品除一部外，均为诗歌，用简单的"rajāz"① 韵律写成，便于记忆。这一事实提醒了我们遍及全球大部分地方的航海知识的口传规模。这些信息绝大多数都是由不识字但知识丰富的水手背诵下来的。口传在这一时期是普遍的做法，它使不识字的水手能够通过诗歌和歌曲记住大量的知识。这部中世纪航海文献的独特价值在于，它以手稿的形式捕捉到了口传内容的一部分，否则它们也将在历史中被湮没。

　　伊本·马吉德在后期的一部作品中，提到了合格的航海者应该具备的知识："航海者（sāhib al-dark）需要知道日出、日落、水平位置恒星组合、恒星高度测量的准备和数据取得，以及恒星的起落点（用于方位）、纬度、经度、赤纬和天体轨道，才能成为一名大师级航海者（mu'allim）。"（Ibn Majid 1971：28—29；Tibbetts 1981：77）如果把它与本章引用的乔叟的更早描述进行比较，就会发现，至少在印度洋上，到了 15 世纪，环境导航已经与天文概念结合在一起，形成了一种更广泛而实用的知识体系。虽然这些文本以阿拉伯文撰写，但它们实际上代表了不同知识传统的各种不同的航海和天文知识。在单一的文字中，交织着伊斯兰二十八星宿、波斯太阳历法、贝都因人的恒星知识和印度的纬度测量。人们认为，这些材料大部分来自伊本·马吉德提到的更早的"三头雄狮"文献，尽管单独的出处已几乎不可

---

① "rajāz"是古代阿拉伯诗歌的一种韵律，以这种韵律写下的诗歌被称为"urjūza"。这种韵律在现存的古代和传统阿拉伯诗歌中占到约 3%。——译注

能被理清了。

因此，我们看到，由于航海者越来越多地开始用墨水保留他们的知识，在欧亚非洲大陆的大部分地区出现了航海文献的文化共享。不过，记录这些知识的形式是多样的，文化上也各不相同。潮汐表、海图、星图、航海手册和诗歌均用不同的语言写成，以便水手们更好地理解海洋，更安全地穿越海洋。总体上，它们代表了一种更大的趋势，这种趋势就是为了后代的利益而以书面形式记录和传播知识。

纬度航行

纬度是一个地理坐标，它指定了地球表面上某一点在假想的南北连线上的位置。使用星体高度来估计大致纬度的做法在古代就已为人所知，但在中世纪，欧亚大陆和非洲的水手们改进了这种惯例，并开发了更标准化和更精密的仪器来在海上测量天体。在印度洋，对于北苏门答腊与斯里兰卡之间、南印度与阿拉伯海岸之间，以及波斯湾口与西印度海岸之间的远洋航行，纬度航行尤其有用。P. J. 里弗斯（P. J. Rivers）对在中世纪背景中使用现代术语"纬度航行"提出了质疑，他宁可用"altura"（"高度"之意——译注）一词，但为了便于现代读者理解，本章的讨论使用术语"纬度航行"，同时也承认，并不是每个使用星体高度的水手都会把海洋当作划分了纬度线的地理空间（2012：88—89）。在海上使用星体高度来确定一个人相对于南北的位置，这种做法第一次发生于何时何地，已不能完全确定。关于地中海星体高度的最早参考文献来自 1 世纪，但显然这种测量方法在此之前就已经得到运用（Cunliffe 2001：82—83；Taylor 1956：46—47）。到中世纪时期，水手们已经在使用不同的仪器来测量星体高度，如拉线板（*khashaba*）、象限仪，还有中国的"牵星板"。图 1.2 为现代复制的拉线板，它被用于 2010 年从马斯喀特到新加坡的一次帆船航行的试验中。

在北大西洋，水手们显然已经在利用正午太阳的高度来确定他们所在的大致纬度。公元前 4 世纪，皮西亚斯（Pytheas，古希腊地理学家）沿北大西洋海岸旅行时记录了太阳顶点高度的变化，后来它们被希帕科斯（Hipparchos，古希腊天文学家、数学家）转换成纬度（Cunliffe 2001：81，91）。到了中世纪时期，维京人已经

图 1.2 拉线板（"一块木头"）的现代复制品。在仿造 9 世纪印度洋海船的帆船"马斯喀特珍珠号"（*Jewel of Muscat*）于 2010 年从马斯喀特到新加坡的航行中，它被用来测量星体高度。© Alessandro Ghidoni.

意识到太阳顶点高度的变化，有证据表明他们记录了太阳的高度。也有说法称，维京人使用太阳石和太阳罗盘来帮助他们确定大致的纬度和方位。不过，关于这些工具的证据一直存在争议，因此我们不能完全确定维京人在这一时期使用这些工具来帮助他们从东到西横渡北大西洋（Bernáth et al. 2014：1—18；Jones 1986：5—14；Rosedahl 1987：92；Ward 2009：130）。

在印度—太平洋地区，人们认为，早在我们讨论的这一时期之前，人们就已通过测量恒星相对于地平线的高度来确定大致纬度，但这种做法的确切证据在中世纪时期才出现。航海者利用恒星——在北半球尤其是北极星——相对于地平线的高度，并通过手指高度测量它以确定纬度。北极星在北纬 23° 至北纬 6° 之间是最有用的，因为在那里它距离地平线足够近，可以进行精确测量。根据现在所有可获得的文献，北极星也是导航所使用的最主要的恒星，只是不能确定这种导航方式在印度—太平洋地区始于何时。在 10 世纪的《印度奇观》（*Kitāb ʿajāʾib al-hind*）一书中，有一则奇幻的海洋故事，一个男人被困在一个杀男人的女人岛上，故事中提到，在如此遥远的南方，老人星（al-Suhayl）正好坐落在岛的正上方（al-Ramhurmuzi 1929：17—21；1990：57—59）。不过，除了它提到老人星的高度，并没有纬度航行中利用恒星的确切证据存在，直到15世纪，阿拉伯和中国的文献中才都有所提及。

在中国，所谓的茅坤图，其实是在1628年的明朝军事专著《武备志》中刊登的一组海图，但一般认为，它再现的是中国海军将领郑和在15世纪初期远航时采集的数据，它也包括四幅幸存的记录星体高度的过洋牵星图（图1.3）。这些图中包含以和具体位置相关联的北极星高度为基准、用手指进行的一系列测量的值（Ma Huan 1970：236—302）。四幅过洋牵星图以围绕海船为中心图示的方向模式给出了诸星的具体高度，以此来标记印度洋上具体航线和港口的纬度（333—343）。船的上方为北，下方为南，右边为东，左边为西。图1.3左侧的过洋牵星图详细说明了从斯里兰卡到苏门答腊岛途中在孟加拉湾的星体高度测量，右侧的过洋牵星图是从印度西海岸一处地点到波斯湾霍尔木兹海峡航行中的星体高度测量。据推测，由于中国文献中所有恒星高度测量的证据都涉及的是中世纪时期的印度洋航行，而不是中国海航行，因此中国的这些信息依赖的是印度洋航海者。虽然这可能是事实，但该地图使用了天文学意义显著的中国星座，如"灯笼骨星"和"华盖星"等，作为恒星高度测量的基础，这种方式使它们具备典型的中国特色。

伊本·马吉德的著作提供了甚至更详细的星体高度信息，特别是四种不同的恒星高度测量方法，其中三种方法依赖于同时测量两颗或更多的恒星。他把所有诗歌都用于表达具体的恒星组合的测量，在他最后的著作《航海原则和规则实用信息手册》（Kitāb al-Fawā'id）中，他列出了可以用来确定纬度的73种不同的恒星组合。这一切表明，到15世纪，印度洋航海者对用这种方法导航已经有了全面而深刻的理解（Clark 1993：360—373；Ibn Majid 1971；Sheriff 2010：120—127；Staples 2013：47—60；Tibbetts 1981：329—354）。

除此之外，还有明确的证据表明，较为标准化的测量恒星高度的仪器已出现。伊本·马吉德提到一种装置，他有时称它为"一块木头"（khashaba），有时称它为"弓"（qaws；复数qiyās）。他还提到12种不同大小的工具，用来测量精确到四分之一指的高度（Fatimi 1996：283—292；Ibn Majid 1971：27）。在中国17世纪早期的

42

43

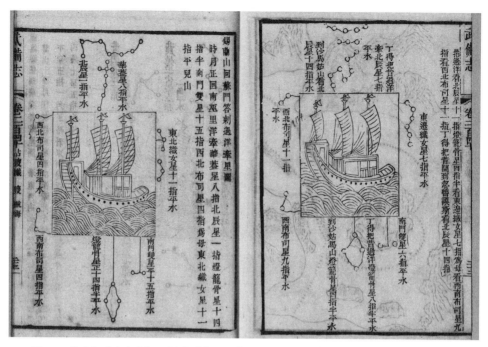

图1.3 茅元仪《武备志》四幅过洋牵星图中的两幅。围绕着海船图示的每一段文字都提到了具体的恒星和它们在不同方向的手指高度。1644年之后，木刻版印刷，但被认为是再现了15世纪上半叶郑和下西洋时采集的数据。© Library of Congress（public domain）.

文献中也记录了类似工具的存在（Needham，Ling，and Gwei-Djen 1971：574—575；Ronan 1986：3：175）。

专门用于确定恒星高度的工具也出现在伊比利亚，时间与印度洋大致相同，但准确日期已不可考。在安达卢斯（al-Andalus）11世纪研制出宇宙天体观测仪之后，这样的装置被用于在陆地上测量星体的高度。而且，其他的工具，如象限仪和直角器，至少在14世纪就已出现。但是，它们在海上得到使用的有力证据直到更晚些时候才出现在葡萄牙的文献中。阿尔维塞·德·卡达莫斯托（Alvise de Cadamosto）被认为在1455年首次记录了海上星体高度，迪奥戈·戈梅斯（Diogo Gomes）在1460年提到在西非海上使用了水手象限仪。1481年还提到一种简化的天体观测仪的使用，它被称为水手天体观测仪（Paine 2013：383；Parry 1981：145—147；Ward 2009：147—149）。天体观测仪和象限仪都是通过测量天体的高度来确定纬度，但星体高度的系统性记录直到16世纪才在欧洲出现，这表明，葡萄牙人可能是受到了他们最终在 15 世纪末遇到的印度—太平洋地区实践的影响。

总体上，所有证据都表明，在印度洋和大西洋，运用恒星高度进行导航变得愈加重要，而且远东、伊斯兰世界和西欧等各种不同的海上社会在中世纪末期也愈加依赖于这种做法。遗憾的是，它在这些文化背景中发展和传播的确切细节，却令人沮丧地缺失了。不过，文献资料还是能够证明，人们对这种方法有着较为深刻的理解，并显然也花了可观的时间来发展它。

导航仪器：船用罗盘

在中世纪时期，水手们开始依赖日益复杂的仪器来改进和加强他们的航海术，并开发了各种各样在海上使用的装置，其中包括沙漏、中国的牵星板、阿拉伯的拉线板（如上文所示），以及欧洲的航向航速盘（traverse board）和象限仪。这个进程开创了一个"仪器导航"时代，也被称为"间接导航"时代，它开始于 11、12 世纪的某个时候，并一直持续到 18 世纪。这个创新时代并不完全符合本系列丛书的时期划分，因为它的发展一直持续到近代早期，从 15 世纪后期的航海罗盘、16 世纪的测速板（chip log）和六分仪，到 18 世纪的精密计时器。这些复杂的技术丰富了早期相对简单的工具，如古代用来确定海底深度和成分的测深锤（通常底部压有沥青或动物油脂）（Ward 2009：133）等。尽管进程漫长，但显而易见的是，对航海仪器的日益依赖始于中世纪时期。虽然本章没有花篇幅详细讨论所有相关的仪器，但我们可以了解一下出现在印度—太平洋、地中海和大西洋的一个重要的工具实例：船用罗盘。

船用罗盘是我们讨论的这一时期出现的最重要的航海仪器之一，因为它极大地提高了水手在海上确定方向的能力。船用罗盘提高了远洋航行的准确性，从而促进了这一时期和随后的近代早期进行的远距离商业冒险和移民。指南针最早出现在中国，然后传播到印度洋、地中海和东大西洋。尽管中国文献提到发明指南针的时间更早，但对这个工具的首次明确描述出现在 11 世纪（Guangqi 2000：296；Needham，Ling，and Gwei-Djen 1971：562—564；Ronan 1986：3：9—17）。1044 年的《武经总要》（按皇帝诏令编撰）对中国指南针有一段描述如下：

鱼法，用薄铁叶剪裁，长二寸，阔五分，首尾锐如鱼形……用时，置水碗于无风处，平放鱼在水面，令浮，其首常向午也。

（Ronan 1986：3：11）

到 12 世纪末、13 世纪初，伊斯兰世界和欧洲的文献均有了对指南针的描述，在 15 世纪早期的一部法国手抄本里收录的马可·波罗游记的插图中也多次出现指南针（图 1.4）。在大西洋区域，对指南针的首次提及出现在 1180 年英国修道士亚历山大·奈克汉姆（Alexander Necham）所写的《论事物的本质》（*De Naturis Rerum*）一书中（Taylor 1956：95—96；Ward 2009：144），伊斯兰世界比它略晚，萨迪德·丁·穆罕默德·布哈里（Sadid al-Din Muhammad b. Muhammad Bukhari）1232—1233 年的波斯文著作《故事集》（*Jawāmi ʿal-hikāyāt*）中首次提及（鱼形）指南针。不过，第一次明确提到航海指南针是在 50 年后，在贝拉克·其布亚奇（Baylak al-Qibjaqi）1282 年的著作《商人矿石知识宝藏书》（*Kitāb kanz al-tujjār fī ma ʿrifāt al-ahjār*）当中（Schmidl

45　　　图 1.4　15 世纪早期马可·波罗《奇迹之书》（*Livre des Merveilles*）法语手抄本插图，展示了指南针导航。法国国家图书馆，Ms français 2810, fol. 188v. © DEA Picture Library/Getty Images.

1997—1998，82）。到伊本·马吉德的时代，指南针已是印度洋所有船长的工具箱中必不可少的仪器，他还具体地把指南针称为 "samaka"（鱼）（Ibn Majid 1971：194；Tibbetts 1981：165）。早先的中国人和后来的穆斯林的描述如此明显的相似，强烈地表明穆斯林航海者在 11、12 世纪的某个时候采用了中国指南针。在 14 世纪，指南针被放在了一面标明指南针指向的罗经刻度盘上，据不可靠的观点，这一改进是阿马尔菲的弗拉维奥·焦亚（Flavio Gioia of Amalfi）在 1302 年所为（Ward 2009：145）。

　　从中国海域到大西洋的航海者如何分享知识和技术，各文化如何创造性地将它们采纳以适应自己的特定文化习俗，在这些方面，指南针是一个明确的例子。例如，穆斯林水手采纳了磁化的鱼形指南针，然后对它进行了改进，使其与他们先前已有的、以他们的恒星"罗盘"为基础来确定方向的文化概念相兼容。阿拉伯的恒星罗盘依赖的是 32 个恒星方位（akhnān；单数 Khann），它按照赤道附近的特定纬度区域内星星位置的升起和落下来确定方向（图 1.5）。因此，在罗盘刻度盘上，东南并不是阿拉伯语字面上的"东南"，而是"心宿二（Antares）的升起点"

图 1.5　阿拉伯恒星罗盘刻度盘，载詹姆斯·普林塞普（James Prinsep）《阿拉伯人航海仪器注释》（"A Note on the Nautical Instruments of the Arabs"），《孟加拉亚洲学会学报》（*Journal of the Asiatic Society of Bengal*）（1836 年）：784。© Out of Copyright（public domain）.

(*matlā'al-'Aqrab*)（Ibn Majid 1971：113—128；Tibbetts 1981：121—156，294—298）。

这种阿拉伯印度洋恒星罗盘尽管在北大西洋或南纬地区并不合适，因为这些地方恒星的位置有很大的不同，但非常适合于印度洋的主要航海区域。因此，阿拉伯人采纳了中国的鱼形针和磁石，却没有采纳中国的罗盘方向系统——它有 24 个方位，以中国哲学的不同分支命名——而是把他们自己对天象的理解纳入其中（Saussure［1923］1928：3：41）。他们的方向标记大概是从沙漠的寻路实践中继承下来的，具有非凡的文化适应力，直到进入 20 世纪，都仍然被运用于阿拉伯的罗盘和阿拉伯导航手册中。

类似的进程也发生在地中海和大西洋的船用罗盘上，水手们在使用这个工具时，把他们自己对方向的理解嵌入其中。以北欧为例，英国人的罗盘有 32 个方位，这对今天说英语的人来说是很熟悉的，比如北、北偏东和东北偏北。其中一些罗盘还包含了月时，以帮助人们判断涨潮和退潮，因为潮汐变化对北大西洋航行非常重要（Ward 2009：131—138）。然而在地中海，方向是以风向图为基础的，且一直到 16 世纪方位都被称为 "vent"（风）。有趣的是，最初以希腊风向图的 8 个点为基础的地中海风向图在这一时期变得更加复杂了，进一步分为 64 个点（Taylor 1956：98；Ward 2009：132）。地中海地区对罗盘的采纳还带来了其他无意识的、文化上的具体演变。在中世纪后期，当指南针成为地中海船只上的流行工具后，地中海航海者和制图师开始在波特兰海图上使用恒向线来帮助确定航向，特别是在阴天和黑夜的条件下，如图 1.1 所示。然而，在中世纪的印度洋或中国海的传统中，却没有发现这样的恒向线或图表（Ronan 1986：3：161）。

我们应该记住，这一时期罗盘的重要性有时是被夸大了的，因为它仍然有可能产生严重的误差，同时也不是我们今天所知的高精度仪器。也不是所有的船都有罗盘，许多船继续使用更传统的方法来确定它们的海上航线。据推测，在能见度较好的地方，如西印度洋，大多数航海者一直使用恒星恒向线来确定方位，只有在必要时才依靠罗盘。也就是说，在不熟悉的海域或在天空阴暗时，它是寻找方向极为有用的帮手，而且它还将对提高商业航运的效率产生重大影响。总体上，中世纪时期航海仪器的发展和完善，连同包括海事知识在内的文献的出现，都推动了远洋航行的迅猛发展，为后来近代早期的全球海上扩张奠定了基础。

结论

总之，在中世纪时期，海上知识显然有了一系列超越地方和国家界限的发展。在航海领域，它导致人们更多地依赖于指南针，依赖于纬度航行新仪器和新技术的发展，依赖于航海文献更多的制作。到中世纪末期，许多信息被有条理地收集起来，并被抄写下来供后世的航海者使用。我们的历史文献尽管是零星的，却反映出复杂的导航系统在全世界不同的地方都得到发展，并且，随着不同的水手群体穿越海洋，巩固这些系统的知识和技术跨越文化和地理界限得以传播。这并不是说中世纪末期存在着全世界通用的海上文化，而是说，这个时代见证了海上知识的显著扩张，这种扩张是由于在这一时期似乎显著扩张的海上领域中，出现了"复杂而贪婪的文化之间的接触地带、厌恶，以及传播的多样的交错图景"（Chism 2009：624）。

中世纪的海上知识领域还有更多的工作需要完成，这样我们才能更好地理解这些知识产生和传播的更大网络。大多数对中世纪海上知识的研究仍然极大地受到区域重点的局限，这是可以理解的，因为权威地比较这些不同的资料受到了语言的限制。一些更具普遍性重点的研究，如林肯·佩因（Lincoln Paine）（2013）和菲利佩·费尔南德斯-阿梅斯托（Filipe Fernández-Armesto）（2006）的全球海上调查，主要依赖的是各种二手文献和来自不同地区的原始资料的翻译版。值得注意的例外情况，如朴贤熙（Hyunhee Park）（2012）对这一时期中国与伊斯兰社会的地图制作和航海的比较，在这个领域仍然相对稀少。对于未来可能的研究手段，有一种建议是创建合作项目，让专门研究海上知识不同区域和学科领域的学者们并肩工作，为分析和探讨这一时期的海洋知识提供可替代的框架。目前，区域性的具体研究是过剩的，但在更广的全球尺度上的中世纪海上知识方面，仍需要综合性的概念。

48

第二章

实践

中世纪印度洋与北大西洋之间的渔业文化及群体

斯蒂芬妮·韦恩-琼斯、詹妮弗·哈兰德

相通的世界：印度洋和北大西洋

中世纪时期海洋景观的扩张使其成为考虑文化与海洋互动的绝佳背景。而且，除了长途旅行、航海和贸易，当时也是沿海社群繁荣发展的时期，人们居住在海岸和港口，以越来越密集的方式开发海洋资源。渔业群体一直都存在，在中世纪他们成为世界各地更大的海上社群的基石。大约从 8 世纪开始，海上互动的重叠社会在北大西洋和印度洋地区不断增多。这些极为不同的环境，各自都是日益发展的海上活动的背景，而这些海上活动都是以奢侈品国际贸易为基础的。在最广泛的范围内，有来自物质文化的暗示，即物体、思想和人在它们之间以及在遥远距离上的传递。在此我们以这两大洋为背景，对整个中世纪时期的渔业实践和群体进行比较讨论。捕鱼和采集贝类对沿海社群可谓非常重要，也是人们与海洋接触的重要方式。它们带给人们大量的海上技术、技能和知识，还有从鱼类和海洋哺乳动物中获取壳体或脂油等次生产品的机会。在中世纪，渔业也受到发展中的海上贸易的影响，海上贸易促进了新的联系、催生了新的市场。在这一章中，我们将重点放在渔业实践上，它为我们提供了一扇窗户，让我们了解中世纪最广泛、最持久，在高雅文学或艺术中却难觅踪影的与海洋的密切关系。

乍看之下，印度洋和北大西洋的环境和情况极其不同，但也出现了一些共同特点。尤其是，在这两个地区，我们可以将渔民视为处于超越文化、种族和语言界限，而与知识和技能的公共网络相关的"实践社群"中（Lave 1991；Thomas 2009；Wenger 1998）。在公元 800 年左右至 1500 年间，这两个地区都经历了动态变化，并伴随着一些相似的历史趋势。在这一时期的大部分时间里，农业和渔业的季节性循环，被变换的气候、变动的政治忠诚和贸易联系，以及变化的需求影响着。在中世纪起始的公元

800年左右，维京人刚刚开始在北大西洋地区扩张，而在印度洋，一些新兴的沿海社群从小型而常常短暂的定居点开始开拓季风贸易的机会。在我们关注的时代结束时的公元1450年左右，永久的定居点已经在两大洋区域的陆地和海上扎下了坚实的根基。

公元8世纪和11世纪标志着海上贸易规模和形式的转变，这两个地区都受其影响。同时它们也是渔业实践转变的时刻。在北大西洋，鱼和渔业在公元1100年之后融入了更加商业化的世界，而在西印度洋，渔业的商业化则较为有限。在这两个地区，渔业实践和鱼类消费很少出现在有文字记载的历史中，即使在沿海人口摄入的蛋白质主要来自海产的地区也是如此。而我们对这些社群的认识在很大程度上是通过考古学，尤其是通过在考古环境中研究动物骨骼的动物考古学建立起来的。从中我们可以看到，与渔业群体相关的技术已深深嵌入诸如不断发展的商业生产网络、贸易和宗教活动等社会变革。因此，我们利用这些地区之间的比较来探索对大规模趋势的不同反应，并试图通过讨论与商业网络、内陆社群和社会权力来源的各种关系来解释这些变化。我们这样做，是对实践领域进行探索，这个领域在经济史和文化史中是非常缺失的，却是世界各地的活动和海上社群的基础。

连接和商业的历史

自8世纪始，印度洋就是整个"旧世界"日益紧密的连接的中心。这一地区的各处不仅被伊斯兰世界的信仰、移民和贸易网络紧密相连，而且这种相互作用也推动了整个欧亚大陆的发展，包括谢泼德在本卷中讨论的贸易社群从俄罗斯西部到波罗的海的扩张，也包括经中欧的陆路，以及与西非新兴王国相连的跨撒哈拉贸易路线的发展（Abu Lughod 1989；Beaujard 2005；Wink 1990—2004）。北大西洋地区从波罗的海经由东欧网络到伊斯兰地区的皮草、奴隶和异域商品贸易，也受到这种商业网络扩张的影响。因此，我们在此讨论的这两个地区尽管有各自的轨迹和地方性动力，却是相互连接的。

印度洋季风贸易将非洲东海岸、波斯湾、南亚连接在一起，并最终与东南亚和中国相连。自8世纪中期始，商业网络确保了巴格达的阿拔斯王朝与中国唐朝之间奢侈品的流动和整个地区合作伙伴之间的普通交易。然而，它们的连接模式较为古老，在考古和历史记录中不太容易体现出来。早期植物在亚洲和非洲之间迁移的证据表明，至少从公元前 1000 年开始，它们之间就存在海上联系，不过，与这种贸易相关的地点却难以发现了（Boivin et al. 2014）。

水手们利用季风从一个港口航行到另一个港口的方式在许多历史资料中都有详细体现（见本卷斯特普尔斯的章节及图 1.1）。在印度尼西亚海岸沉没的 9 世纪阿拉伯"勿里洞沉船"（the Belitung wreck）就是这一现象的物质体现（Heng 2019; Krahl et al. 2010）。这艘船以缝板方式建造，这是一种西印度洋技术，而它的船体是由非洲硬木制成的。船上装载的货物主要是中国陶瓷，还包括精美的黄金制品和其他与船上多民族船员有关的货物。图 2.1 为由沉船的木材重建而成的原船比例模型。这

图 2.1 勿里洞沉船的比例重建模型，藏于新加坡艺术科学博物馆。© SEAArch Southeast Asian Archaeology（southeastasianarchaeology.com）.

艘沉船因而为这一时期的沿海贸易提供了证据。在这一时期，海洋周围的思想和物质被远离家乡而长途跋涉的旅人和商人带到一起。这种相互连接的历史赋予了海洋独有的特征，以及各种海岸民族之间长期互动形成的印度洋身份认同（Pearson 2003）。然而，就捕鱼和生存实践而言，还有其他一些环境特征可能更为重要。因为海洋是极其多样化的海洋生态系统的家园，因此这些实践更具本地性，主要集中在印度洋大部分海岸边缘遍布的珊瑚礁资源，以及更独有的红树林和潟湖系统，它们创造了可供开发的丰富的近岸领域（Beech 2004；Lane and Breen 2018）。

在同一时期，作为维京时代特征的海盗掠夺和随后的定居将北大西洋各区域连接在一起。从 8 世纪后期到 11 世纪中叶，斯堪的纳维亚的掠夺者和水手把一些早已有人定居的海岸，如苏格兰北部，包括北部群岛（含奥克尼群岛和设得兰群岛）和西部群岛（赫布里底群岛），与以前极少有人或无人定居的海岸，如法罗群岛和 9 世纪才有人居住的冰岛，也连接了起来。后来在 11 世纪，人们也在格陵兰岛和纽芬兰定居，但最终持续时间都不长。正如埃里克·斯特普尔斯所述，这些北欧移民带来了对海洋的深刻理解。有关他们造船技术的证据在出土的标志性例子中显而易见，如 11 世纪的斯库勒莱乌 2 号（Skuldelev 2）长船，它建造于爱尔兰，最后沉没于丹麦，后来也在这里被发掘出来。斯堪的纳维亚人的大移居并不局限于北大西洋，他们定居的其他地方还包括英格兰、爱尔兰和俄罗斯。在 11 世纪中期"维京时代"结束后，斯堪的纳维亚人定居的北大西洋各区域继续面向海洋，在政治上也互有联系。

维京人大移居背后的促成因素之一是北大西洋地区有利的气候条件。中世纪气候异常（Medieval Climatic Anomaly，MCA）（也被称为中世纪暖期）是一段持续的时期，温度和定居条件都比较有利，如整个北大西洋的海冰都有所减少。在这之后是小冰期（Little Ice Age，LIA）。尽管 MCA 是全世界范围的趋势，但它受区域差异的制约——比如，我们知道它对印度洋地区的影响就很小，尽管这可能反映出数据的缺乏——并且它在北大西洋的范围和影响依然存有争议。格陵兰岛的人类定居点的发展看来是与全球变暖一致的，它随后在 16 世纪的消亡，部分原因是人们无法适应变冷的天气（Dugmore，Keller，and McGovern 2007）。与印度洋的暗礁和红树林海岸不同的是，北大西洋周围的浅海大陆架上有大量的海洋生物，尤其是鱼类，海洋哺乳动物的数量在维京时代之初也很充足。

资料

因此，这是中世纪时期深受海上联系和商业影响的两个地区。这也使得海边定居的重要性与日俱增，城镇在两个区域的沿海地带都发展起来。这些定居点以捕鱼为他们赖以生存的经济的重要组成部分。然而，历史却对这个捕鱼世界鲜有记载。在此，我们主要使用考古学的数据，确切地说，是动物考古学，即出土动物残骸研究的数据。例如，以图2.2所示的鱼骨混合组合来再现那些对沿海群体至关重要、

图 2.2 考古发掘的中世纪北大西洋鱼骨混合组合。© J. Harland.

但文字记载的历史中通常鲜有提及的实践。当然，动物考古学也会带来自己的偏见，尤其是受到发掘地点、关注的重点、发掘出来的沉积物是否经过筛选以获得较小的骨头和碎片，以及每个遗址的具体保存条件等影响。

在苏格兰沿海和印度洋的大部分珊瑚地质区域，动物骨骼和壳体的保存情况通常较好，不过，在土壤更偏酸性的区域，骨骼的存留状况往往较差。现代发掘方法一般会包括精细筛选，这是得到鱼类遗骸无偏见记录的必要条件。在北大西洋范围内，在发掘时很少能看到鲱鱼或鳗鱼等较小型鱼类的痕迹，甚至大型鳕鱼类的小骨头也很容易被遗漏。以至少两毫米进行筛选，也就是说，使用筛孔小至两毫米的筛子，是现在的标准操作，并且自 20 世纪 80 年代以来一直采用这样的操作。不过，只要承认存在偏见，由手工收集而出上的较古老的组合依然会对我们理解捕鱼和鱼类消费作出宝贵贡献。

用良好而完整的参照收集物来识别鱼类和贝壳遗骸，这在偏远地区实属不易，在整个印度洋留存下来的也极少。分类学是一门研究分类、鉴定和命名的科学，它在动物考古遗骸的分析中起着重要的作用，可以将发现物尽可能按种级进行分类，否则的话也可以按科级进行分类。成分（遗骨来自哪部分骨架）、屠宰和沉积史通常也包括在内。还需包括鉴定鱼的尺寸，通过测量、回归方程，或与参照骨骼作更广泛的比较来进行确定。确定动物死亡时的大致大小，对于重构可能的捕鱼地点和可能的捕鱼方法非常重要，这个过程通过参考渔业文献，包括 fishbase.org（鱼类数据库网站）（Froese and Pauly 2019）和前现代渔业民族志研究（例如 Fenton 1978）来进行。近年来的 DNA 分析使考古学家能够将在德国出土的鳕鱼追溯到北极的捕鱼地点（Star et al. 2017）。捕鱼工具的直接考古证据确实存在，但比起被发现的大量鱼类遗骸，却实属稀少。沿海地区的鱼堰和捕鱼网能够很好地保存下来，只不过很难确定它们的年代。有机渔网和鱼线极少能幸存下来，不过，在显然于航行中进行了捕鱼的沉船上，偶尔也会发现鱼钩和沉子。民族志学也可以提供有价值的信息，如图 2.3 所示，位于肯尼亚海岸万加（Vanga）的"uzio"（鱼栅）是一种传统的捕鱼工具，民族考古学家可求助于它来重建历史上的方法。

图 2.3 肯尼亚万加的鱼栅。© Eréndira M. Quintana Morales.

鱼类与饮食：印度洋鱼类

对印度洋鱼类骨骼进行的系统性动物考古研究被局限在少数区域和地点，不过它们还是描绘出了略有不同的图画。在非洲东部沿海，近年来向系统动物考古学研究的转向已开始得到证据反馈，表明在 11 世纪前后，海洋开发的持续模式在实践上有了显著变化。根据 20 世纪 80 年代的挖掘数据，这种状况首先在拉姆（Lamu）群岛上的尚加（Shanga）北遗址被勾勒出来（Mudida 1996；Mudida and Horton 1993）。在那里发掘的数千块鱼骨被作为更广泛的动物考古研究的一部分而得到了分析，该研究在时间跨度（8 至 15 世纪）以及对背景和埋藏特征的考虑（即了解生物体腐烂和保存方式）方面，都是一座里程碑。在尚加 6009 块鱼骨的种级

56

鉴定中，尽管范围巨大、种类极多，但大部分是帝王鱼（emperor fish）（龙占鱼科，Lethrinidae）和鹦嘴鱼（parrotfish）（鹦嘴鱼科，Scaridae）。值得注意的是，整个组合中占主导地位的不是深水鱼，而是来自周围珊瑚礁的浅水鱼。考古学家马克·霍顿（Mark Horton）和尼娜·穆迪达（Nina Mudida）提出，对鲨鱼和梭鱼等深海或远洋鱼类的大量捕捞直到11世纪才开始（Horton and Mudida 1996：380）。他们还把这些鱼类遗骸与遗址内的特定区域联系起来，或许还与居住在内的不同人类群体联系起来。他们在尚加尤其还区分了西南区和北区，西南区有牛类遗骸和极少的鱼类遗骸，而北区有鱼类和家畜的混合组合。霍顿（1994）将此解释为尚加存在游牧群体的证据，他们可能与捕鱼和吃鱼的群体共同存在，尽管他们移居到了海岸，但仍然保持着不吃鱼的禁忌。在某种程度上，这种解释得到了这一区域民族志的支持，这里的卡特瓦（Katwa）沿海族群仍然不吃鱼。目前还不清楚这些发现有多么适用于其他海岸地区。在尚加，鱼属于基本食物，从11世纪开始，家畜的数量在动物区系记录中才开始超过鱼类。

对东非沿岸遗址的鱼类遗骸进行的系统比较分析，已经开始将此扩展成为一种更普遍的模式。以前的工作已经对拉姆岛（Wilson and Omar 1997）、桑给巴尔岛（Horton and Clark 1985；Kleppe 2001）和莫桑比克（Badenhorst et al. 2011；Sinclair 1982）等遗址中占优势地位的鱼类遗骸进行了讨论。动物考古学家伊兰迪拉·昆塔纳·莫拉莱斯（Eréndira Quintana Morales）（2013）将这些记录进行了汇编，并对肯尼亚海岸、桑吉巴尔岛（Prendergast et al. 2017）、马菲亚（Mafia）岛（Crowther et al. 2016）和松戈·姆纳拉（Songo Mnara）岛（Quintana Morales 2013）等遗址新发掘的材料进行了分析。在所有这些案例中，动物考古学鉴定的结果是，所有时期大多数为岩礁鱼类，这反映出对近海资源的广泛利用。栖息于深海、需要不同捕鱼技术的大型鱼类从未占主导地位，只是从11世纪开始才变得常见（Fleisher et al. 2015；McClanahan and Omukuto 2011；Quintana Morales and Horton 2014）。从肯尼亚北部到莫桑比克的各遗址的动物考古记录表明，身居这些沿海地区的人群利用的是陆地和海洋的一系列野生资源。因此，捕鱼与陆上狩猎都是满足生存需要的手段（Badenhorst et al. 2011；Prendergast et al. 2016；Walsh 2007；Wilson and Omar

1997）。这种混合型策略在东非的珊瑚海岸创造的丰富环境中很显成效。这也是对沿海环境带来的一系列特殊挑战作出的回应。在这些地方，农业和畜牧业可能更具挑战性。在许多沿海遗址内，如刚才提到的尚加，大型鱼类数量的增多，伴随着向家养陆地动物，尤其是牛类的转移。虽然很难说究竟是什么促使人们转向家养动物，但这些变化与印度洋贸易规模的变化以及与海洋联系的拓展相吻合（Fleisher et al. 2015）。对深海的开发，伴随着以不同的船舶技术为基础的、与更广阔的海洋更持久的关系。它同时还与沿海商人精英的发展有关，因为他们的消费习俗会影响当地的需求。

在科摩罗（Comores）群岛和马达加斯加岛上，虽然动物考古研究还不太成气候，但得到的发现却惊人的相似。科摩罗群岛 8 至 10 世纪"当伯尼时期"（Dembeni phase）的遗址有海洋和陆地物种的混合组合。马达加斯加岛从 8 世纪开始的一些早期的遗址都零星散布在沿海，含鱼骨和贝壳，有很少的陶器（Dewar and Wright 1993：431）。而从 11 世纪开始，在马达加斯加北部的安帕辛达瓦湾（the Bay of Ampasindava）（Radimilahy 1998；Vérin 1986）和东南部，则有海洋和陆地动物的混合组合。对西南海岸正在进行的研究似乎得到的发现是，以近海资源为基础的开发模式具有漫长的发展历程。尽管最令人信服的数据来自最近的 200 年，但动物考古分析却显示出珊瑚社群对蛋白质的严重依赖（Grealy et al. 2016）。这似乎反映出这一地区利用本地和近岸资源的悠久历史（Douglass and Zinke 2015）。

在印度洋地区的其他地方也有类似的对珊瑚礁资源的强调，但没有这种按年代顺序向深海物种转移的感觉，而是近岸和远洋物种同时出现。对波斯湾和红海地区的动物考古研究反而揭示出，在整个中世纪时期，从海洋获取鱼类的方式具有显著的连续性。一项对波斯湾的详细研究报告说，中世纪时期的遗址仅有极少几处（Beech 2004），不过，在西拉夫和哈雷伊拉（Jazirat al-Hulaylah）都有前伊斯兰时期到伊斯兰时期后期（约 14、15 世纪到 16 世纪早期）的记录，包含非常相似的组合，既包括较小的近海鱼类，如帝王鱼，也包括较大的深海鱼类，如金枪鱼。在这一时期末的大量遗址，如哲尔法（Julfar），也有同样的情况，种类非常广泛的鱼类，包括近海和深海鱼种，都被开发利用。总的来说，比奇（Beech）强调了波斯湾地区悠久定居历史中对所有海洋环境长期存在的开发利用（Beech 2004：3）。报告的按年代顺序发生的变化很少，即使在西拉夫等遗址的城市发展时期也是如此。这可能反映了它们当中一些考古遗址的性质，它们是大型城市台型遗址，组合物或许涉及高身份者的住宅，而不是鱼类加工区或垃圾场。

红海港口老库塞尔（Quseir al-Qadim，古罗马时期称 Myos Hormos）的鱼类遗骸组合显示了岩礁鱼类及深海鱼类的混合捕捞。不过，在这里岩礁鱼更为常见，在整个伊斯兰时期鹦嘴鱼在组合中都占据主导地位（Hamilton-Dyer 2011：262）。在库塞尔，人们捕鱼供当地人食用，在港口附近发现的大量鱼骨反映出鱼在烹饪前被去骨切片。不过，鹦嘴鱼也是重要的制作鱼干的材料，它们被送到为库塞尔供货的沙漠定居网点，包括沙漠贸易小站。因此，渔业在此处是重要的经济产业，或许在其他红海港口也是如此。奇怪的是，这并没有反映在贸易和日常生活的历史记录中，开罗藏经库（Cairo Genizah）中没有，在库塞尔被称为"长老之家"（Sheikh's house）的建筑遗址（Guo 2004）中找到的 13 世纪重要文献集里也没有。后者包括一份完整的整个城镇的商业账目，收入和支出都有完整的记录。记录中列出了许多食物，包括蜂蜜和肉类，但根本没有出现鱼类。鹦嘴鱼干可能是经加工后用作船上食物，但无论如何解释它在文字记录中的缺失，这都有力地说明，鱼类和捕鱼活动可能对维持生计的经济至关重要，同时也在文献记录中不值一提。同样，尽管饮食和烹饪在伊斯兰世界是重要的写作题材，但鱼类食谱却几乎难见踪影，因为这两者都是远离此处所述的沿海社区的内陆城市精英的产物。

鱼类如何作为大餐中我们称为"菜肴"（dishes）的一种而被烹饪，这一点通常很难重现。像鹦嘴鱼这类的大型岩礁鱼可以被切成相当大的鱼片，如在库塞尔显示的加工方法中所见。这些鱼片可能在炖煮后、在新鲜状态下或鱼干复水后被食用。较小而多骨的鱼类更易整条煮熟，然后再用手把肉扒下来。在明火上烧烤是一种常见的烹饪方法，如图 2.4 所示的坦桑尼亚松戈·姆纳拉岛海滩上的烤鱼。如图所示，椰树环绕的印度洋海岸为人们提供了充足而现成的烹饪用燃料。

图 2.4　坦桑尼亚松戈·姆纳拉岛海滩的椰壳烤鱼。© Eréndira M. Quintana Morales.

北大西洋鱼类

与我们的期望相反的是，北大西洋地区在维京时代之前很少有人吃鱼。总的来说，这一时期对海洋食物的利用非常少，在一些地方，这可能已发展到吃鱼禁忌的程度，因为在英格兰和北海周围，鱼类消费量非常之低（Dobney and Ervynck 2007；Russ et al. 2012）。苏格兰沿海居民会吃一点鱼，但这些鱼大部分来自海岸附近的栖息地。绿青鳕（polachius virens）很常见，还有一些其他种类，包括鳕科（Gadidae）、江鳕科（Lotidae）、比目鱼（flatfish）、隆头鱼科（Labridae）等。在用现代复原方法挖掘的一些遗址（e.g., Harland 2016, 2019）中，有少量迹象显示大型、成熟鱼类的深海捕捞开始出现，这表明维京人到达之前的船舶技术比迄今为止认为的更先进。这些较大型的鱼类包括生活在 150 米至 200 米深海的成熟大西洋鳕鱼（Gadus morhua），以及喜欢生活在 100 米至 400 米深海的舒鳕鱼（Molva molva）（Froese and Pauly 2019）。在苏格兰公元 800 年之前的遗址中，包含鱼类遗骸的只有极少几处，这表明海洋资源的影响很小。这些居民偶尔会捕鱼，但摄入的海洋蛋白质不足以影响其骨骼中的同位素组成，而它在大量摄入海洋食物的居民中却常被发现（Barrett and Richards 2004）。即使捕鱼，他们主要也是利用沿海季节性资源，直接捕鱼或使用渔网和鱼堰。在维京人最初定居的时候，冰岛和法罗群岛的环境相对还处于原封不动的原始状态。在公元第一个千年里，人类活动在法罗群岛上虽然存在但很少，不太可能对海洋环境产生深远的影响（Church et al. 2013）。

在维京时代，这一地区的海上联系显著增多，海洋渔业规模也随之显著扩大，这在整个地区的动物考古组合中可见一斑。在 9 世纪和 10 世纪，沿海地区成为相当多的渔业社群的家园，其标志是丰富的鱼贝丘。这些鱼也被交易到内陆地点，譬如约克（Barrett, Locker, and Roberts 2004；Harland and Barrett 2012）。在苏格兰北部群岛等地，密集的贝丘沉积物在从奥克尼到设得兰群岛的沿海区域都有发现，而且往往是由于海岸侵蚀而被识别。这些遗址包括夸格鲁（Quoygrew）、韦斯特雷（Westray）、圣博尼费斯（St. Boniface）、帕帕韦斯特雷（Papa Westray）和桑代岛的普尔（Pool, Sanday）（Cerón-Carrasco 1998；Harland and Barrett 2012；Nicholson

2007）。它们都含有大量的贝壳，其中发现的许多笠贝类有可能被用作诱饵，尽管学界对它们的消费存在一些争议（见以下的东非相关内容）。维京时期冰岛的证据表明，从最早的定居点开始，鱼类遗骸就大量存在。在位于内陆的遗址中，鱼类可包括淡水和洄游鲑鱼类，如鲑鱼、鳟鱼和红点鲑，但海洋鱼类，尤其是鳕鱼更常见，甚至被带到了较远的内陆，例如被带到了玛花顿湖（Mývatn）地区的遗址（Perdikaris and McGovern 2009）。在冰岛，人们用渔网捕捞鲑鱼，对河岸所有权的争夺也留下了历史记录，但这些鱼类远不如鳕鱼类和江鳕类重要。法罗群岛的证据表明，在维京时代和中世纪的大部分时间里，渔业和农业一样，都是维持生活的必需（Dufeu 2018）。

不过，这一地区海洋鱼类捕捞量的最大增长发生在公元 1000 年左右。在 10 世纪晚期及 11 世纪早期，在内陆定居点发现的鱼类数量显著增加（Barrett, Locker, and Roberts 2004）。这一历史时期被称为"鱼视界"，因为有一致且令人信服的证据表明，在这一时期海洋鱼类的捕捞量大幅增长。考古学家詹姆斯·巴雷特（James Barrett）认为，这是历史上过度捕捞行为的起始点，正是这种行为导致了当代这些水域生物种群的稀少。在北部群岛，原始的商业捕鱼在 11 世纪时已经出现。鱼贝丘内包括鳕鱼和相关种类，如绿青鳕类和江鳕类，它们几乎占了所发现的鱼分类群的全部。它们基本都是更大型、更成熟的鱼类，总长度至少达 80 厘米，这表明有专门的远洋捕鱼作业。从 11 世纪开始，所捕之鱼的种类几无变化，但与前几个世纪相比，鱼类沉积物的密度这一时期有所增加，鱼类对哺乳动物的比例也有所上升。渔业的增长与乳制品业的增长是同时发生的（Critch, Harland, and Barrett 2018），这种发展仍需要令人满意的解释。

在波罗的海各岛屿，鲱鱼长期以来都是首选鱼类，鲱鱼滩的开发历史与人类在这里的定居历史同样悠久（Benecke 1982；Enghoff 1999）。鲱鱼在生物学上与鳕鱼类和江鳕类大不相同。它们是幼小的浅水鱼，可用渔网捕捞。由于它们含油量高，如果不是在它极其新鲜的时候食用，就需要用盐水或盐腌制，或用烟熏制。在其他地区，对它们的捕捞在 11 世纪有所增加，它成为更具商业性的模式的一部分。在苏格兰北部群岛的动物考古记录中，它们几乎完全不见踪影。在西部群岛，考古中确实发现了鲱鱼，它们在 13 世纪和中世纪其余时期占据了主导地位，如在博奈斯（Bornais）1 号堆和 3 号堆（Cartledge et al. 2012；Ingrem 2005）中。在这一时期，在内陆的骨骼组合中已能够发现一定数量的鲱鱼，它们是主要依赖鳕科鱼类（鳕鱼和鲱鱼）的腌鱼贸易的一部分。这是内陆生存方式发生重大转变的一部分，城市人口的饮食离开了淡水鱼（或许是由于过度捕捞）而转向了海鱼。巴雷特、洛克（Locker）和罗伯茨（Roberts）（2004）追踪了这些年代前后不列颠群岛多个中心的转变，包括约克、伦敦、南安普顿、诺威奇和北安普顿。在所有这些遗址中，海鱼的消费量在 11 世纪和 12 世纪都大幅增加。这必定反映出渔业群体中发生的转变，一是转向利用不同的技术开发更深的海域，二是转向为着商业目的而捕鱼。这种转变也反映在欧洲各地城市发现的骨骼组合中，在法国北部、比利时（Van Neer and Ervynck, 2003）和波兰的遗址中就有类似的情形。鳕鱼和鲱鱼捕鱼业的增长，以及海洋鱼类市场化经济的蓬勃发展，在书面历史记载中姗姗来迟。波罗的海海湾和东英格兰的鲱鱼集市在 11 世纪和 12 世纪留下了记录（Barrett, Locker, and Roberts 2004：624—625），但大多数关于鱼类贸易的历史数据则出现在 13 世纪及之后。至 13 世纪，鱼类和捕鱼活动已经出现在法律框架中，根据 13 世纪的法律，鲱鱼与鲑鱼齐名，并高于鳕鱼（Dufeu 2018: 154）。视觉艺术也是，它显示出对鱼的种类有了新的认识，如在英格兰北部于 1250 年至 1260 年左右创作的《诺森伯兰动物寓言集》(Northumberland Bestiary) 中对鱼类的表现。

捕鱼技术

通过近年来民族志研究的视角，人们了解了东非的捕鱼技术（Nakamura 2011；Prins 1965）。它们表明，在开发不同的沿海产地和捕捞种类的过程中，多种多样的捕鱼技术得到了运用（see Quintana Morales and Horton 2014: table 2 for summary）。昆塔纳·莫拉莱斯和霍顿（2014）将这些方法应用于研究该地区中世纪的过去，他们提出了早期（7 世纪至 10 世纪）在岩礁上使用小型渔网和鱼笼的充分理由，他们把 11 世纪起向远洋鱼类的转变与捕鱼技术向更大型船舶和漂网的转变相联系，而这种转变又与日益扩大的贫富差距相关。

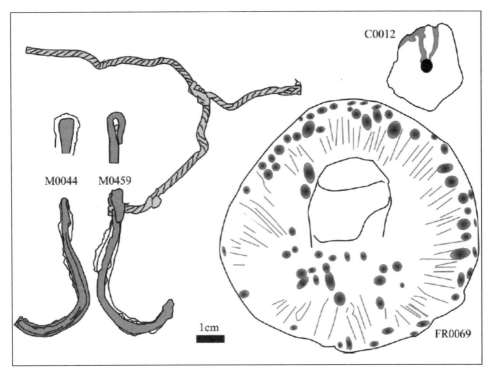

图 2.5 《红海老库塞尔伊斯兰地层中的捕鱼技术》（"Fishing technology from the Islamic layers of Quseir al-Qadim"），引自 Peacock and Blue（2011: ch15）。© R. Thomas.

在西印度洋，捕鱼设施在考古上的直接证据并不多。在奔巴（Pemba）岛、尚加和马达加斯加的遗址中发现过鱼钩，但数量很少。老库塞尔的证据要充足得多，并且，由于该遗址极佳的保存条件，它还包含大量而广泛的材料（Thomas 2011），如图2.5 所示，有金属鱼钩以及陶瓷网坠，还有残存的骆驼毛制成的钓鱼线和细格渔网。总之，它们表明，用鱼线钓鱼比用渔网捕鱼更常见（Thomas 2011: 218），但这种情况与大多数为非食肉鱼类的动物考古学数据有冲突，这类鱼不吃诱饵，因此需用网捕捞（Hamilton-Dyer 2011: 265）。然而，到目前为止，最常见的捕鱼工具却是木刺钩（128 件文物中有 88 件）。它们会被绑在一根绳子上，放在海底，然后被鱼吞食。这种技术也在波斯湾地区于各个时期得到广泛应用（Beech 2004）。在这两个地方，通常的模式都是为从不同环境中获得最大利益而部署的不同策略。它与当今小规模社群的民族志研究不谋而合，也说明了劳动人口是熟练、分散而缺乏中央控制的。

在北大西洋发现的大型、成熟的鳕鱼、江鳕及相关种类，是用鱼线钓获的，鱼线通常由拧在一起的马毛制成（Fenton 1978：244，534），有多个饵钩。15 世纪纽芬兰渔场开放时，历史上才首度出现对针对这些鱼类的渔网的记载（Nedkvitne 2014：526），没有证据表明在这一时期之前，中世纪北大西洋曾使用渔网来捕捞鳕鱼和相关种类。不过，鲱鱼是较小的浅水鱼，确实需要用渔网对它们进行捕捞。在那些捕捞鲱鱼的地方，我们应推断渔网得到了使用。

关于前基督时代北大西洋中世纪船舶的知识，我们从船葬中获得，偶尔也从较大船舶的标志性发现中获得，包括斯库勒莱乌 2 号在内。船葬包括苏格兰西海岸 10 世纪早期的阿德纳默亨（Ardnamurchan）船葬，其长度为 5.1 米（Harris et al. 2017），以及奥克尼岛 9 世纪晚期或 10 世纪的斯卡（Scar）船葬，其长度为 7.2 米（Owen and Dalland 1999）。对冰岛戴斯（Dysnes）维京时期前基督时代船葬的挖掘，显示它至少有 6 米长（Gestsdóttir et al. 2017）。它们都是典型的 7 米或 8 米以下的小船，已知的维京时期和中世纪的船只大部分属于这类（Owen and Dalland 1999）。这些小船很容易被拖上岸，放在"船壳"（naust）里，船壳是一种简单的土制围墙，可作遮挡之用，许多这样的围墙至今仍存在。苏格兰小型木帆船直接延续了斯堪的纳维亚建造风格：它们都是长度在 5.8 米到 7.3 米之间的小型敞舱船，通常有两对桨（Miller 2008：table 5.3，107）。带三对桨的较大渔船出现在设得兰群岛，用于在北方群岛用长鱼线捕钓成熟的鳕鱼、江鳕及相关种类。在苏格兰高地周围用渔网捕捞鲱鱼也用的是类似的渔船（107—110）。这些船全都是敞舱小渔船，只能装载少量渔民，他们能够娴熟地在大海和潮汐中航行，不停地往返，把大鱼带回家。

贝类：鱼饵、艰难时期的食物及禁忌

综上所述，贝类是另一种重要的沿海资源，作为鱼饵发挥着重要的作用。然而，尽管它们在两个地区的动物组合中都一直是基底层，但作为沿海生存的一方面，对它们的利用情况的研究依然非常缺乏，对它们的消费仍然存在许多未解之谜。在库塞尔，从罗马时期到伊斯兰时期，贝类资源的开发呈现急剧下降之势。汉密尔顿-戴尔（Hamilton-Dyer）认为这可能与食物禁忌有关，贝类有可能是一种

64

伊斯兰教的禁忌食物（2011：265）。事实上，虽然伊斯兰教和犹太教一样禁吃食腐动物的肉，但贝类是一个例外，至少逊尼派是这样，对贝类的消费"不鼓励"（*makrūh*），但不禁止。只有十二伊玛目派正式禁止食用贝类（Glassé 2001：148）。因此，库塞尔的伊斯兰地层中持续存在数量较少的贝类，可能是少量逊尼派穆斯林不顾贝类"不鼓励"的限制而继续食用贝类的缘故，或者也可能是在捕鱼时使用贝类作为诱饵的缘故。

然而，这些解释似乎与东非穆斯林饮食中贝类持续占据重要地位的证据相矛盾。在整个中世纪时期的遗址中，食用贝类留下的遗骸在斯瓦希里海岸很常见（Quintana Morales and Prendergast 2018）。尽管如此，它们很少成为考古研究的明确关注点，因此能够被用于量化研究的组合很少（Christie 2011；Faulkner et al. 2018；Fleisher 2003；Wilson and Omar 1997）。在莫桑比克海岸，有一处区域确实已经超出了斯瓦希里伊斯兰文化的主要中心而向北延伸，那里的遗址，如知本（Chibuene）（7世纪到14世纪）等，其中的贝丘高达5米多，它们反映出令人难以置信的采捕和食用贝壳的程度之强，使动物区系的记录都相形见绌。贝类在如今常被认为是一种艰难时期的食物（Msemwa 1994），这种民族志学分类意味着它们被用作过去饮食丰富度和状况的指标，这个推论是，有其他选择的群体会避免食用贝类（Christie 2011；douglas and Zinke 2015）。不过看来很可能的是，贝类在过去与其他蛋白质来源相比，也并非处于太边缘的地位。如前所述，它们在各个时期的遗址中都很丰富，而且它们的采捕更普遍地和鱼类捕捞的年代顺序一致，在7世纪至10世纪达到顶峰，之后随着家畜在考古记录中变得更常见而变少（Fleisher 2003）。尽管如此，在小型定居点和包括基尔瓦基西瓦尼（Kilwa Kisiwani）与松戈·姆纳拉在内的大型富裕城镇的考古记录中，用作食物的海洋软体动物的壳体仍然十分丰富（Wynne-Jones and Fleisher 2016）。它们与低社会地位存在关联的观点或许需要修正。

在北大西洋，大量的贝壳经常和鱼类遗骸一起被发现，而它们当中帽贝（Patella sp.）通常是最常见的，其次是厚壳玉黍螺（Littorina littorina）。其他各种双壳类和腹足类也有少量发现。一些地区显示出对某些种类的偏好，这可能反映出当地能够获得的种类和文化偏好。例如，贻贝（Mytilus edulis）在冰岛阿库维克

65

（Akurvík）遗址中是最常见的种类（Amundsen et al. 2005：table 5）。帽贝的使用存在争议：它们是被用作鱼饵还是被存心吃掉？苏格兰的民族志记录将帽贝描述为既是近海捕鱼的鱼饵（Fenton 2008：99），也是饥荒时的食物（Fenton 1978：542），而且还是新娘和新郎婚礼前夜在特别晚餐中食用的"爱之肉或吻之肉"（Muir and Irvine 2005：98）。也有人认为它们被用作猪食（Sharples 2005：159）。在赫布里底（Hebrides）群岛的斯堪的纳维亚遗址博奈斯 3 号堆中，帽贝的数量相当可观，尽管该遗址距离最近的帽贝丰富的海岸有 2.5 公里。它表明将活帽贝带回定居地是有某种价值的。虽然发掘者认为这可能是供人类食用的，"吃过帽贝，我可以证明它们的味道并不令人讨厌"（159），但来自人类骨骼的同位素证据并不能证明贝类被广泛食用（Milner and Barrett 2012：113），因此，考古发现的大多数贝类似乎都可能是被用作鱼饵，尽管人类可能在特殊场合下也少量食用。

贸易和社会组织

这几个世纪的特点是世界性的国际贸易发展，鱼类和渔业是如何对它作出贡献的呢？捕鱼的农民是何时开始走向专业化并成为商业捕鱼实践中的一部分的呢？两个地区在这方面有很大的不同。它与被捕捞的鱼的种类，以及创造海岸之外对鱼类需求的陆地网络的性质有关。它或许也反映了一种不同形式的市场经济。

鱼类等消耗品的市场化贸易的发展，是欧洲中世纪鼎盛时期的特征。在整个北大西洋地区，最初的捕鱼活动是基于维持生存的需要，是包括农业活动在内的季节性周期的一部分。北大西洋及周边陆上地带的"鱼视界"可能代表了一种向着商业化捕鱼活动的转变，它在规模、性质和社会组织上都是不同的。这些都发生在一种海洋文化当中，这种文化的特征是船、登陆地点和海上知识（Westerdahl 1992，2008），而捕捞大型鳕鱼和江鳕类需要高超的捕鱼技能。陆地上的加工表明，一些大型鱼类经过风干成为鱼干，同时也有大量的证据表明它们在新鲜时被食用。相比之下，商业化捕鱼会产生剩余产品，它们被出售给最终消费者，通常利用中间商，以及包括卸货、加工和储存条件等在内的基础设施和机制（Dufeu 2018：58）。生产这些产品的渔民可能仍在季节性农业周期内作业，捕鱼技术本身或许与维持生计的捕鱼相比没有变化，但可能在这个阶段有一定程度的提高。鱼干可以用来换取奢侈品或主食，支付租金、什一税和手续费，并且它们也能够进入商业经济。

挪威的商业捕鱼可以追溯到 11 世纪晚期（Nielsen in Starkey et al., History of the North Atlantic Fisheries, quoted in Dufeu 2018：29），在苏格兰北方群岛 11 世纪同时代的贝丘中（Harland and Barrett 2012），可以看到捕鱼的增多，它进一步证实商业（或原始商业）捕鱼可能从这一时期开始的观点。冰岛公元 1200 年的一项法规规定，鲜鱼（可能是鳕鱼）只能在捕捞当天出售，否则就只能在家里晒干后再出售。大约 930 年，鱼干有了公认的价格（当时 15.3 条鱼相当于一枚银奥拉［eyrir，冰岛硬币］，或大约 27 克银），后来的价格表明，随着时间的推移，鱼干变得更加值钱（Dufeu 2018：84—85）。这则法规和定价是否表明这些鱼干正在进入商业经济？冰岛鱼干于 13 世纪早期到达英国港口。不过，考虑到那时冰岛已开始被挪威人控制，贸易船的来源和所有者是有疑问的（88）。冰岛的历史资料表明，供出口的商业捕鱼始于 14 世纪早期，当时海关从经加工的鱼干获得的收入首次占据了重要地位（16，23—24，27）。这一日期或许要退回到 13 世纪晚期，当时的文字证据显示，鱼干被用于交易进口商品（Gardiner and Mehler，2007：389）。14 世纪也是法罗群岛商业捕鱼发展的重要时期（Dufeu 2018：33）。这种贸易一直延续到今天：来自北大西洋地区的干鳕鱼和腌鳕鱼被用于制作意大利和葡萄牙等南欧国家的传统菜——咸干鳕（bacalao/bacalhau）。咸鱼干烹制的时候要经过多次浸泡，也可以将它砸软。中世纪的烹饪方法包括煮，以及"与姜和藏红花一起炖，加上奶油、洋葱和猪油，或与坚果和杏仁一起油炸"（Wubs-Mrozewicz，2009：187）。

值得特别提出的是，鱼类并不是唯一用于海上贸易的天然产品。北大西洋的斯堪的纳维亚定居者拥有丰富的可获得的海洋资源。其中一些是外来的，从而出现在历史记录中，包括北极熊毛皮、海象象牙和格陵兰岛北部狩猎场诺若尔塞塔（Norðurseta）的兽皮（Frei et al. 2015；Star et al. 2018），以及因需要高超捕猎能力而值钱的活的冰岛矛隼（Frei et al. 2015；Star et al. 2018）。在考古记录中，鲸鱼并不常见，但它们搁浅后会被人们清理，以获取食物、鲸油和原材料（包括骨头），在需要时，人们可能会对较小型种类的鲸进行一些有限的猎捕（Szabo 2008）。

67

推动这种商业化的城市消费习惯的转变是复杂的，而且各地情况不尽相同。在伦敦等地，海洋资源取代了被过度捕捞或无法维持日益增长人口所需蛋白质的淡水鱼（Orton et al. 2014）。需求是由新兴城市精英以及他们对鲱鱼、鳕鱼等鱼类的需求推动的。基督教精英也可能参与其中，有资料记录，教会从 12 世纪中叶开始就参与控制冰岛的河流和海洋渔业的使用权，这表明了捕鱼的商业性（Dufeu 2018：83）。冰岛和法罗群岛从 11 世纪初开始向挪威纳税，有可能是以鱼干的形式（96），也许它们首先是由以打鱼为生的农民捕获并加工的，他们用鱼来向酋长们支付租金和税费，然后酋长们进入小规模商业贸易、向挪威支付税款。冰岛和法罗群岛的酋长们从 11 世纪开始就效忠于挪威，以换取优待和权力，虽然这两个群岛名义上仍是独立的，但他们可能会支付鱼干作为回报，"可以说，这种效忠造成了挪威人和冰岛人之间的一种商业伙伴关系或联邦关系"（99—101）。在某种程度上，它也可能是由于当时基督教会的影响，因为 10 世纪对本笃会的斋戒习俗的采纳导致了斋戒期间对鱼的需求。然而，这种解释远远难以得到普遍接受，詹姆斯·巴雷特等人（Barrett, Locker, and Roberts 2004）驳斥了这种因果关系。不过，艾伦·J. 弗兰岑（Allen J. Frantzen）等从事文学研究的学者们现在正在把这些考古材料与他们的资料进行整合，以解释这种变化对盎格鲁-撒克逊英格兰以及最终对海洋文化史意味着什么（Frantzen 2014：232—245）。

就它为渔业群体带来的社会组织的转变，威斯特达尔（Westerdahl）（2008）在将现代民族志研究与历史数据相结合的基础上提出了构想。他描述了多个活动领域，从管理港口基础设施的人员到水兵、商业水手。他认为这些分类许多都始于 15 世纪的商业行会水手，而他们依赖的基础是渔民 / 农民的"小"世界（Westerdahl 2008：196）。后面这个世界为北海和波罗的海地区同时代的文化提供了背景，并带来了跨多语言、多民族领域的文化联系和统一。威斯特达尔认为，这是由于对海洋世界的共同关注：对方向、对时间与距离的组合的关注。根据文化和民族志研究证据，劳动可能是有分工的，虽然女性不太可能捕鱼，但她们参与了准备和加工的各个方面（Dufeu 2018：44；Coull 1996：49—50）。

直到中世纪后期，农业和渔业在整个北大西洋地区都是同一经济体系的两个方面，这种体系的首要目的是为直系家庭成员提供食物，其次才是提供剩余的食物产品——鱼、奶制品，用于支付或者交易。苏格兰的证据显示，在家庭农场内有鱼贝丘堆积，这表明了基于海洋和陆地的双重经济。冰岛确有一些证据表明，从13世纪开始就有了临时和永久的渔站（Dufeu 2018：149）——考虑到内陆农场可能离海有一段距离，这是一个合乎逻辑的解决办法，而这种办法在苏格兰北部或法罗群岛却非必要。阿库维克就是一个这样的例子，它是一个有捕鱼"摊位"的海滩遗址，对这些摊位的使用很可能是季节性的（189）。

相较而言，在西印度洋，几乎没有中世纪时期渔业商业化的证据。相反，鱼类和渔业继续为这里的定居提供基本的生存基础，而商业活动则集中在其他方面。这可能是由于在热带气候下运输和保存鱼类的可能性有限，但也可能与相互交流和商业发生的场所有关。印度洋周边被原材料贸易所连通，这些原材料在一些地区缺乏而在另一些地区却十分丰富，红树林木材从非洲东部向无树木的海湾地区的转移就是一个例子。涂釉陶瓷、玻璃和玻璃珠、象牙和黄金等奢侈品的大规模贸易也推动了海洋贸易的发展。鱼类作为整个地区常见的主食，却不属于上述任何一类。有少量的历史记载显示，鱼干可能在海洋网络中流转。14世纪中期元朝晚期文献——汪大渊的《岛夷志略》中，提到马尔代夫出产的鱼干，而在后来的15世纪明朝文献中，提到马尔代夫当地的商品鱼和玛瑙贝（Ptak 1987：677，686）。一部重要的文字资料是《心灵之乐》（*Mānasollāsa*），它是一部梵文的"帝鉴书"，大约在1129年到1130年由位于印度西部德干（Deccan）地区的西遮娄其（Western Chalukya）王朝国王娑密室伐罗三世（Someśhvara Ⅲ，1126—1138）编撰而成，其中包括对王宫中食用的淡水鱼和海鱼的大量详述（Sadhale and Nene 2005）。不过，这部资料却对出产这些渔获物的捕鱼群体和捕鱼活动毫无记载，也没有记载获得这些鱼类的交易网络。在大多数沿海地区，虽然新鲜或腌制的鱼类都被广泛食用，但它们并不属于长距离甚至中距离的商业货物。一份12世纪在印度马拉巴尔（Malabar）为前往也门而写的行李清单，在补给品中列出了"两皮囊'*hūt*'鱼"，可能是某种鱼干（Lambourn 2018），但没有证据表明马拉巴尔之外有更多的鱼类商业贸易。

相反，其他海产品有时候变得高度商业化。马苏迪在他10世纪的著作《黄金草原和宝石矿山》中提到，龙涎香，即抹香鲸消化系统产生的带浓郁香气的分泌物，是一种非洲的出口商品。贝壳被用作生产的主要原料，同时也是贸易物品。在东非海岸，海贝至少从7世纪开始就被用来制作圆片形的串珠。可用磨珠机的证据证明这种产业的规模：带有检查槽的陶瓷碎片，被用于打磨粗饰蚶属（Anadara sp.）贝壳的柱体，它们随后被切割成圆片（Flexner, Fleisher, and Adria LaViolette, 2008）。通常的推测是，这些串珠生产之后被运往内陆市场。在坦桑尼亚中部距离海岸数百公里的遗址中的发现，在某种程度上证实了这种推测（Walz 2010）。这项产业从11世纪开始衰落，因为来自南亚的玻璃串珠在沿海和内陆市场更易得到。玛瑙贝壳在中世纪后期似乎仍被用于制作串珠。在一些遗址中它们的数量极多，这似乎表明它们被用作货币（Kirkman 1964）。玛瑙贝也是一种贸易商品，不过近年来的研究表明，可通过多种途径获得它们。在马尔代夫开采的资源被用于商业目的，被交易到跨撒哈拉和西非市场，并向东进入孟加拉和中国云南，而东非的遗址中，更常用的是本地的资源（Haour, Christie, and Jaufar 2016）。别处也存在着神秘的贝壳产业，比如在基尔瓦地区，尤其是在松戈·姆纳拉岛的沉积物中，发现了文石（大砗磲壳）制成的串珠。

正如罗克珊妮·玛格丽蒂在本卷中所述，这些产业与珍珠产业相比是相形见绌的。从史前时代直到近年，珍珠产业一直是波斯湾和斯里兰卡与南印度之间的马纳尔湾（Gulf of Mannar）渔业活动的经济大重点（Carter 2005）。考古研究所展现的捕鱼和维持生存的世界，与富有的城市精英雇用季节工去潜水采珠的商业化采珠世界形成了鲜明对比。相比之下，在东非，是小规模生产者为了满足当地的需求而捕鱼。13至15世纪斯瓦希里商人住宅中呈现的一些大型鱼类（Horton and Mudida 1993；Quintana Morales and Horton 2014）或许代表了富有居民对船和渔民的支配权。不过整体的状况还是与近年来民族志研究描述的世界相似，它所记录的渔业社会中，妇女、男子和儿童都从事采捕贝类的工作，并用独木舟在印度洋珊瑚礁地带捕捞更多的渔获物。他们的日常饮食主要是鱼类等海洋资源。从马达加斯加（Astuti 1995）到安达曼海岸（Hope 2002）群体的这些民族志研究展示了渔业是如何定义和塑造沿岸群体的。维持生活的实践不只包括提供食物，它们还将一系列技术、技能和活动带到日常生存的最前沿。

结论及未来的方向

整个中世纪时期北大西洋渔业的商业化发展，导致了本章所讨论的两个地区目前看来的主要差异。考古研究提供了文字资料没有提供的数据，表明大约在公元1000年，不列颠群岛及北大西洋其他地区的饮食文化在短短半个世纪内发生了实质性的变化。欧洲人从不吃或很少吃鱼，变成海鱼的大消费者。但是，除从根本上改变饮食文化之外，以贸易为目的的鱼类生产还带来了丰富的基础设施和机制，包括人员、空间和技术。它似乎也创造了一个更专业的渔民和水手群体，他们有自己的世界，带来了特定的知识和世界观。除冰岛的一些证据外（Wilson 2016），这是一个男性占绝对优势的世界，不过，在渔获物加工中整个社群都被包括在内。这与同期印度洋捕鱼活动的状况形成了鲜明对比。

但是，我们可以看到，在公元800年到1450年间，这两个地区也有相似之处。它们是由参与捕鱼领域的人形成的实践社群创造的，这些社群创造了跨越国家、语言和政治界限的群体。实践社群长期协作，交流意见、分享策略、找寻解决办法、尝试创新。中世纪的渔业社群通过海洋知识和技能的网络实现了这一点。他们在很长一段时期里共同与海洋打交道，跨越的区域是以海洋而不是以社会政治类别连接起来的。这些社群处于发展变化中，他们对不断变化的政治和经济环境、不断增长的需求作出反应，对鲱鱼干或来自波斯湾的珍珠带来的商业机会作出反应。他们还通过与海洋打交道的创造性方式，创造了其中一些转变。中世纪时期的特点通常是相互联系的日益增多，地方之间新路线的开辟和新联系的建立。海洋空间在这种发展变化中起着至关重要的作用，它由渔业社群所支撑，他们保留并发展着关于潮汐、洋流和风的知识，他们是与海洋斗争的先驱，而海洋最终塑造了这个世界。不过，一个更大的问题依然存在，那就是东非在多大程度上是更广泛的印度洋沿海地区的典型。那里的动物考古学数据目前非常稀少，如有的话，也只是些填补空白的书面文本和少量文献资料。虽然前现代的文献对印度沿海地区的鱼类消费状况有一致的描述（Achaya 1994），但目前我们对这些地区 14、15 世纪之前鱼类的消费、加工，或更广泛的贸易都知之甚少。据报道，在现巴基斯坦信德（Sind）的早期港口遗址班普尔（Bhanbore），所有的考古层都存在大量的鱼类遗骸，但这些遗骸尚未得到修复，因此也没有对它们进行研究。红海和东非海岸的这些材料和考古发现，有望促使人们在对印度洋其他地方的动物考古学遗迹进行发掘时更多地关注系统性修复，以便对大西洋和印度洋这两个世界进行更广泛的比较，从而更好地理解显然极为独特的欧洲的饮食文化。

第三章

网络

———————————

因水域而更密集、更快速

乔纳森·谢泼德

网络由分散在不同社会中但具有血缘关系、共享信仰或物质利益并以某种方式进行交流或交换商品的人所组成。网络的密集程度、多个节点之间连接的程度都千变万化，但对于它，我们可以通过节点之间跨越距离的信息、商品和思想的"弱链接"（weak links）扩散的理论模型来进行了解，也可以通过以连接来保持集体身份认同的遍布各地的精英（De Weerdt 2016；Granovetter 1983；Sindbæk 2007）来进行了解。然而，我们这一时期的数据不足以维持这类模型。我们可以简单地把网络看作一个光谱。一端是对立面的交易，如在无声贸易中，商品交换无需面对面的会见（Bonner 2011；*Russian Primary Chronicle* 1953：184）。另一端是网络，其参与者塑造他们自身的文化——不需要全身心投入的灵活文化。

无声贸易发生在陆地上，而海上网络和河道承载着混合文化，这并非偶然。长距离海上航行更加危险，常需要港口城市。这样的城市有一些位于内陆，如杰内-杰诺（Jenne Jeno），它位于萨赫勒（Sahel）大草原与树木繁茂、气候潮湿的南方之间的内陆尼日尔三角洲。沙漠商队正是从萨赫勒前往地中海。这样的互通在诸如老福斯塔城（Fustat）这样的地方也曾经出现。

海上网络不易被监管，而且，不夸张地说，它们非常适合长距离运输商品。为获取最高利润而制造的奢侈品，以及其他必需品，如一些地方缺乏的盐和铁，不得不用船运入，有时还会是从很远的地方。即使受天气影响，水运通常还是更便宜，尤其是对于大件货物而言（Duncan-Jones 1982：367—368；Horden and Purcell 2000；Walsh 2014：64—67；Preiser-Kapeller 2015）。奴隶虽然重但价值不菲，且能自己行走，能够被运往距离很远的地方（Shepard，2021）。

异国产品刺激了远程交流，尤其是对于那些想要与他人交换"名牌商品"的精英们。礼物交换能够稳定关系，或者，在一方的礼物比另一方好的情况下，能预示后者的劣势。手工制品被认为体现了制作者的非凡能力——来自地平线之外"外界"的尤其如此（Helms 1993）。长期受到追捧的物品包括"焚香"（incense），这个词涵盖了拜神等召唤超自然力量的仪式所用的没药和乳香。焚香从阿拉伯南部和东非传入印度洋和地中海（Biedermann 2010；Groom 1981；Peacock and Williams 2007）。据俄罗斯《往年记事》（*Russian Primary Chronicle*）记载，罗斯人中出现过更高层次的"海洋之外"的观念，他们邀请了一位海洋之外的王公莅临并统治他们（Russian Primary Chronicle 1953：59）。这种观念也存在于阿兹特克人当中，传说他们将科尔特斯（Cortes）[①]当成羽蛇神的使者，差点把他当成了上帝（Hassig 2006）。

海上网络在非洲—欧亚大陆比比皆是，这在一定程度上是地理环境使然：澳大利亚入海的河流很少，南美洲西海岸也是如此。太平洋的辽阔不利于甚至只是间歇性的远距离交流，也不利于虽然令人钦佩的长距离迁徙。缺乏防护物的海岸线，如加勒比群岛之于玛雅水手（McKillop，2005），仍然可以孕育网络。中途的连接点包括西非海岸和塞内加尔河等河流，而尼日尔河则通向不同的生态系统，最终通向地中海（Oliver and Atmore 2001：2—3；Green 2012：31—33，46—57）。相反，非洲东海岸缺乏这样的水路，或许因此推动了海上交流，首先，尤其是水手从关键要素获益：在这些水域即使驾驶简单的船只（单桅帆船这个术语涵盖了各种帆船）也能航行（Oliver and Atmore 2001：5—6，195—198）。其次是其他陆地和岛屿也在可及范围之内——东方的阿拉伯半岛和各地点。其三是季风能够吹动船帆让船只往返航行于具有不同生态环境的各个地方（图 1.1）。这样虽不能完全避免横渡大洋的危险，却能将其减少（Campbell 2016：1—3）。除此之外，马来半岛的港口城市提供了区域农产品和获取东亚商品的通道，而红海通向内海，它冲刷着属于一片大陆的几座半岛，而这片大陆——欧洲——本身就可被称为半岛（Ohler 2010：3）。因此，唯一可以被振振有词地描述为"海洋性"的海上网络就是长期以来环印度洋的网络，这也就不足为奇了。我们的调查追踪了这个网络在欧亚大陆的内海和北大西洋发展的各阶段。多亏了各条河道，到了大约公元 1000 年，人和物，时而还有思想，

[①] 埃尔南·科尔特斯，西班牙贵族，西班牙航海家、军事家、探险家，阿兹特克帝国的征服者。——译注

都产生了相互联系。随着商业的扩张，路线趋向于被分割为由专业人员占主导的环线（circuits）。文化内向型社群的网络承担长距离贸易任务，而农业社会在不参与海洋社会的情况下形成了供应链。不过，港口城市确实能够庇护新教派和野心。这种反差是海上网络的一种特点。

约 800 年—约 1000 年：利润、瓷器与信仰

在公元 800 年左右，涵盖印度洋沿岸的网络存在已久：

> （热爱交换和）贸易是这片土地（波斯）人民的天性。他们经常驾驶船只……进入南大洋，前往狮子国（斯里兰卡），以获取各种各样的珍稀物品……。他们还将船驶入汉人的领地，直至广州，以获取绫罗绸缎等物。
>
> （Dudbridge 2018：303）

出生于朝鲜半岛的作者慧超（Hye ch'o）[①]写下了自己的经历：他听从在中国的印度大师的劝告，沿着一条自然形成的水道航行到他们的故乡。去印度寺庙寻求智慧对中国的僧徒来说似乎很有吸引力，他们中途可能会在南苏门答腊岛三佛齐（Srivijaya）的寺庙内停留一两年。朝圣者走的也是同一条路（Dudbridge 2018：304）。

在慧超那个时代，伊斯兰教尚是新鲜事物。但从 8 世纪开始，这片大洋就成为"阿拉伯地中海"（Wink 1990—2004：1，65），伊斯兰文明触及的范围几乎不受欧亚社会规范的影响。定居点沿着非洲海岸开始形成，他们用内陆的象牙、黄金、水晶换取奢侈品。当地的精英们起着带头作用，在留意陆路供应链的同时，也接受交易者信奉的宗教。一种混合语言——斯瓦希里语（Swahili）开始出现。这个名称明显源自阿拉伯语"海岸"（sawāhil），它的单数形式"sāhil"既是"海岸"的意思，也是"口岸"的意思，萨赫勒地区正是因后面这个含义而得名（Beaujard 2012：2：102）。非洲人并非不习惯航海，"斯瓦希里走廊"的活力便来自海洋（Horton 1987；

[①] 慧超（704—787 年），唐朝时朝鲜半岛新罗国僧人，幼年入华。他从中国航行至印度，后来由陆路经西域返回中国，开元十五年（727 年）至安西（今新疆库车）。——译注

Horton and Middleton 2000：52—64）。大约在说斯瓦希里语的人开始接受伊斯兰教的时候，即 8 世纪中叶，波斯拜火教徒和犹太商人已经在波斯湾与中国之间往返航行。这一点在这两地的文字和碑文资料（Guy 2017；Silverstein 2007）以及水下考古中均得到证实。

在公元 830 年前后的某个时间，一艘返回波斯湾的货船在勿里洞岛附近沉没。船上的货物是高温烧制的中国瓷器，其中大部分来自长沙。上千只碗上绘着迎合远方口味的图案、假冒的阿拉伯书法、花鸟等（Heng 2019；Krahl et al. 2010）。早在 10 世纪，波斯湾和中国港口之间的直航就已中断，但关系继续存在。在阿拔斯（Abbasid）的支持下，玻璃制造术方面的创新推动了玻璃瓶和玻璃罐的大量生产（Henderson 2016）。一部分产品被船运至中国，这种情况得到两艘东南亚建造的10 世纪沉船的证明（Guy 2019）：它们在分别于因坦（Intan）和井里汶（Cirebon）沉没之前，都一直在苏门答腊、斯里兰卡及南印度之间往返。因坦沉船装载有 2 万只中国陶工制造的碗，这些陶工可能移居在海外。船上还有珍珠，很可能还有焚香（Stargardt 2014：44—50）。这些货物证明了短于勿里洞沉船之线路的航程的存在。在海上网络中，分段并非不常见的步骤。

8 世纪中期之后的势头是由阿拔斯哈里发国和唐朝中国共同的生产力和购买力所推动的。两国的富裕很大程度上归功于税收收入。尽管阿拔斯资源丰富，但繁荣本质上还是源自伊斯兰的"单一市场"（Bessard 2020）。不管统治精英之间发生怎样的动荡，这种情况都会持续下去。横跨地中海和黑海的海上网络是次要的。拜占庭和基督教西方属于"战争之地"（dār al-harb），信徒必须对抗它们。沿北非海岸的航行虽然可行但充满了困难，而陆路则得益于罗马的道路系统和阿拉伯人使用骆驼的专长。运往南方的货物中，有在黎凡特（Levant）或更靠东的地方制造的串珠和玻璃器皿。这些东西在杰内-杰诺（Brill 1995；McIntosh and McIntosh 1981）和伊格博-乌科渥（Igbo-Ukwu）（尼日利亚）（Haour 2007：44，90—97，103；Magnavita 2013）等地都有发现。

不过，我们不应把地中海当作死海。文化和宗教纽带将基督教西方与圣地联系在一起，海上朝圣之旅从未停止过。查理大帝为圣地修建了圣祠，甚至资助了一家朝圣者旅店（McCormick 2011）。他还试图占领威尼斯。查理大帝的兴趣体现了商业在经历之前的中断后的复苏：在上亚得里亚海发现了从9世纪初开始激增的来自拜占庭和黎凡特的葡萄酒容器和油容器（Gelichi 2018：15—17；Budak 2018）。易腐烂的进口货物，如水果和香料，没有留下任何痕迹，但大教堂的库房中却留下了拜占庭和伊斯兰地区的丝绸（Muthesius 1997）的蛛丝马迹。同样有提示性的是，焚香炉开始在西方文献中出现（Mayr-Harting，1992；Thietmar of Merseberg 1957：66—67）。事实上，如罗克珊妮·玛格丽蒂在她的《岛屿与海岸》一章中所述，随着安达卢斯的冒险家占领了克里特岛（Crete），袭击变得越来越普遍，这一事实显 示出，如果袭击与奴隶贩卖轮流进行，可以获得怎样的战利品。阿马尔菲等城镇和北非沿海中心繁荣起来。阿马尔菲人成为最早在君士坦丁堡定居、在穆斯林和拜占庭人当中周旋并做买卖的那部分西方人，也就并非偶然了（Horden and Purcell 2000：117—118，168；Magdalino 2000：219—222；McCormick 2001：420—421，626—630）。

在这些情况下，拜占庭政府控制着地中海和黑海之间的交通。例如，当安达卢斯倭马亚（Umayyad）王朝的犹太大臣搜寻卡扎尔（Khazaria）（伏尔加河下游犹太教政体）的消息时，他的海上使节们在君士坦丁堡遭到了绑架。只有陆上的联系才被证明是可行的（Golb and Pritzak 1982：79—86）。相反，将卡扎尔与以西的伊斯兰世界和社会相连的网络却繁荣起来。阿拔斯哈里发打造了数以百万计的金银钱币，中亚的萨曼（Samanids）王朝从大约公元900年也开始如此，它们被称为第纳尔（dinar）和迪拉姆（dirham）。许多钱币被用来交换北方的产品，首要的是毛皮，但也包括奴隶、蜡和海象牙。已知大约有83500枚迪拉姆是在瑞典被发现的（Gruszczyński 2019；Gruszczyński，Jankowiak，Shepard 2021）。它们代表着最初带来的银币中的一小部分，证实了一位圣徒的《一生》（Life）中海盗嘴里的话，他们对比尔卡（Birka）居民试图收买他们不屑一顾，称："任何商人都有办法至少支付100磅银子！"（Franklin and Shepard 1996：18）就在这件事发生后不久，有一件事避免了哥特兰（Gotland）一个车间地下储存的重达67公斤的宝藏被熔化（Östergren 2009）。公元865年，丹麦人入侵英格兰。除了打造硬币，入侵者还带来了迪拉姆：

图 3.1　英格兰兰开夏郡锡尔弗代尔宝藏中的银器，包括阿拔斯的迪拉姆，约公元 900 年储藏。© Portable Antiquities Scheme（public domain）.

在英国各地都发现了阿拔斯和萨曼的银迪拉姆，甚至还有来自遥远的印度东部的银币。图 3.1 为锡尔弗代尔宝藏（Silverdale hoard）① 中的银器，大约在公元 900 年被存放在兰开夏郡，其中包括一些阿拔斯的迪拉姆。在丹麦人 871—872 年冬季兵营遗址所在地托克西（Torksey，位于林肯郡），发现了大约 100 枚迪拉姆的碎片。有两枚碎片分别打造于 864—865 年间和 866—868 年间，最多只花了六七年时间就从中亚到达此地（Blackburn 2011：230；Woods 2021）。

通往欧洲西北部的网络为这种速度提供了便利。大约 50 年后，伊本·法德兰（Ibn Fadlan）② 向我们展示了它的面貌。他被阿拔斯政府派往伏尔加河保加尔国

---

① 锡尔弗代尔宝藏于 2011 年 9 月由英国寻宝猎人达伦·韦伯斯特（Darren Webster）以金属探测器在兰开夏郡锡尔弗代尔的一片地里发现，这批维京海盗财宝包括大量银币和珠宝饰品，有 200 多件，埋入地下的深度仅 18 英寸（约合 45.72 厘米）。它是英国所发现的最大维京宝藏之一。其重要意义在于银币上刻有此前未知、未记载的维京领袖的名字。——译注

② 伊本·法德兰，10 世纪阿拉伯外交官、编年史家、旅行家、作家。——译注

（Volga Bulgars），该国统治者需要伊斯兰传教士、建筑工人和金钱。伊本·法德兰随着商队途经萨曼，它当时是进入波罗的海周边的迪拉姆的主要来源。但他在伏尔加河上的保加尔首府所遇到的罗斯人（Rus）却是乘船而来的。他看到他们下了船，对着木圣像祈祷："哦，我的主，我来自遥远的地方，带着那么多那么多年轻女奴、那么多那么多黑貂皮。"（Ibn Fadlan 2012：47—48）他们生活方式的高潮时刻是伊本·法德兰所描述的一位头领和他的女奴在船上被火化。象征她与已故主人结合的某些仪式可与18世纪奥克尼群岛维京式的婚礼有一比。

从在罗斯托夫（Rostov）发现的一艘10世纪船体的龙骨来看，穿梭于伏尔加河的罗斯人与远方的北方人有着相同的行为举止，这种情况并不奇怪。这艘船有14米至20米长，会让人想到在丹麦罗斯基勒发掘的货船"斯库勒莱乌1号"，在罗斯托夫还发现了其他斯堪的纳维亚船只的铆钉。这些船来自波罗的海，在伏尔加河与通往伊尔门湖（Lake Il'men）的河道之间通过陆路拖运。这里屹立着罗斯土地上最初的权力基地——留里克堡（Riurikovo Gorodishche）[①]。它作为河港的角色体现在它的斯堪的纳维亚语名称上：*Hólmgarthr*（岛上院落）（Franklin and Shepard 1996：40—41；Nosov 2012，108—109）。留里克堡除王公们居住之外，内部还有作坊和市场。在城镇周围出土的玻璃珠可以证明与伊斯兰世界的交流，而其他的发现则指向西方（Brisbane，Makarov，and Nosov 2012；Franklin and Shepard 1996：33，35；Nosov 2012：111）。一枚海象牙可能来自北大西洋的任何地方，不过它上面的符号意味着它来自不列颠群岛，尤其是三曲线图：从中心辐射出来的三条腿或三条线。于爱尔兰和苏格兰的凯尔特人而言，它象征着掠过海浪的海神玛纳诺·麦克·列（Manannán mac Lir）。很可能的是，在这颗海象牙最终来到罗斯之前许久，它是在爱尔兰—斯堪的纳维亚世界的某个地方——也许是海象牙加工地都柏林，被雕刻上了三曲线图（Leont'ev and Nosov 2012：384；Shepard forthcoming）。在其他爱尔兰—斯堪的纳维亚遗址出土的琥珀和串珠也是如此，随它们出土的还有成段的玻璃串珠（Harvey 2014；Wallace 2016：289—296，365）。这种玻璃串珠除了出现

80

---

① 留里克堡位于现俄罗斯诺夫哥罗德（Novgorod）州诺夫哥罗德市，建立于公元9世纪，公元862年，诺夫哥罗德公国留里克王朝以此为首府。——译注

在丹麦的里伯（Ribe）和海泽比（Hedeby），也出现在苏格兰。它们由穆斯林，或可能由拜占庭人制造（Cropper 2014；Hilberg and Kalmring 2014：240）。已知成百上千甚至数万这样的串珠来自上伏尔加地区的定居点，它表明本土居民用他们收集到的皮毛等北方货物换取串珠或迪拉姆（通常是碎片）（Shepard 2016：391—394；Zakharov 2012：223—233）。

伊斯兰思想跟随串珠走了多远还有待商榷。伊本·法德兰与罗斯人的相遇展示了不同文化背景的商人是如何看待他们自己的偶像的。一位罗斯商人会祈祷成为"有许多第纳尔和迪拉姆……不需讨价还价的富商！"（Ibn Fadlan 2012：47—48）不过，伊斯兰教的规范也产生了一些影响：9、10世纪维京世界中主流的重量标准，是从他们的伊斯兰贸易伙伴那里获得的。在托克西发现的砝码是从哈里发国进口的，或者以那里已有的样式为模型制作而成。在约克郡的阿尔德瓦克（Aldwark）发现的例子甚至刻有假冒的阿拉伯文字（Williams 2015：110—114；Woods 2021）。使用者们或许不明白它们的含义，但文化的"余波"在更接近伊斯兰世界的地方发生。罗斯大公弗拉基米尔（Vladimir）在10世纪80年代中期选择采用哪种宗教时，曾考虑了伊斯兰教。他从咸海的花剌子模（Chorezm）请来了传教士（Franklin and Shepard 1996：160—161）。然而，他最后选择了带有拜占庭烙印的基督教，从此，东正教成为这个国家（从他的政体中出现的俄罗斯联邦、乌克兰和白俄罗斯）的特征。

约1000年—约1250年：远洋渔业和以埃及为枢纽激增的网络

北大西洋和印度洋都见证了海洋发挥的作用的变化。正如韦恩-琼斯和哈兰德在本卷《实践》中所述，从约公元1000年开始，更大的船只得以建造，海洋渔业变得重要。在大西洋，这是维京人大移居附带产生的另一种结果。一些地名都表明，从卑尔根（Bergen）到奥克尼群岛和设得兰群岛，以及从爱尔兰海下至诺曼底的科唐坦（Cotentin）半岛之间，都存在着联系。海角和岩礁的现代名称标志着路线。例如，从奥克尼群岛到诺曼底的山脊和岩层被命名为凯德宁（*kerling*）——古斯堪的纳维亚语中的老女巫。来源于古斯堪的纳维亚语的诺曼法语单词"海象"

和"鲸鱼皮绳",意味着深入大西洋的冒险（Ridel 2009）。玻璃串珠证明了冰岛人对贸易的参与，它们大量存在于位于现雷克雅未克（Reykjavik）东北部莫斯菲尔山谷（Mosfell Valley）的赫里斯布鲁（Hrísbrú）遗址中，是一座高级农场偶然损失的（Hreidarsdóttir 2014：135—137，140）。有些类型——"蜻蜓眼"珠和金属箔珠——指向里海或近东。它们让人想到在海泽比的发现，"在取样的玻璃中有令人吃惊的高达 50% 的玻璃……含有苏打灰"，这表明它们是由东方，或许是由拜占庭制造的。无论如何，这种玻璃"在 9、10 世纪的西欧并不常见，那里占主导地位的是钠石灰和草木灰玻璃"（Hilberg and Kalmring 2014：239—240）。 81

围绕不列颠群岛并延伸到中亚的网络包含的环线虽不那么壮观，但运载物品的总量更大：除了鱼干，北方群岛和英格兰东部还出口高质量的羊毛。斯堪的纳维亚人把他们占领的土地用于新的用途，甚至还引进了一种新的绵羊，把它们的羊毛染成符合他们口味的颜色（Faith 2012：683）。羊毛可能是 11 世纪英格兰白银极多的主要原因。它最富裕的地区大多是最适合养羊的地方：白银是佛兰德和德意志商人作为支付款运过来的，很可能是在德意志开采的（Sawyer，2013）。公元 1000 年左右的伦敦市场法规赋予了"皇帝之人"——讲德语的人——特殊的权利，来自科隆（Cologne）的商人可以享有永久的经营场所（Sawyer 2013：104—105；Huffman 1998）。

由此，因维京人的大移居而产生的网络有了一些波及面。鱼干为佛兰德城邦的居民提供了营养，为用不列颠群岛的羊毛制作布料的全职男女工匠们提供了营养。这不仅促进了商业关系，还推动了不那么拘泥于农耕节奏的生活方式的发展。那些从事新手艺的人更易于分享看法。佛兰德等地的纺织工人以自由思想对上帝发出了质疑，为拜占庭社会中产生的二元论者的信仰打开了大门（Roach 2005）。新的海上网络形成了：亨利二世与阿基坦的埃莉诺（Eleanor of Aquitaine）1152 年联姻的意外副产品是加斯科涅葡萄酒的贸易，鲱鱼被运往南方作为交换（Barrett 2016：254，258）。大体积运输或许是由维京人的灵感带来的创新所推动的。"斯库勒莱乌 1 号"这样的船仅需 5 到 7 名船员，而从海泽比过来的一艘船能装 60 吨货物（Bill 2008；Englert 2015：50—60，271—276，284—285）。"斯库勒莱乌 3 号"提示了可能的航行路线，这艘船于公元 1042 年左右以爱尔兰伦斯特（Leinster）的橡木建造而成，却是在丹麦被发现的，它能运送奴隶，也能运送士兵（Crumlin-Petersen and Olsen 2002：183—193）。都柏林的繁荣在很大程度上要归功于奴隶贸易，这与10世纪至11世纪晚期丝绸进口到都柏林及约克、林肯等港口的情况是相吻合的（Holm 1986；Wincott Heckett 2003）。拜占庭人生产的——有些或许是穆斯林生产的——丝绸，可能是沿着一条众所周知的从瓦兰吉人（Varangians）到希腊人的路线而到达，这条路线通过河道将拜占庭社会与波罗的海和北海相连。除比尔卡和海泽比之外，在格涅兹多沃（Gnezdovo，靠近斯摩棱斯克［Smolensk］）等罗斯的市场遗址出土的丝绸和金缎也是同样的情况（Franklin and Shepard 1996：128—129，141—142；Hägg 2016；Murasheva forthcoming）。除奴隶之外，它们还被用以交换毛皮等北方产品。

奴隶和士兵们成百、成千地从欧洲西北部经罗斯的河道运来。对瑞典贵族而言，乘船去过拜占庭是一件值得骄傲的事。据说他们更喜欢较安全的水路而不是陆路。经陆路而行的是商人：在奥德河（Oder）河口的一个商业集市内，"希腊人"占重要地位，他们的一种商品在当地被称为希腊火（Greek Fire）（Shepard 2019：358）。但在北上的旅人中，可能最常见的是教士和僧侣，他们带着圣像和祷告用具，还有信件，它们的封印曾在河道附近被发掘出来（Bulgakova 2004；Ivakin，Khrapunov，Seibt 2015）。拜占庭社会的牧师们已经做好在冰岛主持宗教仪式的充分准备了，连12世纪的一部法典都力图规定他们可以举行哪些宗教仪式（Garipzanov 2012：5）。

与罗斯的土地相比，进入欧洲西北部的人、物和思想都显得微不足道。弗拉基米尔大公对拜占庭基督教的接纳加固了横跨他统治疆域的网络。设立了大主教的城市基辅（Kiev）和诺夫哥罗德，相距超过950公里（600英里），不过，将第聂伯河与北部河道相连的陆上运输给交通带来了便利。来自诺夫哥罗德的桦树皮信件证实了这张网络中的市民们的担忧。例如，某个叫久尔吉（Giurgii）的人给他在诺夫哥罗德的父母写信说："卖掉房子，到斯摩棱斯克或基辅来吧，面包很便宜！"（Franklin and Shepard 1996：283）河道和山谷也向西延伸，西方商品的数量与从拜占庭社会进口的商品相当，甚至超过了它们。但拜占庭的商品代表高档——丝绸，

图 3.2 肯尼亚马林迪（Malindi）附近镶嵌着远东陶瓷的曼布鲁伊（Mambrui）石柱墓。
© S. Wynne-Jones.

还有用于敬神和宴会的油和葡萄酒（Noonan and Kovalev 1997—1998）。与南方的贸易被分割了，例如，格列奇尼基（grechniki）专门负责通往君士坦丁堡的路线。一连串的堡垒保护着基辅免受草原游牧民的袭击，船只在沿着第聂伯河航行之前，会在一座设防的港口内集合（Franklin and Shepard 1996：170—171，325）。

在印度洋周边，情况却有所不同。长期以来，需要研究经文和鼓励朝觐的宗教崇拜一直在编织网络。在 10 世纪出现的贸易分段中，印度洋周边处于领先地位。载运量更大的船只使港口城市和沿海社区得以扩张，内陆的大城市也得以发展。这些变化的背后的原因不是单一的。宋朝对外贸的热情推动了商人群体的中距离航行，在马来半岛、苏门答腊和爪哇的港口城市出现了华人聚居区。他们的帆船被当地的造船工人模仿，船体被厚木板加固。大洋彼岸也在发生着变化：斯瓦希里走廊的居民此时开始到海上冒险。曼达（Manda）和基尔瓦等城镇得以扩大，当地的精英们用珊瑚石建造了清真寺和伊斯兰学校。小型定居点也如雨后春笋般出现。沿海地区的人口增长伴随着文化向海洋的重新定位。缝板船（mtepe）是一种具有象征意义的船，它的船体是缝合的，但能够进行长途航行。虽然只有在现代才有对它的记载，但它的重要性已被墙上的涂鸦画所证明，比如在基尔瓦的大清真寺就有这样的涂鸦画（Fleisher et al. 2015：105—107）。

基尔瓦的清真寺象征着伊斯兰教在当地精英阶层和上层社会中的传播。与"外界"联系的物质与精神价值，体现在自 11 世纪起遍布于海岸线的伊斯兰风格的石柱墓上，它们的上面镶嵌着中国的陶瓷（Zhao 2015：5，35—36）（图 3.2）。大海的神秘浓缩在创建斯瓦希里的神话传说中，它讲述了两兄弟从伊朗南部的设拉子（Shiraz）出发，沿着海岸建立城镇的故事（Pouwels 1984：251—258）。与此同时，伊斯兰教在爪哇海（Java Sea）周围的城邦精英中赢得了虔诚的信徒。到了 11 世纪，人们用阿拉伯语的墓志铭来纪念死亡（Guillot and Kalus 2008）。如阿布·阿拔斯（Abu al-Abbas）所见证的那样，跨越大洋的宗教崇拜可能会得到血缘关系的补充。他在中国待了 40 年，经营他的有 10 条船的船队，把他的 7 个儿子派到 7 个港口。尽管有 9 条船在风暴中沉没，但幸存的一条船上的瓷器和沉香木（用于焚香）就足以让他的财富失而复得（Lombard 1990：31）。基本在海上生活的社会也可以做

84

这样的买卖。因此奥朗劳特人（*Orang Laut*）（海上民族）每个家庭在自家的水域都有一条船，他们划着船，船装载着香料从摩鹿加（Moluccas）群岛穿越爪哇海到达三佛齐（Sather 1997：327）。但与长距离事业相关的团体往往具有宗教色彩。苏门答腊岛和爪哇港口城市的行会便是如此，它们本是印度人的传统，但也接收当地商人、佛教徒和印度教徒，男女不限（Beaujard 2012：2：226—227）。它们与三佛齐的寺院等宗教中心并肩发挥着作用。

宗教义务证明了一种悖论：跨越遥远距离而紧密联系的群体形成了最具弹性的网络。正是因此，犹太文字随着亲人的商业和个人的通信在学者之间传播。来自开罗藏经库的信件和其他文献为地中海东部和中部各地的伙伴关系留下了印记。商人的贸易视野，如在 11 世纪一样，有时比他们的家庭和宗教群体的联系更窄（Goldberg 2012）。而这种联系提醒商人注意风险或市场机遇，根据变化进行调整。它促进了群体内部的自我监督（Greif 2006：58—62，83—88，278—279）。信任破裂——更不用说合同违约——带来的声誉损害，都成为补充法律行动的威慑力量（Forrest and Haour 2018：203—204，206，208；Greif 2006：61—71）。

藏经库最早的文献可以追溯到 10 世纪中期。埃及作为印度洋和内海之间的枢纽而繁荣发展。来自摩鹿加群岛的焚香，长久以来都在埃及的宗教仪式中焚烧着，香料也在它的市场上出售。但是，多亏了大洋两岸的新王朝法蒂玛（Fatimids）王朝和宋朝对贸易的促进，交流得到了加强（Wade 2015：57—68）。波斯湾的商业依然繁荣，但购买力转移到了法蒂玛王朝哈里发于公元 969 年接管的埃及（Jacoby 2000：30—31）。"法蒂玛奇迹"（Goitein 1967—1993：1，33）在很大程度上归功于企业家精神，高级官员监管农业等行业，同时也鼓励独立经营者（Brett 2017：92—94，200）。他们于公元 988 年与拜占庭签订的条约规定，哈里发要求的所有商品都必须得到交付，埃及商人可在君士坦丁堡居住，他们可在那里的清真寺参加周五的祈祷（Jacoby 2000：36）。

大约也是在这个时候，弗拉基米尔大公接受了拜占庭基督教，交流变得宽松了。长期定居在基辅并与埃及保持联系的犹太社群（Golb and Pritsak 1982：10—15）开始向南方出口亚麻。在藏经库的文献中，有一份 1097—1098 年的法律诉讼记录，

85

其中出现了罗斯的亚麻。这批货物的一部分是拿来再出口的，一半去印度，实际上它是和其他所有纺织品一起在红海的一个港口被出售的。负责此事的商人说，那里的价格很高（Goitein 1954a：189，191—195）。犹太商人也可能会把罗斯的皮毛进口到他们长期做丝绸生意的老福斯塔城，他们与东非和印度的联系也推动了象牙生意（Fuʾad-Sayyed and Gayraud 2000：153）。与此同时，从尼日尔盆地经撒哈拉沙漠西北边缘的西吉尔马萨（Sijilmasa）流入的黄金，补充着从东非海岸运来的黄金。跨撒哈拉的交流，与经罗斯的水路交流一样，也是得益于犹太人的网络，他们的近亲在西吉尔马萨、亚丁（Aden）和东南亚（Fauvelle 2018：112—113）都有定居。

这样的网络与区域性的网络呈纵横交错之势。在一艘 11 世纪 20 年代在小亚细亚西海岸失事的瑟斯里马尼（Serce Limani）沉船上的发现，可以让人们对它们的运行方式有一些了解。这艘船像一艘不定期航行的货船，从黎凡特的一个港口航行到另一个港口，并且因为装载着碎玻璃，它极有可能驶向马尔马拉（Marmara）。船上有一些小商人，有几个像是保加利亚人（Shepard 2015：226—227；Van Doorninck 2009：3—4）。这样的跨越东地中海的供应链与《奇珍之书》（*Kitāb gharāʾib al-funūn*）（艾曼纽埃尔·瓦格农在本卷中所述）中的地图是相符的，书中提到了"穿越海洋的聪明商人"。在通往伊斯兰教圣地的路线上，法蒂玛王朝起到了推动作用。为了将对麦加和麦地那的统治合法化，他们在阿伊扎布（Aydhab）派驻了一支船队，为去麦加的朝觐者提供大量的粮食。为了满足他们的什叶派教义全球扩张的野心，他们有效地控制了也门，并向阿曼及更远的地区派遣了使团，在印度西部也获得了立足之地（Brett 2017：108—109，223—225）。

前往圣地的基督徒朝圣的规模也迅速增长。当拜占庭人从陆路和海路涌入耶路撒冷时，君士坦丁九世（Constantine IX，1042—1055 年）为圣墓大教堂装饰了马赛克。朝圣者也沿着这条路线从瓦兰吉人的地方来到希腊。有钱的年轻人倾向于在帝国军队中服役。他们与拜占庭基督教的接触在瑞典的纪念碑文上留下了印记。"上帝保佑灵魂"这句话让人想起标准的拜占庭式祷词。一块符文石上列出的所经之处令人触动："希腊、耶路撒冷、冰岛、萨拉森人的土地。"（Melʾnikova 2001：299—300，no. B-III.4.7）克尔松（Cherson）曾是圣克莱门特（St. Clement）信仰的中心，

86

它已经传播到罗斯之外（Crawford 2008）。克尔松的居民旅行到了很远的地方，通过从那里挖出的贝壳能够判断。可确定它们的年代为 11 或 12 世纪，是朝圣者从圣地亚哥-德孔波斯特拉（Santiago de Compostela）带回的朝圣徽章①（Jašaeva 2010：485）。

长途旅行能够形成文化互补（cross-fertilization）。安茹伯爵富尔克·奈拉（Fulk Nerra，Count of Anjou）将圣尼古拉斯教引入了昂热（Angers），在此之前，这位圣徒在同船的拜占庭水手的祈祷下，在小亚细亚海域躲过了一场海难（Bachrach 1993：151，165—166）。正如阿马尔菲人所展示的那样，虔诚信念可以与商业相融合。在 11 世纪 90 年代常去亚历山大港（Alexandria）的意大利商人中，他们已经非常有名，后来他们在阿陀斯山（Mount Athos）上建了一座修道院，这可能是一份圣本笃会会规副本到达圣山的原因（Von Falkenhausen 2010：27—28）。阿马尔菲人推动了耶路撒冷朝圣，他们大约于公元 1060 年在那里兴建了一座房子，又在安提阿（Antioch）另建了一家收容所，安提阿以一条阿马尔菲人小巷为荣。到 11 世纪后期，耶路撒冷牧首拥有了法国南部的土地，它是由虔诚的西方人捐赠的。

土库曼人（Turcomans）占领拜占庭各省和叙利亚后，朝圣者受到的骚扰增加了，耶路撒冷的基督徒也变得忧心忡忡（Riley-Smith 1997：32；Shepard 2017：773—774）。拜占庭皇帝阿莱克修斯一世·科穆宁（Alexios I Komnenos）希望基督徒团结起来对抗"异教徒"，他与耶路撒冷牧首一起呼吁"全体基督教徒"提供援助。隐士彼得（Peter the Hermit）可能是在一次朝圣之后，也成为这些消息的传递者。其结果就是第一次十字军东征。拜占庭与阿马尔菲和威尼斯的长久关系，意味着这两座城市不太可能单方面地帮助十字军。阿莱克修斯与西西里统治者罗杰伯爵（Count Roger）的关系也十分友好（Shepard 2017：759—762，775—778，781—782）。

如果阿莱克修斯认为他能够控制十字军的交流，那他就判断错了。事实证明，西方的海上列强，尤其是热那亚人，完全有能力在安提阿为十字军提供物资。他们

---

① 圣地亚哥-德孔波斯特拉位于西班牙西北部的加利西亚（Galicia），是欧洲"朝圣者之路"的终点。朝圣的徽章是一枚扇贝，象征"重生"。——译注

在发现机会之后，帮助十字军占领了地中海东部沿岸的港口，回报以商业特权的形式出现。譬如，他们被给予了港口城市朱拜勒（Jubayl）：管理权落到了热那亚的大家族恩布里亚科（Embriaco）手中。比萨人同样也提供了援助（Mack 2018：474—476）。由此形成的家庭和商业网络让比萨和热那亚富裕起来。比萨人同时还在向埃及供应木材，其在亚历山大港入港的数量比其他任何人都多。至1150年，这座城市有了一座比萨人的商馆（fondaco），这是埃及最早的此类西方贸易代理行。埃及市场的吸引力之一是香料比君士坦丁堡更便宜。1135年左右，一位访问埃及和君士坦丁堡的热那亚商人被妻子要求在埃及买香料带回家（Jacoby 2000：56—59）。不过，威尼斯人的网络最为复杂，他们统治着威尼斯、君士坦丁堡和亚历山大港之间的航线，以及拜占庭区域市场之间的大部分转口贸易。

　　1171年，皇帝曼努埃尔一世（Manuel Ⅰ）对威尼斯商人在军事和商业上的影响力感到担心，他驱逐了他们并没收了他们的货物。然而，在12世纪80年代，伊萨克二世·安格洛斯（Isaac Ⅱ Angelos）与萨拉丁（Saladin）达成了一项协议，在驱逐十字军后，拜占庭将统治耶路撒冷和叙利亚海岸，而威尼斯人则抵御来自西方的进攻（Magdalino 2007）。然而，这个计划并未获得成功。仅过了10年，总督丹多洛（Dandolo）就订立了条约将第四次十字军送往埃及，准备重新夺回耶路撒冷。由于十字军未能支付到期的款项，丹多洛作出了一项安排，其结果是十字军在1204年洗劫了君士坦丁堡，并在那里安设了一位拉丁皇帝和一位威尼斯出生的牧首（Phillips 2004）。

　　这一系列事件显示出埃及财富的吸引力，也显示出海上网络向制海权的演变。威尼斯人接管了克里特岛和内格罗蓬特（Negroponte），以及君士坦丁堡的一部分（Jacoby 2019：759，762）。热那亚人尽管没有参与十字军东征，但也开始向黑海扩展贸易，与威尼斯人争夺来自远北的毛皮等产品，谷物也很抢手且价格很高。跨越地中海的持久伙伴关系被认为是理所当然的。因此，一份1202年的比萨手册提出了一道涉及两位商业伙伴的数学题：一位在亚历山大港住了五年多，而另一位住在君士坦丁堡（Jacoby 2000：74）。

　　在穆瓦希德王朝（Almohads）衰落时，地中海被威尼斯、热那亚和比萨三个港口城市所控制。威尼斯人的海洋意识体现在一年一度的"与海洋联姻"仪式上，总督将一枚神圣的戒指扔到海里。而热那亚人则是承认他们与十字军国家的关系：他们城市的编年史从他们参与第一次十字军东征开始，是由一位参战者撰写的（Hall and Phillips 2013：49—56；Mack 2018）。文化互补是否一定发生是值得怀疑的。"Fondaco"在意大利语中是"贸易代理行"的意思，它与阿拉伯语的"funduq"来源于同一个单词，但这些复合设施让西方人遵循了自己的习惯。网络的作用集中体现在西方自12世纪早期开始制造的香炉上。它们焚烧的是来自东非或阿拉伯南部的香料，在设计和装饰元素上又与东方基督教的灯具和香炉有相同之处（Westermann-Angerhausen 2014：50—51，99—101，104，131—132）。

交流并非完全局限于商品或朝圣者。港口城市见证了文化互补。十字军在阿卡城（Acre）一直坚持到1291年①，它是一座堡垒，但也容纳着东西方教徒的观点和文字的交流，同时犹太学者也在此居住（Rubin 2018）。13世纪早期，贝鲁特（Beirut）的法兰克领主伊贝林的约翰（Jean d'Ibelin）委托建造了一座俯瞰港口的宫殿。喷泉和大厅采用了伊斯兰和拜占庭风格的图案，向他的臣民，包括非基督徒，传达着他的地位（Hunt 2015：279—286）。

约1250年—约1450年：通往大西洋的交叉环线

约在这一时期的第一个百年里，海上网络遵循着熟悉的模式。它们横跨连接地中海、印度洋、中亚和中国的环线，珍妮特·阿布-卢格霍德（Janet Abu-Lughod）称之为"世界体系"（1989：8—18）。不过，中断和重新组合从来都是可能的。没有两条环线的作用是相同的，而且在这一时期之初，因蒙古人的征服而出现的蒙古和平（Pax Mongolica）使横跨欧亚大陆的旅行更加安全，贸易也更加有利可图。如果，且很可能的是，横跨印度洋的海上交通大约在同一时期出现了衰落（Wade 2013：95—96，102—103），这就可以说明网络之间是如何互联的。不管怎样，由于

① 发生于1291年的阿卡围城战使十字军所控制的阿卡城被穆斯林占领。阿卡的陷落使十字军失去了耶路撒冷王国最后的堡垒。随着阿卡的陷落，其余残存的十字军据点也相继被放弃或攻克。——译注

海洋贸易的适应性，交易量仍然维持着高水平。这又得益于其他不顾及利润而持续的关系。

印度洋周边包括三条环线。最西边的一条从红海延伸到西印度和斯里兰卡，与另一条包含印度、苏门答腊和马来半岛的环线重叠。后两处地方与中国和菲律宾一起包含在第三条环线中（Abu-Lughod 1989：251—259，fig. 10）。正是由于这些环线内的区域港口因社会和宗教原因而保持联系，因此将"海上丝绸之路"（Kauz 2010）分割成多条环线是具有成本效益的。货物可能包括价值高低不同的商品，13 世纪爪哇海的沉船证明了此点。船上的物品有用于佛教仪式的松香、上釉的中国水罐，以及青釉碗、盘等日常用品，另还有印尼船员的个人物品（Flecker 2003：395—402）。同胞和同一宗教信徒——穆斯林、犹太教徒、佛教徒、印度教徒——的网络，以及他们与更小范围的商人行会和富有商人的交易，维持着围绕这个"商业家园"的循环（Hall 2011：196—207；Wade 2013）。

不可否认的是，变化正在进行。在东南亚沿海地区，伊斯兰教对城市社群和有抱负的当权者很有吸引力。从 15 世纪早期开始，马六甲海峡处于一个苏丹国的统治之下。不过，跟佛教一样，伊斯兰教各分支之间也存在着差异。并存的网络和其他宗教象征着多元和融合，苏菲派（Sufism）与农村地区的传统信仰交融在一起，同样也与印度教—佛教圣地和谐相处（Reid 2007：7—8）。正因如此，满者伯夷（Majapahit）的国王将贸易控制权交给了祭司，而如同在整个东南亚一样，妇女的地位则受到文化传统的支持。事实上，苏门答腊岛的巴赛苏丹国（Pasai sultanate）由女性统治了 30 年。如同在马达加斯加岛上一样，类似的融合跨越印度洋而发生，如斯瓦希里石柱墓上的中国制陶瓷（图 3.2）（Beaujard 2012：2：243—244，474—484，502—509，548—549）。

大洋最西端环线的推动力来自两股强大力量铸就的联盟。在印度的马拉巴尔海岸，出现了一个以卡利卡特（Calicut）为中心的"海洋之王"政体。它吸引了来自红海有贸易特权的穆斯林以及犹太商人和离家乡更近的古吉拉特邦人（Gujaratis）。蒙古人对波斯湾市场的打击促成了这种关系的建立：1258 年，蒙古人洗劫了巴格达，结束了阿拔斯哈里发的统治。与此同时，马穆鲁克人（Mumluks）占领了埃及和叙利亚。他们如他们的法蒂玛先辈一样，也寻求从商业中获得最大收益，青睐被称为"卡里米"（*karīmī*）的精英商人。他们来自不同地方，有来自伊拉克的，也有来自当地的，他们控制着红海的商业，尤其是香料贸易，但他们自己并没有越过亚丁。这些"商业巨头"是海上网络的化身，他们虽然没有企业地位但资金充足，相互之间关系密切。当埃及人把也门苏丹囚禁在汉志（Hijaz）后，是卡里米出面调停并把他赎出来的（Abu-Lughod 1989：229—230；Beaujard 2012：2：269—270，275—276）。

埃及位于印度洋和内海之间位置的不利，因黑死病走过的路线而更显突出。鼠疫杆菌几乎肯定是由来自中亚滋生地的人类或其他生物带来的。印度洋周围的人口受到了重创。根据遗传学数据判断，鼠疫从印度沿斯瓦希里海岸蔓延，导致尚加、通巴图（Tumbatu）、基尔瓦走向衰落，甚至几乎被遗弃（Green 2014：44—45，48—51）。可以理解的是，由于埃及的转口贸易，当地人口的死亡率高于叙利亚。更引人注目的是，在1347年秋天到达亚历山大港的瘟疫传播者是在黑海北岸搭乘了一艘意大利船（Abu-Lughod 1989：236—239；Beaujard 2012：2：156—157，276）。具有讽刺意味的是，这条航线的地图所记录的网络，是使意大利人富裕起来的网络，也是为马穆鲁克的埃及带来它的命脉——奴隶战士、领导地位和它的现代名称——的网络。它还帮助拜占庭皇帝恢复和维持了其皇位（Amitai 2008）。

这种关系有几个方面值得注意。其一，米哈伊尔八世·巴列奥略（Michael Ⅷ Palaiologos）在1261年占领君士坦丁堡之前，和热那亚人达成了一项协议，在他控制的港口豁免他们的关税。其他特权还包括金角湾（Golden Horn）的加拉塔（Galata）交易区。14世纪中叶的一位观察人士认为，该地的税收大约是君士坦丁堡关税的六倍（Nikephoros Gregoras 1829：841—842）。其二，利用新获得的优势，热那亚人巩固了在黑海的势力，把克里米亚的卡法（Caffa）变为他们的据点。有了这样的基地和希俄斯岛（Chios，1304年占领）等岛屿，热那亚人能够与威尼斯人进行竞争。其三，米哈伊尔八世与埃及的马穆鲁克苏丹达成了一项协议，保证船只安全通过博斯普鲁斯海峡，同时也保证了自己的关税（Holt 1995：122—128）。来自大草原及以外地区的奴隶是主要的货物：除了提供军事人力，无论男女奴隶在埃及市场上都能卖到高价（Amitai 2008：350—352，357—365；Favereau forthcoming）。其四，热那亚人对马穆鲁克霸业的投入不够全心全意。有一个迹象是，他们在 13 世纪 90 年代准备为马穆鲁克的强敌蒙古伊尔汗国（Mongol Il-Khans）建立一支舰队，该计划是向马穆鲁克与印度的联盟发起进攻（Amitai 2008：367）。

其五，威尼斯人的机敏也毫不逊色。甚至在 1261 年失去在君士坦丁堡的领先地位之前，威尼斯商人就在蒙古和平时期看到了机会，尤其是马可·波罗的父亲和叔叔：马可·波罗加入了他们随后的冒险，最终来到了中国。马可·波罗认为避开黑海是合理的，"它为许多人所熟知"（Polo 1976：335，ch.9），它反映出威尼斯人在顿河（Don）河口的塔内斯（Tana）建立了势力。威尼斯人没有做的，就是在内陆策划建立网络。其国家政策是把领上事务留给金帐汗国（the Golden Horde）的可汗，他们的利益大体是一致的。威尼斯人对此警觉的表现，是 1343 年为试图阻止可汗札尼别（Janibeg）的袭击而与热那亚人联合实施禁运。这段插曲也说明了热那亚人不同的态度：他们缺乏纪律，最终因卡法市民拒绝遵守禁令而与威尼斯发生了冲突（Di Cosmo 2010：97—100；forthcoming）。尽管有一阵威尼斯人被阻止在塔内斯之外，但他们还是在那里得以重新立足，从事奴隶贸易并用纺织品和羊毛换取丝绸（Stahl 2019：359—362）。

热那亚人在马穆鲁克人、拜占庭人和金帐汗国之间经营的网络（与威尼斯人竞争）是为了商业而不是文化，但它推动了将罗斯包含在内的一张网络的发展。当时处于蒙古君主统治下的罗斯基督徒仍然在向南寻求基督教会的领导。因此，画家赛奥法尼斯（Theophanes）一开始是在君士坦丁堡工作，包括为加拉塔的热那亚人工作。他在为卡法的几座教堂继续作了一些画之后，便前往诺夫哥罗德，最终到了莫斯科的克里姆林宫。不同阶层的热那亚人都喜欢拜占庭的宗教和图像。约翰五世·巴列奥略（John V Palaiologos）把经过镶嵌的基督头像赠给掌管加拉塔的船长，它最终成为热那亚的护身符，而一座能创造奇迹的圣母像也获得了广泛的追随者（Shepard 2012：76—80，86）。从热那亚的大教堂的风格可以看出，它对法国和伊斯兰文化同样也持开放态度。

然而，最引人注目的是在拜占庭土地和罗斯北部之间的旅行，主要经水路。由于旅行变得非常普遍，因此一份针对修士及其他虔诚罗斯教徒的希腊—斯拉夫语手册被编写出来。它提到了海难、晕船和难以对付的情况："兄弟们到了……他们想吃东西，但没有食物！"（Anonymous 1922：63）一位名叫狄俄尼索斯（Dionysios）的阿陀斯圣山修士来到莫斯科，后来成为沃洛达（Vologda）地区一家修道院的院长，他将阿陀斯圣山的规矩带到了那里。在拜占庭皇室和诺夫哥罗德修道院之间，甚至可能存在互惠的关系。一位留在诺夫哥罗德的拜占庭使者，受神示的引领，在奥涅加湖（Lake Onega）兴建了另一座修道院，它后来吸引了不止一位来自阿陀斯的修士（White forthcoming）。商业也推动了拜占庭与远北的交流，但宗教共性却提供了动力，就像佛教学徒从中国远赴印度寺庙一样。此外，旅途中最危险的部分，即穿越黑海，通常都是在意大利船中完成的。

罗斯纵横交错的水路将它与另一张网络连接起来。汉萨同盟（Hanseatic federation）① 在诺夫哥罗德有一家贸易行，被称为"德意志大院"。为换取内陆的皮毛、蜡和蜂蜜，他们出售金属制品及其他产品，尤其是纺织品：诺夫哥罗德人把中高档布料冠以日耳曼血统的名称。然而在此，交易同样也没能促进文化互补。在汉萨同盟成员与诺夫哥罗德官方机构的交易中，法律规范得到遵守，但在镇议会的手中，一位显要人士可能会受到粗暴的审判（Lukin 2014：252，278，406—416，425—426）。在商人的内部事务中，汉萨同盟的行为准则是占据上风的，与吕贝克（Lübeck）的一致。这座城市位于波罗的海南部和东部讲德语的港口和城市（如汉堡和莱茵河上游的科隆）之间的主要中转站附近。在布鲁日（Bruges）、伦敦和卑尔根，贸易行同样也建立起来了。

尽管交流迟缓，公司也大多规模较小，但这些城镇有能力协同行动，如他们在 1370 年打败了丹麦国王瓦尔德马四世（Valdemar Ⅳ），迫使他让出丹麦 15% 的贸易利润。至此时，会议是在吕贝克召开，但并不是所有的城镇都派出代表。它的决定不具约束力，汉萨同盟的成员资格也是自愿的。约束更加体现在文化上。鼓励在公平交易上达成共识的是一种语言，即低地德语。它是波罗的海和北海地区

---

① 13—17 世纪德意志北部城市之间形成的商业、政治联盟。——译注

的通用语，与非德意志人的语言相差不远。英国南方人长久以来都懂弗里西亚语（Frisian），反之亦然，荷兰人将普利茅斯（Plymouth）称作"Pleimuiden"就是证明（Mostert 2020：187—188）。

对长期事业而言，一种非常宝贵的机制就是汉萨商人所作的这类互惠安排。一位商人向远方的商人发出货物，他需要得到保证，既能使利润最大化，又能在扣除实际成本后将收益汇出，这是一个相当高的要求。如果是同一代理人充当委托人，为上述商人发运货物供其出售，那么约束就存在了。因此，合约很少需要书面形式。与此同时，婚姻关系和愉快的聚会都起到了隐秘的目的：为了让欺诈，或简单地说，不择手段的行为，不至于逃过人们的眼睛，以免危及不仅是家庭而是整个社区的声誉。换言之，对声誉受损的担忧导致了自我监管（Ewert and Selzer 2016：35—37，41—57，150—152）。

这些事情清楚地显现出了其他的网络，它们充满生机，但未必和平。在这些网络中，文化和血缘关系能比制度更有效地管理行为。除现在引发了学术争议的犹太人的网络（Ewert and Selzer 2016：154—156），以及从维京人大移居、斯瓦希里人和"海洋民族"中产生的网络十分突出之外，其他的网络可能是在世界上有较少记载的地区发挥着作用。互惠机制毕竟与礼物交换并没有太大的不同。它为在海上交流的汉萨同盟发挥作用，他们航行的海船减轻了海洋带来的危险：它们宽敞、坚固，而且造价相对低廉。汉萨同盟还证明了一个悖论，即网络可在保守、内向的文化中蓬勃发展。人们注意到，几乎不存在改变宗教信仰的驱动力，只存在一些认同感（Scales 2012：437—443）。也没有成员表现出对北海以外水域的兴趣。

某些网络对机会保持着敏锐的嗅觉。热那亚人就是最好的例子，他们迅速做好了在印度洋建立船队的准备。如此一来，扎卡里亚（Zaccaria）家族接管了希俄斯岛（Chios）和附近福西亚城（Phocaea）的明矾矿长达半个世纪。1354 年，海盗弗朗西斯科·加蒂鲁西奥（Francesco Gattilusio）与拜占庭皇帝的妹妹结婚，得到了莱斯博斯岛（Lesbos）（Wright 2012）。加蒂鲁西奥和伙伴们跨越了从卡法到亚历山大港的航线。有许多热那亚奴隶贩子与此时统治小亚细亚西部的土耳其长官做着交易。但真正兴盛繁荣的要数朱斯蒂亚尼尼（Giustianini）家族及其伙伴，他们与加

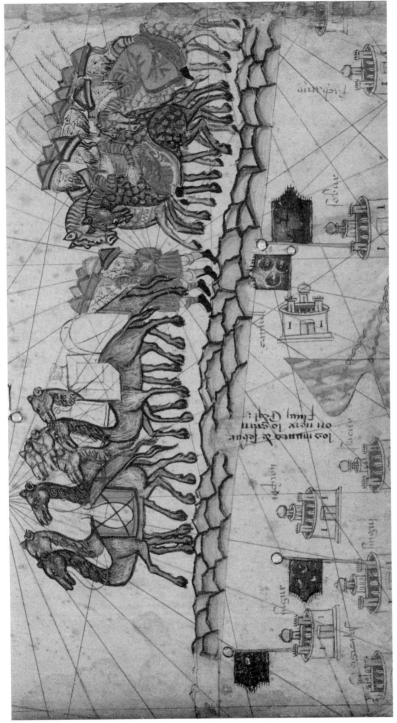

图 3.3　1375 年《加泰罗尼亚地图集》细部，描绘的是西方商人穿越北亚的旅行。文字内容为："商队已离开萨拉帝国（Sarra，即钦察国 [Kipchak]）前往阿尔卡塔约（Alcatayo，即中国 [Cathay]）。"羊皮纸及木本，墨水，金、银。巴黎。© Bibliothèque nathionale de France, Espagnol 30.

蒂鲁西奥家族一起，监管着经希俄斯岛的乳香和明矾出口。明矾是布料染料必不可缺的固色剂，它们被运往热那亚，也被直接运给佛兰德的制造商。为了装载这种沉重的货物，热那亚人开始使用被称为"cog"的海船，它是一种类似汉萨同盟货船的横帆船，只需很少的船员就可抵御大西洋的风暴（Balard 2019：847—850）。他们的船队将佛兰德的布料运至地中海的市场，在大西洋、内海和印度洋之间建立了持久的联系。如艾曼纽埃尔·瓦格农在本卷的《表现》一章中所述，也就是在这一时期，来自马略卡岛（Majorca）的航海者若姆·费勒（Jaume Ferrer）于1346年出航去寻找西非的黄金之河，他的航行后来被1375年的《加泰罗尼亚地图集》所描绘和记录（图7.6）。

这种联系是前所未有的。它们推动了此时驻扎在伦敦和佛兰德城市的意大利银行家的会计方法的发展，也刺激了那些已经在向北运输葡萄酒和油以换取急需粮食的葡萄牙商人。到1300年，布鲁日有了一条"葡萄牙街"。位于内陆的葡萄牙农民通过有热那亚和佛罗伦萨的银行家居住的里斯本和波尔图等港口城市出口他们的农产品。这张网络有效地发挥着作用，不需要葡萄牙商人在远离家乡的地方冒险：即使在15世纪，也只有少数人与海洋有关系（Ferreira de Miranda 2013）。

葡萄牙的统治者更加坐立不安。约翰一世（John I）喜欢与英格兰做生意，但也在寻求受英法百年战争和卡斯提尔（Castile）的影响较小的新的收入来源。卡斯提尔此时已经在与葡萄牙争夺加那利群岛（Canaries）（显然是由热那亚航海者发现的）的主权。1415年，约翰率领一支舰队占领休达（Ceuta），给葡萄牙商人造成了损失，也扰乱了热那亚人在那里的利益。然而，随着时间的推移，他以十字军东征的名义追求利润的热情却赢得了他们的支持。约翰和他的儿子航海者亨利打破惯例探索了非洲西北海岸。鉴于穆斯林地理学家对海洋知之甚少（Fauvelle 2018：164），亨利资助制图和探险，利用信风来寻找撒哈拉沙漠上的黄金。王室的赞助克服了丹吉尔（Tangier）远征等重大失败，葡萄牙终于在1420年占领了马德拉群岛（Madeira）。不到30年，葡萄牙人就开始从塞内加尔中转港运输黄金和奴隶。不久以后，马德拉群岛、佛得角（Cape Verde）和亚速尔群岛（Azores）的奴隶砍伐的甘蔗就出现在佛兰德市场上（Disney 2009：147；Green 2012：69—99，185）。

蔗糖显然是被热那亚人引入马德拉群岛的（Benjamin 2009：75），这说明了他们在连接海洋世界方面的重要性。地理位置和灵活的网络有利于他们将明矾与东方奢侈品一起运往欧洲西北部市场。一旦贸易增多，这类持续长距离航行便与航线分段的总体趋势背道而驰了。这一时期繁忙的欧亚非洲网络被包括在1375年《加泰罗尼亚地图集》中描绘的人流密集的路线内（图7.6）。图3.3显示的是地图集当中西方商人从陆路前往中国的细节。

15世纪时，由于地中海东部环境的恶化，热那亚人对海洋探险的兴趣大增。帖木儿（Tamerlane）于1405年去世之后，他的继承者之间的冲突打乱了丝绸之路的陆路交通。而威尼斯人又在爱琴海带来了新的挑战，热那亚人一直在黑海、君士坦丁堡和埃及之间运营的网络也遭瓦解。奴隶仍然被运往南方。事实上，此时统治的马穆鲁克人被称为"切尔克斯人"（Circassians），这昭示了他们的起源。不过，马穆鲁克人干预商业并操纵价格，破坏了热那亚人的网络，给他们的竞争对手威尼斯人带了好处。随着15世纪印度洋的蓬勃发展，埃及作为枢纽的地位更加耀眼。虽然它显示了向中亚路线的转移，但也表明了陆上和海上路线的相互联系，以及网络起作用的迅速。热那亚人知道海上丝绸之路，因为他们早就想要涉足波斯湾及更远的地方。葡萄牙人也没有错失海洋的繁荣，他们的商人常去马格里布（Maghreb），对它的情况十分了解。瓦斯科·达·伽马（Vasco de Gama）1498年在卡利卡特最早遇到的人当中，有一位不甚热情的突尼斯商人："你鬼迷心窍了！谁带你来的？"（Brotton 2002：168）。葡萄牙统治者和随后的商人制订计划绕行非洲而避开作为枢纽的埃及，这并不令人惊讶。有一位热那亚出生的船长的探险更是如此，为了得到葡萄牙王室的资助，他让他们确信有一条更短的航线通往"香料之国"，并在马德拉群岛做了好几年的准备（Green 2012：180—185）。这位船长就是克里斯托弗·哥伦布（Christopher Columbus），最终向西航行的他的三桅船"圣玛丽亚号"（*Santa Maria*），似乎同热那亚人的"cog"海船有着相似的线条。

第四章

冲突

西印度洋海上暴力的关联史

伊丽莎白·兰伯恩

序言

与本卷中探索的许多文化史一样，中世纪海上冲突文化史就像它目前的状况所示，是分散在各个学科中的，且并不是均匀分布的。这个主题得益于一个成熟的学术研究核心，它通常是在海军历史中发展起来，以欧洲周围的海洋及地中海为中心。但它的问题在于除此之外非常薄弱，甚至匮乏的研究内容。在这个核心之外，关于这一时期的研究仍然很少，对海上冲突文化史作出明确贡献的著述也很少。对于南大西洋、印度洋和太平洋，除了少数例外，相关材料必须在百科全书、合订本、期刊和更广的时间或主题范围的特刊或其他学科的文章或章节中去寻找。一些关于中世纪时期的专题研究确实存在，但它们非常稀少（Fahmy 1948），并且以东亚为显著的重点（Conlan 2001；Dars 1992；Delgado 2010；Lo 2012；Shapinsky 2014）。

本章希望通过为西印度洋海上暴力的研究提供关于数据、学术和未来机会的见解，来开启对这种模式的改变。在这个丰富而又支离破碎的领域中进行综合研究是极具挑战性的。接下来的讨论不可避免地会将学者们毕生研究的地区传统或具体主题以一两句话带过。这并没有轻视的意思。至于关联史所研究的其他关于印度洋的主题及论题——强调多语言书面证据的研究，跨越文字、图像和物质资料的研究，跨越地区和学科界限的研究，充分地回报了这种努力（Lambourn 2016b）。

战争（war）—冲突（conflict）—暴力（violence）：散乱的框架

在布鲁姆斯伯里丛书中，本章的标题一直在变，最初是"战争"，后来被我们当中的前现代主义学者重新定义为"冲突"，而现在，这一章讨论的题目是"海上暴力"。这种情况反映了以海洋为背景的暴力在不同的学科和方法论中被界定的不同方式，以及作为编者的我们，对于如何在文化史的框架内，以及在这六卷书的漫长时间框架内，以最好的方式来涵盖这一问题的争论。

比较晚近的一些作品的标题，譬如威廉姆斯（Williams）的《维京战争和军事组织》(*Viking Warfare and Military Organisation*)（1999），海登多夫（Hattendorf）和昂格尔（Unger）的《中世纪和文艺复兴时期的海上战争》(*War at Sea in the Middle Ages and the Renaissance*)（2003），或苏珊·罗斯（Susan Rose）的《英格兰中世纪海军1066—1509：舰船、士兵和战争》(*England's Medieval Navy，1066—1509：Ships，Men，and Warfare*)（2013）等显示，对海上暴力的研究继续身负它源于欧美军事和海军史的烙印（Lambert et al. 2010）。这种海军血统继续决定着研究方法、论述和主题兴趣。许多研究仍然将海上暴力作为国家海上力量框架内的"战争"或"战事"，从"舰队"或"海军"及其相关后勤的角度，以及从作战方案、战术或军事演习的角度来进行研究。对许多人来说，这种散乱无章的模式不仅陌生，而且与中世纪的证据和海上领土权的新模式格格不入。的确，由国家支持的舰队使用专门设计的、由专业战斗人员驾驶的船只，在海上或岸上进行的"战争"在某些区域、某些时期出现过。在地中海东部，由国家支持的以划桨帆船组成、由威尼斯经营的船队就符合这种模式，它属于一个长期的、特别完善的体系和一套技术，可以追溯到拜占庭甚至罗马帝国时期（见本系列的第一卷）。在整个中世纪时期，北欧诸国偶尔也投资专门建造船队，不过后来都任由它们腐烂。然而，不管在地中海还是在欧洲周围的水域，它都绝不是唯一的模式，它尤其也不适合更大的海域，如北大西洋、印度洋或太平洋——在这些海域的航行常具有高度季节性或涉及长距离。

97 　　对海上战争感兴趣的欧洲海军史学家和中世纪学者们首先承认，在这一时期，正式的常备海军是几乎不存在的。建立常备海军、配备人员和保持战备状态的成本都很高，因此中世纪的"海军"通常由征用的商船或渔船组成，船员是普通水手。11世纪中期开始与英格兰所谓的"五港同盟"（Cinque Ports）有关的一系列条约是对这种惯例的正式化进行较好研究的例子之一（Rodger 1996）。在印度洋和西太平洋（中国和日本），越来越多的证据同样表明，前现代国家只是时断时续地建立和维持永久性的舰队，这为进一步比较研究开辟了道路，以了解水手和商人群体在我们可顺理成章地称呼的"海上力量"中所扮演的角色。菲利普·斯坦伯格（Philip Steinberg）的《海洋的社会建构》（*The Social Construction of The Ocean*）一书是对海洋空间的基础性研究。书中指出，海洋作为战场的用途"并未普遍得到确立，一些利用海洋进行航运和资源开采的社会未能发展出海战的概念"（2001：16）。斯坦伯格对"未能"（failed）一词的使用有力地提醒我们，现代欧洲和北美的海军模式在海上文化的讨论中无处不在，暗示着它将海上战争视为常态，而其他社会偏离了这种常态，斯坦伯格在脚注中指"其他社会"为密克罗尼西亚群岛（Micronesia）和印度洋。20年后，我们能够开始拿出数据来反驳这种说法了。

如果学者们保留现代海军术语，那就可以说是允许中世纪在现代战争研究，以及支持它的机构和出版物中占有一席之地。许多主要的专题研究，包括刚才提到的那些研究，继续作为战争主题系列得到出版，这些系列如1998年劳特利奇（Routledge）出版社创立的"战争与历史"（Warfare and History）系列，博伊德尔出版社（Boydell Press）的同名系列，以及布里尔（Brill）出版社的"战争史"（History of Warfare）系列。术语总能反映思维，反过来又塑造思维。自20世纪90年代以来，海军史作为一门学科其本身就意识到，如果保留这种方法和随之而来的受众，它就有不景气甚至消亡的风险。尽管海军史在20世纪60年代在更广泛的"海洋史"（Maritime History）的标签下被院校所吸收，并且在2008年被美国历史协会（the American Historical Association）正式承认为一门分支学科，但深层次的问题依然存在（Hattendorf 2012）。如几项"领域状态"（state of the field）的研究所探讨的那样，按照玛丽亚·福萨洛（Maria Fusaro）的话来说，"在历史学界某种知识势利的成分"依然存在，它是由于"非内行的史学家不断的、极多的参与，以及关于虚张声势的冒险和大胆行为的叙事的吸引力带来的诱惑"（2010：267）。这个领域对"作战和技术发展史"的关注，及其对国家视角的继续坚持（267）是其他的一些因素，使其远离了对理论方法和超越国界历史日益关注的历史专业。然而不可否认的是，暴力，包括它更正式的表达形式"战争"，是所有人类社会中持久而强大的组成部分，而海军史学家对这一领域作出了重要贡献，部分原因正是其在海上的实际经验。瑞拉·慕克吉（Rila Mukherjee）

98

指出，水域历史起源于 20 世纪 60 年代的海洋史，尽管它"主要是欧洲的海军史，是集中在 1400 年至 1800 年这一期间的航海画布上的一块'发现'调色板"（2014：89）。福萨洛的文章论述了海洋史在全球史中的地位（2010）。

不管在哪一边，福萨洛所说的势利都绝无容身之处，本章希望展现一种方式，尤其是在现代海军框架被认为不合适的前现代世界中，文化史与海军史可在尊重各自独特的历史、专业知识和论述的同时，也共同发挥作用。

新的标签很少能解决更深层的方法论问题，那为什么还要尝试换标签呢？"暴力"作为一种诠释性概念，自 20 世纪 70 年代以来就已经在文化史中，也在娜塔莉·泽蒙·戴维斯（Natalie Zemon Davis）关于 16 世纪法国宗教骚乱（1973）的开创性研究中得到确立。虽然有人指出，在使用了近半个世纪后，"暴力"有可能成为理论不足的"一把抓"（Dwyer 2017：8—9），但从本卷的角度来看，这个术语仍然有许多优势。海上暴力的研究从不合适的现代海军史框架中摆脱出来，有了更好的机会来涉及复杂的角色，尤其是非国家的角色，它们在中世纪的证据中得到反映，它当然阻止了传统海军史常青睐的那种"伟人"叙事。最重要的是，这个术语及其历史鼓励我们超越海上暴力的"何时、何地、何人"，去思考"如何"和"为何"。这个术语从海军史的"作战和技术"关注点中被解放出来，支持人们去考虑比"海战"本身和支持其的技术更广泛的暴力形式。最重要的是，研究暴力的文化史方法（与社会科学／犯罪学方法相反，见 Dwyer 2017）旨在理解暴力的含义及其象征意义。半个多世纪以来发展起来的对暴力文化史的大量研究，以及对它进行的新的批判性的重新评估（Dwyer 2017），为研究奠定了坚实的基础，尽管海洋暴力本身从未成为主要关注点。这个术语正在进入印度洋研究领域——例如在"海上暴力的传播者"（Margariti 2008）或"海上暴力的政权"（Prange 2013）等词汇中——作为"海盗行为"（piracy）的替代词，但除海盗问题之外，或随同这个问题，依然还有足够的空间来研究和发展这个方法。

99 "和在其他海洋中不同"？——规范和期望

直到 15 世纪末，即欧洲列强，尤其是葡萄牙到达之后，战争、暴力、海军和舰队等问题才进入了对印度洋的历史论述。早期印度洋学术研究，如乔治·胡拉尼（George Hourani）的代表作《古代和中世纪早期在印度洋的阿拉伯航海》（*Arab Seafaring in the Indian Ocean in Ancient and Early Medieval Times*）（1951），将其定义为"和平之海"（Hourani 1995：61），并把它作为战火纷飞的地中海的二元对立面，新伊斯兰帝国在地中海也很快采用了地中海的海上战术。相反的是，在印度洋，和平之海使得"巨大的商业扩张"（55）成为可能。葡萄牙人统治前的印度洋的主要叙事，除了偶尔提到"海盗"和"海上抢劫"，一直把它当作一片以商业为主的和平海洋（Alpers 2013；Pearson 2003；Sheriff 2010）。当然，从葡萄牙的葡属印度（Estado da India）和公元 1500 年后参与新兴全球贸易的几乎所有其他欧洲大国后来的商业政策的例子来看，将和平与商业扩张简单地等同起来是非常矛盾的。暴力与商业绝不是可恶的，事实上，有越来越多来自中世纪印度洋的例子可被带入讨论。少量的文献表明，商船可能载有武装人员。罗克珊妮·玛格丽蒂早在 2008 年就有预见性地写道，"现代前印度洋几乎没有冲突的盛行图像，掩盖了这一地区贸易生活的动力和中世纪海上国家的本质"（547）。

　　一个显而易见的重新调整既定叙事的方法是证明印度洋在公元 1500 年以前也是"战场"。把印度洋放在"海洋战争"和"海洋力量"的框架中，可以在让它在海军史研究中争得一席之地。这种做法过去也出现过：中国历史学家罗荣邦（Jung-Pang Lo）撰写了关于宋元海权和海军的早期先驱性文章（Lo 1955，1969），他的最高成就是身后出版的专著《作为海上强国的中国：1127—1368》（*China as a Sea Power, 1127—1368*）（2012）；历史学家埃里克·瓦莱（Éric Vallet）以《印度洋上的伊斯兰舰队（7—15 世纪）：为贸易服务的海军力量》（*Les flottes islamiques de l'océan indien [VIIᵉ—XVᵉ siècles]: une purelessnavale au service du commerce*）（2017）提供了一份重要的材料调查，其坚定地在海军史的框架和术语内进行。不过，另一种相互补充的方法，也是本文探讨的方法，就是通过运用文化史的方法和问题来拓宽讨论范围，使其远离海军历史所青睐的"技术和作战"问题。它不但丰富了海军史和海洋史，而且也同其他历史领域建立了重要的桥梁，证明海洋史也是"主流"历史的一部分。我对印度"英雄石"（hero stones）的讨论，是将让·德洛什（Jean Deloche）对这些

100

图像的技术性解读与辛西娅·塔尔博特（Cynthia Talbot）对"军事精神"的研究结合在一起，它证明了这种双重方法的价值，至少对某些物质主体来说如此。

不过，在更全面地讨论这些问题之前，我想短暂地回到胡拉尼和他对阿拉伯地中海和印度洋的比较讨论（1995：53—61）上。胡拉尼指出，"地中海的情况与其他海域不同。在这里，建立海军力量对于新帝国是一种防御必要"（55）。胡拉尼的粗略的评论极富洞察力，有效地指出了地中海的独特性。阿拉伯人对地中海东部和北非的征服使伊斯兰政体与拜占庭帝国发生了直接冲突，同时，还带来了早已形成的控制海洋空间的思想，以及控制海洋空间的技术。船只的类型——主要是划桨大帆船——以及与之相关的战术，并未普遍地被包含在伊斯兰世界从古代继承下来的科学、医学、行政管理等许多知识和技术中，但它们理应被包括在内。胡拉尼指出，为了应对新环境，地中海东部和南部的伊斯兰政体创建并维持着主要由专业水手操纵的大帆船舰队（阿拉伯语为"*shawānī*"或"*ushāriyāt*"）。这种地中海传统一直保持到近代早期，尤其是在奥斯曼人（Ottomans）当中，甚至通过他们进入了西印度洋。奥斯曼舰队在西印度洋对葡萄牙的海上扩张进行了最有力的抵抗，有时这是唯一的抵抗（Casale 2010）。与其把地中海的做法作为规范来接受，我们还不如从"地中海海上暴力传统"的角度来思考。在伊斯兰地中海出现的这种做法的连续性使它能够成功地进入海洋史的"海军"血统。尽管它一直是中世纪海洋史和伊斯兰史的一个分支，但自20世纪40年代以来，以及在阿里·法赫米（Aly Fahmy）开创性的专著《公元七至十世纪穆斯林海军在地中海东部的组织》（1948）（*Muslim Naval Organisation in the Eastern Mediterranean from the Seventh to the Tenth Century A.D.*）之后，出现了一系列专门论述或者以大量篇幅论述地中海伊斯兰海军的书籍和文章，尤其是关于法蒂玛王朝（Bramoullé 2007，2012；Hamblin 1986；Lev 1984）以及"海战"的各方面。[①] 克利斯朵夫·皮卡德（Christophe Picard）的《哈

---

① 不过值得注意的是，在该领域的一部重要参考书——凯利·德弗里斯（Kelly DeVries）的《中世纪军事史及技术累积参考书目》（*Cumulative Bibliography of Medieval Military History and Technology*）（2001）及其后续更新中，明显缺失了大部分此类文献，尽管该书有专门的章节涵盖了"海战"和"船只"。

里发之海》(*La mer des Caliphes*)(2015；English translation 2018)，确切地说，是首部对直至 12 世纪的整个地中海盆地的哈里发政策进行了综合概述、对舰队和海军进行了综合性探讨的作品。这样的综合研究具有特别的价值，它证明可靠的海军史可构成更广泛的历史叙事和分析的一部分。不过，认识到地中海海上暴力技术在对其他海洋的学术期望和方法的形成上所能起到的作用，是向更积极、更包容地讨论多种形式的海上暴力迈出的必要的第一步。

在中世纪印度洋寻找舰队

皮卡德指出，阿拔斯哈里发的兴趣主要集中在印度洋，他们把它作为有利可图的商业来源（ 2018：19 ）。与地中海不同的是，在阿拉伯人征服伊朗萨珊王朝和阿拉伯半岛期间，很少有战役以任何方式在海上进行。考虑到阿拉伯扩张的程度和漫长的时间框架，仅有的来自印度洋西部的例子是：在 7 世纪，萨珊王朝控制的波斯湾沿岸部分地区遭到长时间的海上封锁时，其在红海的活动以及对印度西部三个主要港口发动的战略袭击（ overview in Agius 2008：247—248；Vallet 2017：755—758 ）。在 8 世纪，即征服信德的印度河大三角洲的阶段，似乎比人们通常认为的更依赖于海上力量，不过，很难通过文字资料和考古进行研究。南亚的活动尤其缺乏记载，因为到 9 世纪在阿拔斯王朝统治下对伊斯兰征服事迹（ *futūh* ）进行撰写时，这些地区要么已经完全脱离伊斯兰世界的控制，要么脱离了帝国的统治。这标志着地中海和印度洋早期的区别，阿拉伯语将它们分别称为 "罗马海"（ *bahr al-rūm* ）和 "波斯海"（ *bahr al-fārs* ）。这也证明了胡拉尼在他讨论的时间段称 "和平之海" 的合理性。然而，情况在 11 世纪和 12 世纪发生了显著的变化。随着阿拔斯中心统治的分裂，海岸和港口作为运输枢纽、作为对转运货物收税或直接开发海洋资源的收入来源，在脱离统治的地区往往呈现出新的重要性。随着区域交易环线的巩固，印度洋沿岸的许多政权，无论是否由穆斯林统治，都越来越多地使用暴力来控制港口和航道，并与当地捕鱼和经商的海上社群发展了密切的关系，把他们作为暴力的代理人。

中世纪印度洋最常被提及的海战之一是波斯湾基什岛（ Qays ）统治者于 1135 年 11 月和 12 月对红海入口处亚丁港发动的袭击。大量的资料使它成为为数不多的可以详细讨论的海上暴力行动之一，然而，这些资料自1954年由S.D.戈伊坦（S.D. Goitein）首次编辑并出版以来，一直未得到充分利用。罗克珊妮·玛格丽蒂关于亚丁地形和交战地点的著作（2007：76—83）可能是迄今为止最详尽的研究，不过，从军事史的角度进一步进行分析仍有大量机会。我并不是提出要在这里完成这样的任务，但我将讨论我们目前对这次袭击的理解，一方面把它作为这一时期海战的例子，另一方面也把它作为历史学家在研究中世纪印度洋暴力时所面临的方法论问题的例子。

对亚丁袭击最著名的记录，一是幸存于开罗藏经库中的两位目击者对事件的叙述（Goitein 1954b），二是后来的13世纪初，伊朗旅行家伊本·穆贾维尔的描述，他的描述肯定是基于当时当地居民的口述回忆（Ibn al-Mujawir 2008：143—145）。这次袭击是由基什的统治王朝发动并直接支持的。如果我们按照当时的记载推断，显然这是经过精心准备的。基什派出了十五艘类型非常具体的船：三艘"shaffāra"，一种通常被描述为大帆船、常伴随并护卫更大型船只的流线型快船；十艘"jāshujiyya"，一种装载军队的"在战争中使用的特别是用于登陆行动的帆船"（Goitein and Friedman 2008：341n26，342n27）；还有两艘可辨识的商船，它们被称为"布尔玛"（Burmas，以一种圆壶命名），很可能是用来运输物资的。它们一共装载了大约700名士兵，这是一支相当大的部队。罗克珊妮·玛格丽蒂通过文献的地形研究证实，舰队在亚丁的主要锚地穆卡拉（al-mukalla）停泊并集结，她认定该区域就在多岩石的西拉岛（Sira）附近。我们没有当时的地图或亚丁本身的实际模型，然而，该处的基本地形可以在图4.1所示的16世纪的景象中看到。左边是此时已有防御工事的西拉岛，中间是坐落在被称为沙姆沙姆山（Jebel Shamsham）的死火山口底部的亚丁主城。玛格丽蒂的研究指出，在12世纪，该海湾（现称为前湾，Front Bay）应该更深且离火山口更近，因为海岸线从那时起已向前推进。尽管如此，这幅图还是为讨论这场早期的袭击提供了有用的背景。葡萄牙船队停泊在主城，这里是基什的舰船停泊之处，它们似乎停留不动长达两个月，只有限地尝试了几次登陆。在两艘船到来之后，这些船最终被以武力驱散。那两艘船属于敌手波斯湾西拉夫港的一位商人，他在亚丁维系着强大的贸易网络。这次远征是基什统治者

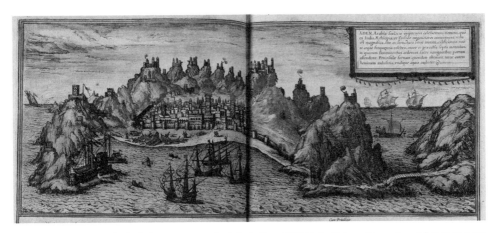

图 4.1　乔治·布劳恩（Georg Braun）和弗朗茨·霍根伯格（Frans Hogenberg）《世界城市风貌》（*Civitates Orbis Terrarum*）第一卷中 16 世纪中期亚丁主城和锚地的景象（Cologne，1572）。海德堡大学，VD16-B7188。

系统战略的一部分，目的是试图控制对他们有利的航道和港口，特别是波斯湾和印度西部的航道和港口。这一战略拟扩展到近 1700 海里（超过 3100 公里）外的红海入海口的主要转运港，这已能够证明基什战略的海上规模和它在根本上对海洋的着重。这一点是非常清楚的。

　　不过，关于最初的战略和后来战役的发展，仍然存在重大的问题。目击者描述说，基什希望占领亚丁的一部分，这表明有长期实际占领港口的计划，这个策略肯定需要 700 名士兵。然而，正如玛格丽蒂所说，接下来发生的更像是为期两个月的海上封锁。这次行动发生在"海上航行季（*fī awwal al-waqt*）之初"，此时开始的东北季风会把舰船从波斯湾和印度西部带到亚丁湾。它将为从波斯湾出发的 3000 公里航程提供有利的风向，也能使舰队在其他舰船到来之前就抵达亚丁，从而有效地封锁港口。实际上，文献表明亚丁在这段时间没有船只停泊在港口。然而，如果他们的意图是封锁港口，让来自印度的船舶转向波斯湾，甚至是摧毁与之竞争的商人的船只，那么他们没能取得成功，因为据文献报告，在两个月的时间里没有船只抵达。如果其意图是包围并实际占领亚丁，那么在这两个月时间里，也门的军队和基什的军队却似乎并没有进行几次交战。如著名商人、商界领袖玛德芒·b. 哈桑·耶斐特（Madmun b. Hasan Japath）在他的叙述中所描述的那样："我们面对面，但他们不敢登陆，而城里的人也没有船来攻击他们的船。因此，彼此都害怕对方。"（quoted in Goitein 1954b: 256）当基什的军队登陆并占领西拉岛（见图 4.1），进入这个被遗弃的城镇时，僵持局面似乎出现了转折。他们被当地军队，有时被镇民所击退。有些人被杀头，其余的则逃回船上。不久之后，两艘属于西拉夫商人拉米希特（Ramisht）的船抵达亚丁的港口（bandar），并迅速装载了此时集结在亚丁的2000 名政府军中的一部分。大海战并没有发生，基什舰队决定撤退，并最终扬帆驶离。

无论是包围还是封锁，来自基什的军队似乎低估了军事行动所需的时间，据记载，在这两个月里，有士兵死于缺水或缺食物。人们可能想知道，在西拉（显然此时未设防）的登陆和随后的战斗，是否是因为军队想在废弃的房屋里寻找食物和水，或是试图到达位于城镇上方火山口的具有战略重要性的雨水蓄水池。亚丁因供水不足而臭名远扬，同时 700 名士兵在两个月内也需要大量的补给。关于地形和战略的更多观点仍有待梳理，特别是要从伊本·穆贾维尔后来略有不同的描述中进行梳理，且无疑要更全面地将这一事件放在波斯湾的历史文献及那里出现的海上暴力实践中来进行梳理。关联史是未来进行研究的必要前提。

这些都是留待未来研究的问题，我想在此强调的是，这场战役之罕见并不是因为它代表了特别不寻常的事件——历史资料反复提到西印度洋港口遭到过海上袭击，而是因为它是少数几场我们有足够的细节来应用军事和海军史方法的战役之一，这些方法特别强调后勤和地理环境（Agius 2008: 251—253；Goitein 1954b；Margariti 2007: 76—83；Vallet 2017: 758—759）。它反映了这个领域整体所面临的问题，因为在也门历史或行政文件中几乎没有提到这次交火，它只是通过信件和旅行见闻被加以转述，这些文字资料通常是在特别的情况下才会被保存下来。总的来说，西印度洋的文字资料给发展对船舶技术或战略的后期理解提供的机会很少。除此之外，与西欧不同的是，视觉图像也更为罕见（Nicolle 1989），在西印度洋，我们几乎没有发现保存完好的能提供详细物质证据的中世纪沉船。

不过，对我们确实拥有的为数不多的资料进行更集中的分析，肯定会使我们的努力得到回报。这些文字资料反映出独特的海上术语。"jāshujiyya"一词，直到戈

104

116

伊坦（1954b：253）在藏经库内描述这次袭击的一封信中读到它，才为人所知。正如狄俄尼索斯·阿吉厄斯（Dionysius Agius）在他对伊斯兰世界船舶的详尽词源学研究专著《伊斯兰古典船舶》（*Classic Ships of Islam*）中探讨的那样，把它确定为运输船只是一种猜测，是基于这个词在我们的资料中出现时的上下文，以及由它派生而来的波斯语 "*chāshū*"（意为水手）（2008：343）。戈伊坦同样无法在任何字典或开罗藏经库以外的任何资料中确定 "*shaffāra*" 一词的意思（1954b：253）。不过，这个案例中，阿拉伯语词根动词 /sh.f.r./ 意为"切"，故它表示"一艘'切波浪'的帆船"，一艘流线型且人们推测的快船（Agius 2008：343）。尽管如此，没有任何证据表明这些是有桨船。玛德芒确实提到，风是基什船舶行动的关键因素，这表明它们唯一依赖的是帆动力。

　　不过，这些资料都确实表明发生了海上对抗。我们得知，在舰队刚到达时，亚丁无法与之对抗，因为当时港口中没有船只。然而，拉米希特的船一旦抵达，它们就装上了军队去直接与基什船只交战。玛德芒在描述中也使用了明显的军事词汇：军队和镇民加入了战斗，军队离开时在西拉留下的所有物资都被当作了战利品。目击者和旅行见闻也让我们对当时的暴力性质有了粗略但引人好奇的洞察。玛德芒和伊本·穆贾维尔的叙述都谈及军队被集体杀头，这是令人震惊的，这次屠杀的规模据说是亚丁这一事件发生地区地名的来源，因为数十年后头骨还随处可见。根据伊本·穆贾维尔的说法，这里被称为 "*al-Jamājim*"，即"水手的头骨"（2008：145）。虽然蒙古人建造骷髅塔的做法有完备的记载，但这种对待敌人尸体漫不经心的态度，才是为暴力史研究开辟道路的那类细节，因为它们强调的是特定形式暴力的社会象征意义。

　　在亚丁发生的事件或许也暗示了，在这一时期，波斯湾与亚丁等直接位于更广阔的西印度洋的海岸边的国家之间存在着非常不同的海上暴力传统。基什的舰队由各种专业船舶组成：运输大量武装水手的舰船、灵活快速的防御艇和补给船。伊本·穆贾维尔形容基什的居民是"真正的老练水手，岛上的领主既没有马匹也没有士兵"，但有许多远洋船舶（2008：288），这相当于说他的"军队"是由舰船组成的，也就是一支海军。相反的是，亚丁似乎没有常设的战舰，因为在资料记录中港口没有可与那支军队交战的舰船。正如在欧洲经常发生的那样，在基什袭击期间，援助是以将货船改装成运兵船的形式出现的。

英雄石：技术与行动的信息来源

不过，西印度洋很可能曾是一系列广泛的、不断演变的海上暴力文化的发源地。南亚有一种被称为英雄石的重要视觉资料，它们为一种浮雕或凹刻的纪念碑，"纪念各种形式的高尚行为……如在战斗中死亡、与野生动物搏斗，或在保护他人或牛的过程中死亡"（Storm 2013b：61）。动物的英勇事迹，尤其是犬和马的，甚至是宠物鹦鹉的，也会像寡妇的自焚（殉死）一样被纪念。英雄石在南亚各地都有发现，时间跨度很长，大约从 5 世纪直至 13 世纪。那些描绘海上战斗中死亡的英雄石不出所料都集中在印度洋沿岸，但几乎完全集中在西岸，它们在这里与中世纪时期的海上王朝相关联，比如果阿（Goa）的卡达姆巴王朝（Kadambas）（约 906—1310 年）和位于现孟买附近塔纳（Thana）的希拉哈拉王朝（Silaharas）（约 765—1215 年）（Tripati 2005）。图 4.2 为 12 世纪卡达姆巴一块英雄石的局部，它展现的是英雄遭到一艘有桨战舰上的长矛致命的一击。在画面之外的面板的上方，可以看到他被阿布沙罗斯（apsaras，居于山林水泽的仙女）带到天堂，他头顶上的两顶华盖（chatrs）和他左边手持拂尘的人昭示着他的地位。另一组著名的海上英雄石仍保留在现孟买郊区埃克萨（Eksar）其原址上，它们的年代大约为希拉哈拉王朝时期的 9 世纪至 13 世纪。英雄石的下方通常为成排的带桨帆船在列队航行，而在这之上为战斗场景和英雄升天（Deloche 1987）。1987 年，让·德洛什在一篇关于印度交通的学术专著中首次发表了这类海上英雄石。在缺乏沉船或其他视觉证据的情况下，它们由于为中世纪战船提供了技术信息而受到热切利用。没有比德洛什对埃克萨英雄石的技术分析更好的了：

显示的是木板船，尖尾，船首长而突出，极其前倾。一些船的船舷、船头和船尾似乎不是连贯的，而是在中间形成了一个低船腰，船腰上固定着一张席子围帘……。它们都是靠划桨推进的，桨被放置在同一平面上，从沿着两侧舷

图 4.2　卡达姆巴英雄石浮雕面板，呈现的是约 12 世纪在船上进行的近距离战斗。果阿国家博物馆。由阿里阿德尼·伊利奥格鲁（Ariadni Ilioglou）根据 P-Y. 芒更（P-Y Manguin）的照片绘制。

缘下方开凿的孔洞中穿出。在这些木装置中（数量从 9 到 12 个不等），我们看不到桨叶，也看不到桨杆；只有桨轴可见。划桨的人坐着并面朝后方，与在欧洲一样（中国的水手是站着并面朝前方）。未见操舵装置。在中间部分，在两排划桨者之间，可能是一个凸起的平台，战士们在上面作战。所有的船都有一根桅杆，牢牢地固定在甲板上，并通过从桅顶到船侧甲板高度的护桅索固定到位。桅顶上有一座平台，或一种笼子，用作战斗桅楼。没有见到帆。不容易确定这些船舶的大小。如果我们假设每根桨之间有 1 米，船头和船尾有 4 米，那么船体的长度应该是 13 到 16 米，桨长应该是 4 到 5 米。

（Deloche 1987：166）

在使用历史图像作为技术或战争的历史资料时是需要谨慎的。不过，其他对相邻的曷萨拉王朝（Hoysala）的艺术中表现的骑马装备的研究（Deloche 1986）表明，印度的艺术家意识到，并且也积极响应技术的变革，如马镫的采用等。因此，我们可以依靠更精细的船只图像作为视觉资料。民族志研究一直是印度洋地区船舶技术研究的重要资料来源，而且并不让人意外的是，德洛什注意到了埃克萨英雄石上描绘的舰船与直到最近还在孟买周围海岸建造的更大的舰船有相似之处，这些船如"macavà""batelà"和"padàvà"等，不过它们都没有船桨。

　　果阿的卡达姆巴时期的英雄石上表现的另一种重要的船，为"外形呈香蕉状的双尾船，船体呈纵向曲线，搭载手持弓箭、长矛和盾牌的士兵"（Deloche 1987：166）。图4.3为另一块13世纪这类英雄石上的面板，底部可以看到三艘这种形状独特的小船。德洛什把它们描述为"船首和船尾呈独木舟常见弧度的弯曲的船只。它

图4.3　卡达姆巴英雄石浮雕面板，呈现的是一种带桨独木舟，约13世纪。果阿国家博物馆。由阿里阿德尼·伊利奥格鲁根据 P-Y. 芒更的照片绘制。

们类似于沿科里坎（Korikan）海岸航行的独木舟状的双尾渔船，为挖空的原木，在上方凸起一排条板，被缝合起来，使得独木舟变为一艘相当宽敞的小船"（167）。独木舟，阿拉伯语为"*mash'iyya*"，穆斯林地理学家伊德里西（al-Idrisi）在对12世纪西海岸的印度政权，如索姆纳特（Somnath）等抵御基什进攻的叙述中提到了它们。他提到，"*mash'iyya*"是在印度西南部的卡马尔岛（Qamar）上制造的，每艘的长度大约为60"*dhirā'*"即27米，他提到，每艘船可以搭载150名桨手（cited in Agius 2008：252）。由于这块英雄石来自果阿，因此这种类型的小船似乎在整个印度西部沿海地区，甚至在更远的地方，都得到了使用。伊德里西提到，基什的统治者使用了同样的独木舟，并且有50艘之多（252）。

来自英雄石的详细视觉证据表明，印度西部沿海的某些沿海政权，特别是希拉哈拉王朝和卡达姆巴王朝，都部署了属于类似海军的组织的专门战船。不过，其他国家可能依赖渔船和货船临时拼凑的船队。转让文件是中世纪南亚史最重要的资料之一，来自康坎（Konkan）和马拉巴尔海岸的材料表明了获得和维护战船的一些行政结构和程序。可能最明显的例子是果阿的一份铜版印刷的转让文件，时间大约为11世纪中叶。它提供了某位叫萨丹（Saddhan）的塔吉克亚瓦姆萨人（*Tajiyavamsa*）（现孟买南部朱尔［Chaul］港的阿拉伯社群）伊斯梅尔（Isma'il）的孙子的详细生平，他也是该港口的船东负责人。通过与卡达姆巴的交往，这个家族最终搬到了南部的果阿，孙子萨丹在当地被任命为首席船舶部长，负责卡达姆巴王朝贾亚科西一世（Jayakesi I）（在位时期1050—1080年）的船舶事务（Lambourn 2016a：382—383）。船舶和渡轮主管的职位，早在考底利耶（Kautilya）[①]的《政事论》（*Arthashastra*）中就有所描述，《政事论》是印度的一部关于政府的古典论著。至少在理论上，该职位的工作包括对所有形式水路运输的责任以及渔业和商业运输的很大程度上的政府控制，还包括对海盗船的摧毁（Kautilya 2016）。《政事论》没有提到由国家维护的战船，不过，到中世纪时期，这也许已经发生了改变。碑文记载证明了对港口及其收益的无休止的争夺，以及海上的袭击，这些袭击可能使得政府更

109

---

① 生活在公元前4—前3世纪的古印度政治家。——译注

直接地参与建造和维护战船。

虽然这些资料没有详细描述这一时期印度海岸附近的小冲突和战斗，但英雄石的图像证据表明，在大炮出现之前，长矛在海上暴力中扮演着重要的角色（图4.2）。在亚丁也是如此，一名描述基什攻击的目击者提到这些舰船"被长矛刺中"（Goitein 1954b: 256）。矛杆作为一种令人垂涎的军事技术，就像战马一样，可能由政府垄断。伊本·穆贾维尔也提到，在基什，没有人可以"买卖……矛杆，除了国王本人"（2008: 290）。与这种普遍缺乏书面资料的情况相比，早期欧洲人的印度游记有时在提供线索和更多的海军战术方面有用处。马可·波罗对西部沿海"海盗"活动的记载中有如下描述：

> 他们的方法是加入由二三十艘这样的海盗船组成的船队，然后他们设置一条海上警戒线，也就是他们在每条船之间设置 5 英里到 6 英里的间隔，这样他们就能覆盖大约 100 英里的海域，没有商船能逃脱他们的控制。

（1903: 2: 392）

在暴力文化史内诠释英雄石

英雄石上的舰船形象显然为海军史上的"技术和军事行动"脉络作出了贡献。与此同时，其他对海上问题主要部分不感兴趣的学者建立了一个规模相当大的关于中世纪印度军事文化的学术团体，他们强调南亚社会中军事行动和训练的地位，对主流模式形成了挑战（Kloff 1990; Storm 2013a; Talbot 2001; Thapar 2003）。材料虽然没有明确地被放在暴力文化史的学术研究范围内，但实际上是现成的，有助于学术研究。辛西娅·塔尔博特的著作在研究安得拉邦（Andhra Pradesh）卡卡提亚（Kakatiya）时期时，特别关注中世纪南印度社会她所称的"军事精神"，它提出了一种直接解释的框架，通过它来理解在同一时期但出现在印度西部沿海和海域的海上暴力。

塔尔博特指出，西方学者所偏好的印度王权模式——源自达摩（*dharma*）（道德责任）的所谓"达摩王权"——未考虑到"政治权力以武装力量为基础"这一不

言自明的道理（Talbot 2001：144）。塔尔博特指出，迪尔克·克洛夫（Dirk Kloff）
（1990）的著作证明"印度农民广泛具备军事技能和武器，许多人会短期服兵役"
（Talbot 2001：68）。服兵役带来收入，而且有利于向上流动，正如塔尔博特所注意
到的，"通过战斗的胜利，一名战士可获得社会地位的提升，甚至能够追求国王般
的地位"（67），它还有助于形成社会宗教认同。英雄石的图像显示了不同暴力行为
所受到的高度重视，也暗示了它们所赋予人的地位。虽然塔尔博特和克洛夫都未着
重于航海群体或海上暴力，但他们的著作为这些领域提供了有价值的新模式。在目
前的背景中，他们帮助我们理解，在沿海地区，为政权或海上领主服务同样既是收
入的来源又是威望和权力的来源，同时也是各种类型的水手或航海者群体认同的动
力来源。

　　航海社群所谓的"王室服务"并不是中世纪的新事物。早在公元 1 世纪，《厄
立特里亚海航行记》（*Periplus Maris Erythraei*）就描述了当地水手在商船到达坎贝湾
（Gulf of Cambay）口并驶向巴鲁奇（Bharuch）港时在领航方面发挥的重要作用：

> 　　为国王服务的当地渔民带着船员（即桨手）和长船（叫做"trappaga"和
> "kotymba"）来到叙拉斯特拉（Syrastrene，即索拉什特拉［Saurashtra］）的
> 入口迎接船舶，并引导它们到达巴里加扎（Barygaza）。通过船员们的努力，
> 他们把船从海湾的入口处开到浅滩，把船拖到预定的停船地点。他们在涨潮的
> 时候让船起航，退潮的时候把船停泊在某些港口和内湾。
>
> 　　　　　　　　　　　　　　　　　　　　（*Periplus Maris Erythraei* 1989：79）

这一记载的准确性得到证实，因它所提到的船舶类型在耆那教（Jaina）文献中得到
确定，并与船舶的模型和黏土封印上的文字能够对应（Chakravarti 2002：37—39，
figs. 2.1 and 2.2）。

　　这类向抵达船舶提供的和平领航服务有可能很容易变成更强制的做法。人们注
意到，马可·波罗观察到马拉巴尔海岸的法卡努尔（Fakanur）港"鼓励"经过的船
舶停靠，并向统治者上交"礼物"，实际上是港口税，否则将遭到追逐（Polo 1903：

111

2：233）。马可·波罗的记载还暗示，这些都是政权和当地航海社群之间的正式约定。因此，波罗描述了在塔纳的统治者（港口当时由德瓦吉里［Devagiri］的亚达瓦王朝［Yadava］所控制）如何与他称为"corsairs"（海盗）的水手签订契约，以获取急需的战马（2：330）。罗克珊妮·玛格丽蒂指出，当时的作者和现代的历史学家把"pirate"或"corsair"（两个词均为"海盗"之意）等术语和沿海国家联系在一起，导致它们被认为是"边缘而例外的"（2008：545），而事实上，它们标志着"建立一个陆海王国，对沿海和海上空间及航线提出主权要求的持续努力"（545）。玛格丽蒂指出了将其与当时地中海沿岸国家作比较的可能性和它们的相似之处（Tai 2005），以及它们与海上暴力的各种代表之间关系的交织。在伊斯兰世界和南亚，这类行为可被视为陆上常见的抢劫和掠夺行为在海上的延续，在陆地边界同样不稳定和不断变化的时期，抢劫和掠夺是王权不可分割的一部分。

各种各样的海上服务带来了收入、社会进步和声望，我们应该把这些活动视为中世纪西印度海岸沿海经济不可分割的组成部分。就像世界上许多地方一样，这些都是季节性活动，取决于季风和其他沿海规律。南亚的证据与韦恩-琼斯和哈兰德对北欧水域和斯瓦希里海岸的渔业实践和渔业群体的探索相结合，凸显了这些通常被无视的角色在中世纪文化史各方面的重要作用。

在印度中世纪时期最具标志性的"海军"远征——朱罗国（Chola）1025年对东南亚港口发动的一系列袭击中，渔船和货船很可能扮演了关键的角色。朱罗王朝（统治时期约848—1279年）活跃在南印度和斯里兰卡，他们的军队在某种程度上参与了海上运输或战略。不过，其中最具规模的是对马来半岛和南苏门答腊岛大约13个东南亚港口和政体发动的一系列袭击。专题文集《从纳加帕蒂南到苏瓦纳德维帕：关于朱罗海军远征东南亚的思考》（*Nagapattinam to Suvarnadwipa. Reflections on the Chola Naval Expeditions to Southeast Asia*）（2009）把它作为主题，这项研究在更广阔的政治和社会环境下对远征作出了重要的说明，但它同样也指出，在对朱罗"海军"进行"军事行动"的观点和现有证据进行分析时，发现它们之间存在着矛盾。正如耶拉瓦·沙巴拉亚鲁（Yellava Subbarayalu）所言，"碑文中极少提到朱罗海军"（2009：92），这种沉默被关于朱罗陆军组织和行动的大量碑文信息所放大。

他不得不得出结论："有可能是该沿海地区（坦贾武尔［Thanjavur］地区）的渔业社群帕蒂南人（*pattinavar*）……在朱罗海军组织中占到了大部分。"（93）虽然可能有一些证据表明存在专门为远征建造的船只，但我们没有所使用的船只类型的信息，因此似乎可以合理地推断：就像在西部沿海一样，渔船和货船就是朱罗的"海军"，它们无疑在远征中发挥了重要作用。不管有没有海军，南亚的材料都强有力地反驳了长期存在的印度教避开被污染的海洋的论述（Bhindra 2002）。印度洋既不是被污染的，也不是和平的。

地中海与印度洋在红海的交流

早在苏伊士运河出现之前，红海就已经是印度洋世界和地中海之间反复而独特的相互交流的区域。在这个地方，印度洋深深渗透到非洲—欧亚大陆内部，并且非常接近地中海东部和尼罗河，因此自古埃及法老时期以来，甚至连大型船只在这两个系统之间的运输也曾反复地进行，而在其他时候，也出现过旨在连接两大海洋的大型运河基础设施项目。12 世纪是另一个相互交流的时代，此时在亚丁出现了第一批由国家出资、以地中海技术建造的大帆船。也门历史学家埃里克·瓦莱强调，1173 年阿尤布（Ayyubid）的大帆船到达亚丁，这持续改变了该地区的航运技术和海上战略，一直延续到 15 世纪中叶，即阿尤布王朝的继任者拉苏里王朝（Rasulids）（统治时期 1229—1454 年）统治的末期（Vallet 2017：760）。在 15 世纪，由于奥斯曼帝国的新技术和造船知识，地中海的大帆船传统重新焕发了活力（Fuess 2001），在葡萄牙人 16 世纪在红海和西印度洋发起的进攻中，是它们最终提供了最有效的，有时是唯一的抵抗力量（Casale 2010）。图 4.4 显示的是 1517 年葡萄牙对吉达（Jedda）的进攻，它以鲜明的图形强调了 1500 年以后在红海中面对面出现的截然不同的海军技术。虽然这些事件不在本卷的时间范围内，但我最后还是要回顾地中海船舶类型向印度洋世界重要技术转移的开端，以及与随之而来的关于海上暴力性质的观念变化。

亚丁的阿尤布大帆船（阿拉伯语 *shīnī*；复数为 *shawānī*）是旅行家伊本·穆贾维尔为取悦读者而挑选的另一个当地特色。他写道，"祖莱伊德（Zuray'id）的统治者对大帆船一无所知，直到沙姆斯·道莱·图兰沙·b.阿尤布（Shams al-Dawlah Turan Shah b. Ayyub）率领由大帆船组成的整支舰队到来"（Ibn al-Mujawir 2008：158）。在他的结束语中，也许有一点嘲笑的意味，他说道在征服之后，这些大帆船最初被留在亚丁"在阳光下腐烂"（158），直到1183年新任总督改变了政策。"整支舰队"实际上并不仅仅由战船组成，还包括运输船，它们负责将物资从埃及红海海岸的阿伊扎布运送过来，而阿尤布的步兵团则从陆路经汉志前往也门（Vallet

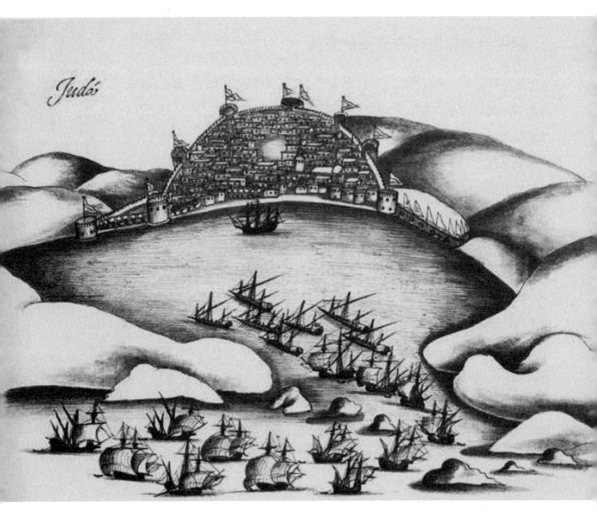

图 4.4　图中间的奥斯曼大帆船在 1517 年葡萄牙人的进攻中保卫吉达。© FLHC Maps 16/ Alamy Stock Photo.

2010：485n73）。阿尤布的这个战略可见是沿袭了法蒂玛的模式。法蒂玛王朝在地中海保留着大量的作战大帆船舰队，而红海在很大程度上只是本国内海，在法蒂玛王朝的文献中，在这里只是商船可能需要保护，避免受攻击和掠夺，特别是达拉克（Dahlak）苏丹的攻击和掠夺（Margariti 2008），而军队和骑兵只需从这里安全通过，而不是在这里继续战斗（Bramoullé 2012）。据马穆鲁克历史学家卡勒卡尚迪（al-Qalqashandi）后来的记载，法蒂玛王朝的红海"舰队"仅有五艘船，后来只有三艘，在尼罗河上的古斯（Qus）进行巡航，并且主要在红海的南部区域阿伊扎布和萨瓦金（Suakin）之间负责护卫商船（cited in Vallet 2010：485n70）。

不过，这些被遗忘的埃及大帆船显然在亚丁的历史记忆中留下了身影。它们是否真的如伊本·穆贾维尔所说的那样腐烂了 10 年还不清楚，然而它们很可能在当地得到使用。在 1183 年重新被调遣用于保护亚丁的印度洋沿岸运输时，它们的状况还足够良好，而且还被认为在技术上足够重要而值得被也门的造船厂复制。伊本·穆贾维尔将这个变化归因于新的阿尤布总督的到来，不过，这个时机应该得到更深入的分析。

12 世纪初，十字军国家开始对通往红海的通道产生兴趣。1116 年，十字军控制了亚喀巴湾（Gulf of Aqaba）的重要港口艾拉（Aylah），它与外约旦（Oultrejourdain）成为一体。但直到 12 世纪 70 年代末、80 年代初，在外约旦领主雷诺·德·沙蒂永（Renaud de Châtillon）的统治下，这条通道的全部可能性才被一探究竟。据威廉·费西（William Facey）的记载，1182 至 1183 年，雷诺·德·沙蒂永利用艾拉发动了一场深入红海的海战，袭击了阿伊扎布港，随后威胁到麦地那。他的行动尽管在欧洲文献中几乎没有记载，但伊斯兰世界的历史学家一致认为它在整个中东引起了轩然大波，许多记录这些事件的阿拉伯文字资料充分证明了这一事实（Facey 2005；Margariti 2008：567—569）。

1170 年，在艾拉落入萨拉丁手中之后，雷诺的第一步行动是夺回港口，他将预先制造的五艘船从地中海通过陆路运输到红海海岸进行组装。三艘总共载有大约 300 名士兵的船驶向阿伊扎布，在那里他们摧毁了几艘商船和当地的食品仓库，然后横穿到阿拉伯海岸的拉比格（Rabigh）港，部分部队从那里出发去进攻麦地那。

阿尤布王朝迅速将舰船从福斯塔和亚历山大港通过陆路运送到亚喀巴湾，并出航在艾拉和拉比格附近与十字军战船两度交战。已经在前往麦地那路上的士兵遭到抓获并被处决（Facey 2005）。据一位年代史编者所述，萨拉丁命令处决所有的人以"将他们所做之事的所有痕迹都消除，这样他们的眼睛就不会再眨动，没有人会说出海上的那条路，也不会有人知道"（Facey 2005）。

雷诺·德·沙蒂永的远征将红海本质上是"和平之海"、在此最坏的情况也不过是商船可能遭海盗袭击的假想完全粉碎了。它还突出了麦加和麦地那在遭到从它们的红海港口发动的袭击时所暴露的脆弱性。如上面这段引文所示，萨拉丁采取了行动以阻断所有关于红海航行和地形的知识的传播。阿尤布王朝能够以陆路运输舰船，十字军也能够这样做。雷诺的袭击突出了一种可能性，即红海会成为海上对抗和真正海战发生的空间，这种状况在 16 世纪终成现实。因此绝非偶然的是，正是在雷诺的远征失败的 1183 年，阿尤布王朝决定重新启用留在亚丁的大帆船，而且实际上还根据地中海的模型在当地建造了新的大帆船，固定船板用的是铁钉而不是西印度洋船舶通常使用的棕绳。使用这些舰船最初是为了保护商船，并且是用在西印度洋上，这标志着阿尤布王朝对海上力量的重要性以及也门控制红海通道的独特能力有了新的认识。法蒂玛王朝在地中海成功进行的大型战舰舰队之间的大规模海战，直到 16 世纪才出现在红海，而当它们随着葡萄牙人和奥斯曼人来到红海时，参战舰船和武器都有了极大的不同。不过，是 12 世纪改变了印度洋这一区域海上力量的技术，也改变了它对海上力量的态度。

在接下来的一个世纪，武装大帆船成为拉苏里王朝商业战略中必不可少的组成部分，它们在南红海，以及在通向印度南部的更长的远洋航行中陪伴着商船队。拉苏里国组建并经营自己的商船队，使其几乎完全控制了南红海的航运。多亏了丰富的历史文献和叙事，拉苏里海军活动的许多方面，从造船厂、税收到商业政策，都成了近年来的密切关注点（Margariti 2008：569—572；Vallet 2010：482—488，127—128；2017：760—762）。文字证据的质量和数量的变化并不令人意外，而是正如玛格丽蒂观察所得，反映了这样一个事实："穆扎法尔（al-Muzaffar）（统治时期 1249—1295 年）时代的拉苏里国将海上技术（指舰船和航运）视为促进国家利益的

115

关键工具。"（2008：569）这段历史目前在多篇文章和较小规模的出版物中都被写及（see bibliography in the footnotes of Margariti 2008；Vallet 2010，2017），并急需一项综合性的专题研究。

结论：海洋领主

这些见解虽然简短，但目的是为关于印度洋世界的海上力量和海上暴力的探讨，以及这一切的"为何"提供新的材料。在海军史上，海战的"为何"的核心是领土问题，国家的海上力量保卫或扩大陆地政权对海洋和海上航线的控制。海战是一种程式化的对抗，其结果将决定海上控制权归属。在本章中展现的材料无疑反驳了印度洋在欧洲列强到来之前是"和平之海"的假设。显然它并不是。更难以反驳和摆脱的，是关于中世纪印度洋海洋空间和权力的意义及理论概念的争论。重要著作《海洋的社会建构》（2001）的作者菲利普·斯坦伯格认为，17世纪早期格劳秀斯（Grotius）的《海洋自由论》（*mare liberum*）和塞尔登（Selden）的《闭海论》（*mare clausum*）当中论证的海上领土的概念是欧洲所特有的。印度洋是在此之外的空间，"很少有人试图利用海洋空间来突出权力"（Steinberg 2001：47），且在印度洋世界，远洋是"非领土"（40，我用斜体字表示强调）。

斯坦伯格写下这部著作的20年后，印度洋非领土的观点已站不住脚了。部分问题在于斯坦伯格对"洋""远洋"和"海"几个术语的不稳定而相互交替的使用。但更根本的问题在于控制的理论概念和控制的主张与实际做法之间的区别。在一个没有雷达和空中支援，没有潜艇，当然也没有卫星图像的世界里，在船的航程、速度，有时甚至方向都由风或桨手的耐力决定，导航仍然绝大多数依靠眼睛的时代，要说任何形式的远洋控制可能实现，显然都是不符合历史的。欧洲人实际上并没有控制大西洋远洋，甚至也没有控制关键的港口和接入点，即使理论上他们声称拥有整片海洋。应该这样说，印度洋学家可认为，印度洋远洋与地中海以及欧洲周围的海域完全一样，也成为领土。暴力的"为何"，至少在政权的层面上，可能并不像最初看起来那么不同。

今天，中世纪学者对印度洋本土政权和沿海社群对海洋的使用和概念有了更多的了解。西印度洋周边的政权试图通过海军远征洗劫或封锁竞争对手的港口来控制航道，他们还试图通过海上攻击来扩大自己的沿海领土和获取海洋资源。它们很少保留永久的、正规的海军，但如果我们查阅欧洲的文献，情况也是同样的，在早期的"海军"中，商船一直扮演着至关重要的角色，航海社群也经常被招募入内。

这些政权当中的许多，同样发展出了海上统治权的想法，虽然不是通过书面的论述。不少印度王朝的称号都包含了这一想法：比如，希拉哈拉君主是"帕什奇玛穆德拉帕蒂"（*Pashchimasamudradhipati*）（西大洋领主），卡达姆巴的贾亚科希一世是"帕达瓦伦德拉"（*Padavalendra*）（大洋领主）。在古代和中世纪的印度，海洋成为主权概念的一部分，不过，要对可用的丰富碑文文献进行进一步研究，才会给整个论题带来益处。这些想法的广泛传播在藏经库的文献中有所反映，因此在一份文献中，12世纪亚丁的犹太商人领袖玛德芒·b.哈桑·耶斐特被描述为"受所有海洋和沙漠领主的信任"，这段话被S.D.戈伊坦解释为它代表着"为了他的客户的利益，他与控制阿拉伯海和印度洋航线的许多小统治者（或海盗）达成了协议"（Goitein 1966：347）。戈伊坦使用"小"（petty）和"海盗"（pirates）这两个词，突出了罗克珊妮·玛格丽蒂的观点，即海上政权常被认为是边缘或例外的而不被理会。

承认对海洋空间的统治权也鼓舞了新的调查方法，它们的形成是为了在不存在持久的领土或海洋控制的情况下表达和援引海洋空间。袭击和封锁，简言之，也就是海上暴力，当然是被用于这个目的，但我们也可以察觉到更具文化意义的具体策略。西印度洋的逊尼派穆斯林政权把他们领土上的清真寺举行的周五呼图白（khutba）发展出了新的用途。传统上这种宣教包括一节 da'wat al-sultān，允许背诵统治君主的名字。西印度洋一些最活跃的海上侵略者，尤其是基什的统治者和也门的拉苏里统治者，都积极鼓励居住在他们领土以外的非穆斯林印度港口国家的穆斯林背诵他们的名字，这绝不可能是偶然的。虽然这些穆斯林统治者并没有实际控制印度的港口和城镇，但按照当时的伊斯兰编年史的说辞，对这些印度港口是越洋领土控制，是"统治"（Lambourn 2008）。在实际做法上，我们可能会认为，把宣教转移到印度洋的环境中是将这些地方和教徒融入一个以共同信仰和共同商业利益为基础的、更大的象征性的伊斯兰领土的一种手段。这种做法的成功得到了体现：拥

117

有印度洋利益的不同的伊斯兰政权都一直在采取这种做法，一直到16世纪奥斯曼帝国海军在印度洋作战时期。

我还想再次重复在本章中重复过的：在中世纪时期北欧和地中海以外的水域，还有更多的工作要做。多学科的方法，如本文对海军史和暴力史的探讨，对于从稀少而多样的历史文献中提取最大数量的信息是至关重要的。在这个领域中，许多多语言的书面文献仍有待识别、翻译和彻底解释，新的图像和物质证据也是如此。从印度洋是"和平之海"的观点中解放出来后，学者们有希望能在他们的资料中倾听暴力，从而颠覆塞巴斯蒂安·索贝奇希望文史学家们在他们的原始资料中倾听海洋的恳求。这项研究将使我们更好地掌握这一地区海洋环境中发生的各种暴力行为的代理人以及暴力行为的不同形式。更重要的是，它将帮助我们更多地了解在组成印度洋世界的不同的地区中暴力所具有的社会文化意义。

第五章

岛屿与海岸

陆海间隙处的两面文化

罗克珊妮·玛格丽蒂

导言

从大约公元 800 年到 1450 年之间的这几个世纪，是海洋、海岸和岛屿漫长生命中的一段转变时期。世界经济和社会经历了重大而持久的变化，这直接影响了岛屿和沿海地区的生活，如韦恩-琼斯和哈兰德在本卷中讨论的渔业社群。印度洋和地中海世界之间的交流加快了，因为两大洋经济逐步将东半球的大部分合并到一个单一的经济体系内。与此同时，人们也在拓居和开发太平洋中最偏远的一些海上陆地，它们尚未被纳入"全球中世纪"的学术视野（见引言）。就地缘政治而言，对于北欧的维京王国、早期穆斯林哈里发国及其继承国、意大利海上共和国和中国唐宋王朝等在结构上显著不同的政体，海岸都时不时起着边境的作用，是国家象征性的末端和起点、是点缀着防御工事的地带和政治经济扩张的出发点。岛屿与海岸一样，具有地缘政治的模糊性，它是声称拥有但往往难以达到的领土，或时而是独立的陆海王国的中心，一些岛屿还为区域和跨区域经济获取罕见的商品。

本章先简要说明影响中世纪海岸和岛屿写作的主题和概念，然后探讨这些观念：在中世纪，海岸和岛屿空间在政治领土定义中扮演着不同但往往关键的角色；居住在这里的人们通过获取海洋资源，并常作为密集网络的代理者，最果断地参与到区域和跨区域经济当中；岛屿和海岸上的社会表现出文化的独特性，形成了海上文化景观的很大一部分。我们将看到，正如对斯瓦希里的讨论所明确的那样（Fleisher et al. 2015），尽管海洋性并不必然定义沿海和岛屿空间，但中世纪时期对海洋元素日益密集的接触，证明了独特的沿海和岛屿文化的生成力量。

海岸和岛屿，边界和微观世界

我将从巨大的克里特岛几千年历史中简短但复杂的一段时期开始，它是海岸作为起点、穿越点、相遇点和新的开始点，同时也作为终点和微观世界的典型故事。尽管如本卷中詹姆斯·L.史密斯的章节所述，关于海上地点的大量多样的文献——包括多少有点异域风情的类型完整的岛屿和海岸的文献——在中世纪流通，并为表现和想象的研究提供了一个独特的领域，但在本文中，我们将着重于这些文献以及各种其他文献所帮助阐明的中世纪海岸和岛屿的真正文化史。

在伊斯兰历202年，即基督教世界的公元818年，科尔多瓦（Cordoba）的倭马亚王朝的统治者与城市知识阶层各派之间酝酿已久的内斗演变为一场著名的叛乱。被击败并被驱逐的叛军逃到海岸，该地在阿拉伯语中为"al-'udwa"，字面意思是"对面"，指加的斯湾（Gulf of Cadiz）的海岸，它被视为北非海岸对面的陆地。一些叛军从那里航行了大约60海里横穿到摩洛哥，另一些则穿越了整个地中海，最终在2000多英里外的亚历山大港登陆。到伊斯兰历212年/公元826—827年，在阿布·哈福斯（Abu Hafs 'Umar b. Shu'ayb）的领导下，安达卢西亚人（Andalusians）再次登上他们的舰船，向北行驶，进攻拜占庭的克里特岛。他们几乎没有遇到什么抵抗，部分原因是当时的叛乱占用了大部分拜占庭军队。我们也有理由得出这样的结论：岛上居民对他们将不得不忍受的外国统治者是谁显得漠不关心，从而对征服起到了帮助作用。

安达卢西亚穆斯林的征服和定居包括南克里特岛在内，这是一桩了不起的成就，因为这些新来者肯定翻越了在岛上形成了内部边界的雄伟山脉。费尔南·布罗代尔在他对岛屿在地中海历史中作用的基础性说明里，称岛屿为"微型大陆"（1972：1：148）。11世纪拜占庭年代史编者约翰·思利特扎（Ioannis Skylitzae）称，把军队运到克里特岛海岸的舰船被阿布·哈福斯烧毁，因此他们失去了逃离的机会（图5.1）。他怂恿士兵把注意力转向岛上的自然资源和女俘虏（Scylitzae 1973，2010：44—46）。这个故事可能是杜撰的，但岛屿资源显然发挥了一定的作用。伊比利亚人留了下来，他们自己变成了克里特人——岛民。约一个半世纪后，东山再起

图 5.1　穆斯林烧毁了自己的舰队。约翰·思利特扎《历史概要》（*Synopsis Historion*）的插图手稿，12 世纪。被称为《马德里的思利特扎》（"Skylitzes Matritensis"）的手稿，马德里国家图书馆，VITR/26/02, fol. 39r。© Album/Alamy Stock Photo.

的拜占庭海军于 961 年驱逐了穆斯林统治者，奥马尔（Umar）后代的统治结束了。拜占庭重新征服的第二年，一位四处奔波的圣徒悔改者来到岛上，向岛上的居民宣扬正教（Vita Niconis 1987：1，83—89，279—280）。阅读"悔改者尼康"（Nicon Metanoeite）的《一生》（*Vita*）的字里行间——之所以叫悔改者，是因为他坚持不懈地对"误入歧途的"的基督徒进行布道（83—89）——我们可以看到，岛上的居民已经摆脱了大陆的帝国强加于他们的正教和等级制度，且对于回到宗主国的怀抱并未表现出足够的渴望。

　　海岸和岛屿在地质学上均属于陆地和海洋交汇之处，对它们的历史研究指向边界跨越、社会交锋、经济政治机遇以及危险等共同主题，并最终指向将陆地和海洋结合在一起的不同的文化方式（Billig［1936］2009；Braudel 1972；Dening 2004；Gillis 2012；Mack 2011；Sahlins 1985）。与古代和近代早期相比，中世纪时期海岸和岛屿的历史受到的关注较少，但它们在根本上具有相同的主题。本文采用迈克尔·皮尔森（Michael Pearson）在 2003 年提出的"沿海社会"（littoral society）一词并加以扩展，用它来代表生活在海边，或至少在某种程度上生活在海上的群体和个人的经济、社会组织以及网络。这是很有用的。正如约翰·吉利斯在其重要的世界海岸史中所展示的那样（Gillis 2012：3—8），中世纪的沿海同样成为独特的历史地点，它既是人们安家的水域边缘的"门槛"，也是"广阔的环境"。就岛屿而言，它的沿海为它作出了定义。正是它们的海岸使大小不同、地理位置各异的岛屿被归为同一个地理类别。海岸赋予岛屿多变的边界和连接，因此我们可以用地中海学家霍登（Horden）和珀塞尔（Purcell）的说法，称其为"全方位的连接"（2000：225—226）。同时，某些岛屿和群岛本身已被颇有成效地理解为它们当中的边界和它们自身的边界。在中世纪，不仅克里特岛（Tsigonaki 2019），还有西西里岛（Darley 2019）、索科特拉岛（Harpster 2019）和斯里兰卡，所有的大岛和群岛中心，以及沿海小岛杰尔巴（Jerba）（Holod and Kahlaoui 2019），都具有边界的特征。和其他时期一样，中世纪的海岸和岛屿都是"两面的"，既面向陆地，又面向海洋。[①]

下一节探讨的是边界、交叉点和海上沿海世界的历史，将以两个主要主题为背景：人类的作用，特别是在海上流动中的作用问题，以及平衡隔绝与连接的地质历史动力。跨海迁徙、在以前无人居住的土地上最初的殖民、随后的定居，以及海岸和岛屿的人口产生和消失的过程，这些过程中人的作用，引出了人类流动的动机的难题。正如岛屿考古学家阿索尔·安德森（Atholl Anderson）所言，"关于海上迁徙的一个持久的问题是：什么推动了它"（2006：33）。安达卢西亚人一路航行（*periplus*）来到克里特岛，据说是剧烈的冲突而导致的，它证明了我们今天都太过于熟悉的海上流动的一个强大动机。冲突当然并不是出海的唯一原因，无论出海是集体的还是个人的，也无论是强迫的还是自愿的：寻找新土地和开发海洋资源、贸易和其他形式的物质交换，以及宗教事业和朝圣，均构成了对特定历史环境和"海

---

① 要了解现代初期沿海社会的"两面"性，可参考乔纳森·米朗（Jonathan Miran）对红海港口枢纽马萨瓦（Massawa）的研究（2009）。

洋本身……提供的机会"的回应（Purcell 2005：115）。

关于在海上陆地的最初的殖民和定居，本章所涵盖的 9 至 15 世纪这段时期可谓"中世纪"一词所引发的关于大西洋、地中海和印度洋的岛屿和海岸的"中间性"的真正例证。一方面，在这几个中间的世纪，在早期人类迁徙的史前时期和最早在一些最偏远岛屿上开始有人口居住的远古世界，与后来对印度洋马斯卡林群岛（the Mascarenes）等地球上最后一些无人居住的海洋岛屿进行占领的近代早期之间，这些海域的岛屿上似乎很少或没有新的人类定居。而另一方面，在太平洋地区，饶有趣味而知名的波利尼西亚东部群岛的定居人口，现已知是在 11 和 13 世纪之间经历了两次激增。近年来的一批研究极大地修订和缩短了东波利尼西亚被最早殖民和居住的年表，它们部分基于近年来的放射性碳年代测定，部分基于对早期证据的复议。虽然它不是定论，但在统计学上是有力而令人信服的（Wilmshurst et al. 2011：1815—1820）。对于全球海洋岛屿随着时间的推移被逐渐填满的过程，我们在任何情况下都不应该以线性的方式来思考。至于社会史及其对海洋文化的影响，实际上有必要注意到岛屿和海岸有时变得人烟稀少，而且确实在一段时间内完全空无一人的情况。马耳他岛这样一座位于中心地带、易于到达的岛屿，似乎经历了一段人烟稀少的时期，当时只有猎人、采集蜂蜜者和渔民登上它的海岸（Dalli 2016：371），这说明了岛屿以及沿海社会在外部力量面前的脆弱性（Purcell 2013：98—99）。珀塞尔还进一步将海上流动解释成这样的概念："……一个大国或小国、一个群体，抑或具有地方性或更广泛权势的个人，在组织和汇集劳动、专业知识，以及强化海上活动所必需的合适材料等领域的各种不同的和不断变化的能力。"（96）这样就有助于将地中海历史和其他以海洋为中心的历史的透镜同时聚焦在创建海上岛屿和沿海文化的过程及人类作用两方面上。总之，海上迁徙、被迫迁徙和在海岸之间（包括岛屿海岸之间）的流动等现象导致了将在本章中进一步进行探讨的文化特异性。

克里特岛的安达卢西亚埃米尔（Amir，统治者）的故事所引发的第二个主题是海上地点，特别是（但不仅是）实际岛屿的连接与隔绝之间的平衡。冲突不仅迫使安达卢西亚人从瓜达尔基维尔河（Guadalquivir）畔来到克里特岛海岸，同时也让他们在岛上有了容身之处，因为外部的武装力量被战争极大削弱而无法干涉。由于地理的隔绝和一系列历史局势，溃败奔逃的造反者居然成了扎根于此的埃米尔，一个岛屿酋长国得以出现。不过，这种隔绝显然是依情况而定的，并不意味着这座岛屿或任何其他岛屿与它前方的陆地完全隔绝。就克里特岛而言，我们可以看到它与来自突尼斯海岸的海盗、与一些较小的爱琴海岛屿都有极深的关系。其中一座岛屿，基克拉迪群岛中的纳克索斯岛（Naxos in the Cyclades），向克里特岛的埃米尔进贡（Christides 2018：1—4）。即使在非常不同的，不管是在从阿拉伯语 "al-'udwa" 或希腊语 "he peraia" 所表示的紧密交叉点的意义上其大陆海岸很难被解释为 "对面" 的海域中，还是在其岛屿拥有地球上可以想象到的最坚固的海岸线——比如大洋洲群岛——的海域中，我们都在黑曜石、玄武岩、植物的流通和工具的相似性中发现了岛屿之间，甚至岛屿与遥远的南美海岸之间相互交流的证据（Rainbird 2007：112；Wilmshurst et al. 2011：1819—1820）。较早的研究和较新的修正工作对这一点都意见一致，不过阿索尔·安德森和其他一些学者更晚近的研究都重复主张偏远和隔绝的重要性，并指出，一些岛屿如拉帕岛（Rapa）和拉帕努伊岛（复活节岛）更加偏远，并且由于各种原因而更加隔绝，在这些原因中偏远只是几种因素之一（Anderson and Kennett 2012：254；Martinsson-Wallin and Crockford 2001：244—278）。总之，在隔绝和连接之间不断变动的平衡，是海岸和岛屿历史至关重要的变量，而且在本文所考察的时期，它表现在许多不同文化与海洋世界日益密切的关系中，也表现在特定的岛屿想象和形象的发展中。

最后，海岸和岛屿的历史如何帮助我们理解"中世纪时期"呢？中世纪一词是为欧洲历史而发展起来的。近年来，"全球中世纪"的概念试图将这个词从以欧洲为中心的传统中解放出来，但可以理解的是，要把全球大面积的范围囊括在内，仍需要取得进展。比如说，同时也非常重要的是，在关于海岸和岛屿的章节中，太平洋岛屿或加勒比海地区所占据的广阔面积通常不被包括在中世纪历史中，尽管这两处的考古数据可以追溯到完全与"中世纪"相同的几个世纪。相反，现代海洋学，即自 20 世纪中期以来发展起来的优先考虑海洋空间、不以陆地研究框架为中心的历史方法，曾主要把重点放在地中海上，但近年来也大量涉及印度洋、大西洋世

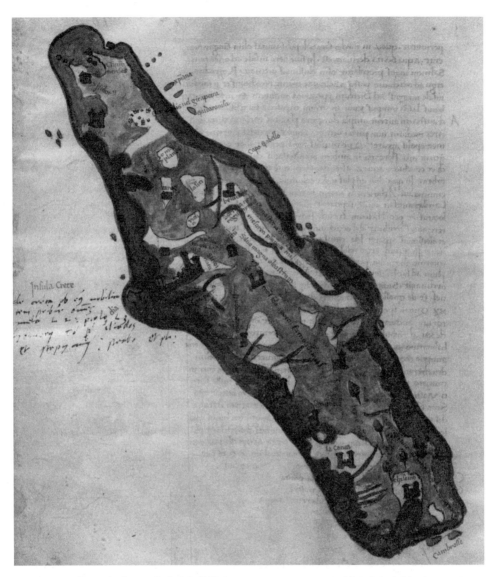

图 5.2　克里斯托弗罗·布昂德尔蒙蒂（Cristoforo Buondelmonti）《海岛之书》（*Liber insularum archipelagi*）中的克里特岛细部，约 1465—1475 年。纸本水粉。© Bibliothèque nationale de France，Département Cartes et plans，GE FF-9351（RES）.

界、加勒比海和中国东海。不管是在全球中世纪史学家中还是在海洋学方法中，把重点放在岛屿和沿海都有助于定义前现代时期全球的多样性和连通性，并能设法解决地区主义史学研究的局限性。本章所述的几个世纪见证了重大的转变，海岸和岛屿在其中扮演了关键的角色。从经济角度而言，这一时期的特点是印度洋和地中海体系日益的一体化，以及人类的努力在太平洋的扩张。从环境角度而言，这一时间间隔包含了两组复杂的气候现象：中世纪暖期（或中世纪气候最佳期）和所谓的小冰河期的开始。前者与气候变暖和海平面上升有关，它导致粮食生产和资源开发发生一系列变化。小冰河期的到来虽然远不至于阻止经济一体化，但它可能导致较脆弱的沿海和岛屿环境中本地经济的衰退和人口减少，红海重要的海上走廊就是这类地方，沿海和岛屿的旱灾和粮食不足与近代早期的政治不稳定有关（Serels 2018）。此外，正如艾曼纽埃尔·瓦格农在本卷中所述，这一时期同时也见证了描绘海洋空间新方法的发展，即通过绘图把遥远的海岸在精神和视觉上相连的方法，尤其是描述岛屿，在认知、话语和视觉上"使它们岛屿化"的方法。在中世纪对地中海、印度洋和中国东海的地理上和地图上的视觉再现中，海洋空间被描绘成岛屿的世界，比如 11 世纪埃及地理概要《奇珍之书》中印度洋的视图。岛屿地图集（*isolario*）这种新的文学体裁是一种仅热衷于岛屿的地理学流派，它使中世纪作为岛屿和海岸被系统地想象为地理历史现实的时期有别于其他时期。最早的例子是克里斯托弗罗·布昂德尔蒙蒂 1420 年的《海岛之书》（Buondelmonti 2018；Legrand 1897；Tolias 2007），其中有一些绘图，如图 5.2 的克里特岛地图，显示出当时对岛屿地形的展现已具备了更多的细节。

政治边缘：边界、国家和无国家

克里特岛曾是短命的穆斯林酋长国，也曾是拜占庭的一个省，在克里斯蒂娜·齐格纳基（Christina Tsigonaki）对晚期古克里特岛的恰如其分的描述（Tsigonaki 2019）中，克里特岛是大海中央的边界。亨利·皮雷纳（Henri Pirenne）（1937）的观点也很有名，他将中世纪的地中海描绘成一片分裂的海洋，由对立和敌意共同组成，因为它的南、北海岸分别被基督教和伊斯兰教国家及文化占据。事实上，在中世纪时期的政治现实中，海岸呈现的特征与在罗马帝国鼎盛时期是不同的。阿拉伯语"*'udwa*"（岸）一词在语义上会带有冲突的意味。而且，阿拉伯语用来描述边境之地，尤其是地中海（后来才包括印度洋）的港口和海岸的"*thaghr*"一词，让人联想到"伊斯兰家园"（*dār al-islām*）和"战争之地"（*dār al-harb*）之间的敌对概念，并由此表明了一个分裂世界的观点的流行。早期的穆斯林哈里发和他们的继承者们加强了地中海港口的防御，早期的伊斯兰史学编撰经常把海上战争归到不同的章节，并特别强调对岛屿的征服。但在更重字面意义的层次上，"*thaghr*"的意思是开端或入口，并演变为仅表示港口，与拉丁语表示门口、入口的"*portus*"一词的演变差不多。而且，"*'udwa*"一词的语义范围包括"某处的对面"这种更中性的意思，类似于希腊语中表示一个有利位置（通常为一座岛屿）对面的海岸的"*peraia*"一词（Horden and Purcell 2000：133）。此外，阿拉伯语"*sāhil*"（海岸）一词通常兼指海岸和港口。在地中海，如亚历山大港的历史所示，港口和海岸既是具有争议或处于边缘的边境之地，也是外交的边界。因此，即使不采纳皮雷纳的伊斯兰教兴起时时间发生深刻断裂或领土、人民和文化之间被过度划分边界的概念，我们仍然可以表明，古代晚期和中世纪地中海世界的政治不统一是近代早期之前的几个世纪中沿岸地区政治状况的一个重要动力。

不过，虽然地中海和其他海域的沿海和岛屿空间，在以地中海为中心的中世纪想象中被解释为分割"伊斯兰家园"和"战争之地"的边界，但它们在政治上往往是模糊的。在中世纪早期，以陆地为主的辽阔帝国，特别是阿拔斯哈里发国（750—1256 年）或中国唐朝（618—907 年），对海岸的统治从来都不是完全稳固的，相较于组织严密而集中的政府，海岸地区的政治边缘状态是更为普遍的现实。海岸和岛屿通常不是国家的土地，是陆地政权常无法触及的政治上模棱两可的区域。在中世纪后期，也门的拉苏里王朝（1229—1454 年）统治着一个跨区域相连的国家，其领域跨越全球贸易的关键十字路口，可以说它奉行的是"跨洋政策"（Vallet 2005，2010）。然而，它对自己的海岸和南阿拉伯沿海岛屿的直接控制却显得微乎其微。相反，沿海地区属于部族实体的管辖范围，与内陆政权虽然不相接但保持着联系。

这种碎片化统治权的现象在岛屿的情况中往往更明显：它们像海岸一样，往往远离以陆地为主的政权和帝国实体。在 12 世纪，位于现卡纳塔克邦（Karnataka）的卡达姆巴王朝在印度竖起了几座以海洋为主题的英雄石碑，在碑文中，一位君主夸耀自己是西大洋的统治者，并通过一座船桥征服了斯里兰卡（Tripati 2005：4—5，7）。在各种不同的大陆主体的描述中，尤其是在东亚和整个伊斯兰世界的描述中，这些夸耀征服和占领的故事中的神话元素都是类似的，它反而使岛屿和海洋产生了距离。正如詹姆斯·L.史密斯在本卷中所述，中世纪阿拉伯奇迹文学的宝库中，充满了由乌托邦或非乌托邦政权统治的岛屿（Lauri 2013；Toorawa 2012），并且与欧洲和中国的模式一样，一个异常有趣的传统是女性统治岛屿（Toorawa 2012）。所有这些虚构岛屿的遥远难及和他异性的特点，可能同样反映了以陆地为主的大陆主体政权在试图主宰海洋领土时所面临的困难。从中世纪一直到近代早期曙光中托马斯·莫尔（Thomas More）《乌托邦》（*Utopia*）所讲述的乌托邦式的故事里，正因为岛屿超出了大陆政治可触及的范围，它们在大陆的语境中会被想象为政治和社会的实验室。印度洋地理现实与小说的编者阿布·扎伊德·西拉菲（Abu Zayd al-Sirafi）在向 10 世纪可能有文化但非沿海地区的听众演讲时，说道，"大海充满了无数这样的故事，充满了水手们找不到的禁岛，充满了永远无法到达的其他岛屿"（*Akhbār al-sīn wa-l-hind* 2014：28—29）。

海岸可以成为藏身之处和逃跑路线，这在一定程度上是由于它的政治边缘性，而岛屿则是政治异见者和暴发户的理想避难所，克里特岛酋长国的产生便是如此。在海岸和岛屿上也有大量的监狱和流放地。这既是大陆把岛屿想象为有边界而可控制的空间的传统主题，也是受上面讨论的政治地理轮廓所决定的现实。如果国家无法控制行为者，那将他们驱逐到难以到达之处的"监狱"会更容易。13 世纪的旅行家伊本·穆贾维尔提供了一份他称为"国王的监狱"的清单（Ibn al-Mujawir 2008：138）。被神话中的君主和历史中的统治者当作大牢的这些地方，包括达赫拉克（Dahlak）、阿伊扎布、西拉夫和亚丁，它们都位于水域的边缘，在 13 世纪之前都是红海和波斯湾最重要的海上枢纽。唐、宋、元时期的中国帝王在培养神圣和理想化的岛屿观念的同时，也将持不同政见的人或名誉受损的官员流放到岛屿上（Luo and Grydehøj 2017）。我们或许应该对这些岛屿和沿海监狱的说法持怀疑态度：在前现代时期，在交通运输和监控技术提高之前，它们都不符合将囚犯囚禁在受监视空间的情况。中世纪的岛上监狱不是罗本岛或恶魔岛①，它们是流放之地，陆上的政权期盼着在这些地方，它们的不良分子会在相连的网络之外自生自灭，或者至少留在国家统治权的边界之外。

如果惩戒性监狱的建立证明了国家统治权的边缘和界限，那么另一种在某种程度上相反的现象——在水域边缘建立独立或半独立的政体，则暗示着政治上的海岸和岛屿。历史学家塔拉比（al-Thaʿlabi）在描述 10 世纪波斯湾两岸政体的君主时，将里德万·b.贾法尔·朱兰达（Ridwan b. Jafar Al Julanda）称为"水域领主"和"胡祖堡（Fort of Huzu）领主"，胡祖堡是一座要塞，也起到海上观察塔的作用（Williamson 1973：25）。处在水域边缘的各类政体，包括亚丁的祖莱伊德王朝，当然还包括意大利的海上共和国比萨、热那亚和威尼斯。在西班牙，倭马亚王朝之后的政体，如德尼亚的泰法（taifa of Denia）小国，也将自己与内陆的敌、友邻国区分开来。东南亚的港口城邦和南亚的海岸线地带附属国也属于这类海上地区性国家。从克里特岛、西西里岛、达拉克斯岛、奔巴岛、桑给巴尔岛、马尔代夫、斯里兰卡等不同类型的岛屿和群岛上发展起来的具有独立性质的中世纪政体，表明了岛屿内部、岛屿与岛屿之间、与大陆海岸之间的政治经济互联互通以及统治权现实。实际的统治权的现实出现了，不是格劳秀斯和塞尔登在近代早期提出的关于自由或受控制的海洋空间的法律思考中尊奉的那种，而是通过有效控制资源和特定的陆—海领域流通而实现的那种，我们可使用试图描述特定的岛屿和海洋文化空间范围的地理术语，称之为"海上领土"（merritoires）（Fleury 2013；Needham 2009）。

129

经济边缘：丰富的海上资源、互补经济和贸易的十字路口

如韦恩-琼斯和哈兰德在本卷《实践》一章中所述，海产品是沿海地区经济

---

① 罗本岛（Robben Island）是南非西开普省桌湾中的岛屿，为南非一监狱所在地，曾监禁包括纳尔逊·曼德拉（Nelson Mandela）在内的政治犯。恶魔岛（Alcatraz），或译为阿尔卡特拉兹岛，位于美国旧金山，曾是联邦监狱所在地。——译注

与文化的显著特征之一，其包括从维持沿海地区人民生活及其活动的日常饮食和主食，到将他们与贸易网络和市场联系起来的美味佳肴和其他海洋特产。通过伊本·穆贾维尔和伊本·巴图塔（Ibn Battuta）等旅行作家，我们看到了对印度洋沿岸地区不那么虚构的描述，看到了真正的岛屿和海洋民族的经济和文化实践，他们让我们对这些人群如何与他们海上王国的丰富资源在文化上相连有了更好的理解。旅行者及其他作家是从大都市、从主要生活在陆地上的人的视角去接近海岸，他们都坚持海产品的主导地位，对于他们和其读者，海产品充满了异国风情。然而，这些记录中的参考文献，以及韦恩-琼斯和哈兰德所查阅的考古记录都表明，沿海地区的大多数人都以各种方式追求典型的混合饮食，各有不同地结合了鱼类、软体动物、水鸟与陆地哺乳动物和其他动植物。在中世纪的其他背景下，甚至迁徙至外大洋洲岛屿的无畏水手和到达北美海岸的斯堪的纳维亚人，也定居在海岸附近从事农耕活动。这些活动也属于混合经济的一部分，这种经济是海岸的特征，也是各海上领土海产品与陆产品紧密结合的例证。

以海陆互补性维持生活与商业经济常常使沿海人民的生活具有明显的季节性和男女不同的劳动分工。11 世纪穆斯林博学家阿布·拉伊汗·比鲁尼（Abu'l-Rayhan al-Biruni）指出（1936—1937），在波斯湾，采珍珠的最佳时间是春末夏初，而按照 16 世纪弗朗西斯·泽维尔（Francis Xavier）的说法，在马纳尔湾，采珍珠的好年份与岸边产量很少而无法采集的其他年份是交替出现的（Schurhammer 1977：2：312）。正如后来民族志上记载的时间，从事这些工作的劳动力肯定是把一年其余的时间，或者没有收益的年份，都花在其他海洋活动上，或者花在照料陆上的羊群和枣树上。在中世纪的英格兰，鱼类沿着海岸的季节性迁徙，在陆地上举办的出售大量渔获物的集市上反映出来。事实上，"集市"（fair）一词在词源上来源于"迁徙"（voyage）一词（Kowaleski 2010：118—122），它显然也表示了季节性。

中世纪沿海地区的居民，尤其是岛上居民，除了维生、饮食和烹饪之外，还为远方的市场获取各种产品。正如布罗代尔所言，这些商品对于岛民意味着"应得的名声"（1972：1：157）。在岛屿本身范围之外流通的岛屿商品，包括主要或仅在生态独特的岛屿微环境中产生的特殊自然资源——想想希俄斯岛的乳香（Bakirtzis and

130

Moniaros 2019）、索科特拉岛的芦荟和"龙血"（Biedermann 2006：48—49），或者中世纪的例子"香料群岛"的肉豆蔻、肉豆蔻皮和丁香——或者被它们与世隔绝的标签所强化的更普通的商品，如葡萄酒、奶酪、金属和陶器等。在帝国主义时代和近代早期原始殖民主义时代之前，岛屿产品"出名得让人稀奇，远远超出它们的内在价值"的矛盾性（Horden and Purcell 2000：227）看来多半是给岛屿居民带来了益处，且证明了他们对区域和跨区域网络的参与。与之形成对比的是众所周知的由外来者开发的密集的岛上单一栽培——大西洋和印度洋的糖岛便是其例子。布罗代尔指出，对于得到它们的岛屿社会，这种情况被证明是有害无益的（1972：155—157）。

在更广泛的意义上，从根本上区分并联合岛屿与大陆沿海经济的，是它们主要通过海上网络的连接和海产品的获得。除韦恩-琼斯和哈兰德论及的鱼的美味，以及兰伯恩在本卷引言中探讨的仙卡（见图0.5）之外，在中世纪时期，海洋的丰富资源会被转化为特产，包括珍珠、珍珠母贝和其他珍珠贝壳、玛瑙贝、玳瑁壳、珊瑚、龙涎香、紫贝壳和香味贝壳等。珍珠占据最重要的地位，这证实了比鲁尼关于珍珠具普遍吸引力的著名说法（al-Biruni 1936—1937）。珍珠和采集珍珠对更广范围的印度洋贸易的重要性，在拉苏里王朝在亚丁港的其统治范围内唯一一座沿海铸币厂铸造的硬币的图案中有微妙的暗示（图5.3）。虽然鱼作为黄道星座双鱼座或处

C 268

图5.3 港口城市亚丁的铸币厂出产的拉苏里王朝银迪拉姆上，鱼围绕着珍珠游动，791/1384—1385。哥本哈根戴维收藏美术馆藏品，c268。©Pernille Klemp. The David Collection.

女座的一部分偶尔会出现在伊斯兰货币中，但此处两条鱼围绕着一颗珍珠的图案明确指出了这座港口的海上重心和财富来源。珍珠和珍珠母贝以及其他类似珍珠表面的贝壳确实是最终广泛地流向非沿海领域的沿海劳动者的产物，它们将大海的质地和形象从海岸转移到内陆，落在城市的墓碑、家具和服装上。

但是，沿海居民自己如何对待他们所获得的珍品呢？13世纪也门渔夫的故事中呈现了一丝线索。渔夫在海上偶然发现了一大块龙涎香，捡起这块漂浮物，却不知道它的价值。他后来回到岸上，因为没有柴火，就把它拿来烧火取暖，由此他得到一个可笑的绰号"在炉里烧龙涎香的人"（Ibn al-Mujawir 2008：145—146）。显然，龙涎香往往都是由渔夫和海滩拾荒者获得的。这个民间传说也传达了海岸边的生活与沿海产品被消费之处的生活的差异。在中安第斯的奇穆（Chimu）王国（约公元900—1470年），色彩耀眼的海菊蛤贝壳属于奢侈品，与它在接触外来文化之前的中美洲和南美洲的许多文化中的地位一样，而且它也表明了海岸沿线之间以及海岸与内陆地点之间的长距离贸易网络（Pillsbury 1996；Velázquez Castro 2017）。潜水采海菊蛤者工作的场景（图5.4）有趣但晦涩地表明了沿海采集者和消费者之间的这

图5.4 安第斯中部奇穆金耳轴，上有潜水者乘船去采集珍贵的海菊蛤贝壳的海上场景，13至15世纪，亚特兰大，迈克尔·C.卡洛斯博物馆，1992.015.261A/B。© Michael McKelvey，Michael C. Carlos Museum，Emory University.

种距离（Pillsbury，Potts，and Richter 2017：93，171，200）。但相反地，也有沿海精英把贝壳等海洋奢侈品以和在内陆大都市等同的价值来使用。公认的是，在中世纪晚期和近代早期从孟加拉湾到大西洋以及在它们之间的许多地方，尤其是西非内陆和中国云南，玛瑙贝都是作为货币被使用的（Hogendorn and Johnson 1986）。在马尔代夫采集的玛瑙贝出现在群岛的许多考古遗址中（Haour，Christie，and Jaufar 2016），也出现在西拉菲的文字中，他在 10 世纪就写到，它们在当地被用作货币，甚至在早期主权财产的例子中，它还被岛上的女王储存起来（*Akhbār al-sin wa-l-hind* 2014：24—25）。从玛瑙贝和仙卡等物品的流通和它们的象征意义，可以推断海岸、内陆和沿海地区之间连接的机制。在这方面，重要的是要考虑到某些海岸居民把自己变成枢纽，专门起到连通的作用。此外，沿海地区的物质文化和宗教实践也表明，海上文化以各种不同的方式融入了海岸和岛屿文化。接下来的两节将探讨沿海文化的这两个方面。

在边缘相遇：流动人员、投机分子和沿海中介人

在美文作家哈利里（al-Hariri）的阿拉伯韵文名作《玛卡梅》（*Maqāmāt*，故事集）的第 39 "节"（章）中，主人公萨鲁伊（Saruj）的阿布·扎伊德（Abu Zayd）一边说话一边登上了停泊在巴士拉（Basra）并准备启航的一艘船。13 世纪上半叶的两位插图画家也许是被登船那一刻的活力和寓意以及人物所连接起来的海岸、海洋和船并存的生动情景所吸引，他们选择为这部被大量复制的作品描绘这一场景（图 5.5）。文字接着描述了这个骗子向上船的人承诺要给予他们旅行者的特别祝福，还描述了接着发生在远海的不幸遭遇，以及后来在无名岛的海岸上所有人的获救。正是因此，图像形象化地突出了海岸的性质，它是陆地和海洋交汇之处，而文字和图像共同将海滩设想为——借用约翰·麦克一篇关于海滩的重要文章的说法——
"漂流者、神灵、疯子"和更笼统的"边缘人物"的领域（2011：166—172）。阿布·扎伊德这个角色是典型的边缘人物，是"*ibn al-sabīl*"（路之子）（al-Hariri 1898：2，95），如他自己在文中认同的那样，是一个名副其实的流浪汉，一个骗子，他的改变和穿越边界的神力在这个故事和《玛卡梅》中讲述的其他冒险故事中逐渐得到

图 5.5 岸上的骗子阿布·扎伊德一边说话，一边登上了一艘远洋船。哈利里《玛卡梅》插图手稿，13世纪早期。圣彼得堡，俄罗斯科学院东方手稿研究所，Ms. c-23, fol. 260。© Heritage Images/Getty Images.

呈现。

于是，通过文字和图片，阿布·扎伊德让我们意识到，海滩是逃生路线，是流动人员和外来者常居住的过渡地带。在这样的空间里，虽然潜藏着流亡和疏远带来的风险，但也充满着重生和重新开始的机会。在海岸上出现的一类人面临着危险和痛苦的转移，他们就是奴隶。哈桑·卡里利耶（Hasan Khalilieh）通过研究法律和文献资料，描述了船上奴隶法律地位的动态（Khalilieh 2010），更广泛而言，中世纪奴隶制的地理分布表明了中世纪被奴役者在海岸间穿越是常见的经历。这些转移留下的物质痕迹不像后来的大西洋奴隶贸易中奴隶贩子沿岸建造的基础设施那样突出，而且总体上，那段时期有关奴隶的考古遗迹很少（Insoll 2003：54），但在一处中世纪的遗迹中，大达拉克（Dahlak Kebir）岛上的大量蓄水池，与文献资料关联起来，证明了奴隶是从非洲之角经由海岛转移到也门、埃及、印度洋以外以及地中海（Insoll 2003：54—56）的。值得注意的是，艰险的穿越，甚至与奴隶制结构相关的穿越，并不会无法改变地走向一种单一的命运，那些在转移中找到机会的人的故事在历史记录中清晰显现，在海岸上和海岸之间不断发生。一个令人瞩目的例子就发生在红海南部同样的海岸和岛屿上：11 世纪晚期，统治也门蒂哈马（Tihama）沿海低地的阿比西尼亚（Abyssinain）奴隶王朝的君主三兄弟被高地的敌人赶出了他们的领土。他们穿越大海逃到达拉克岛，在岛上与当地君主结盟，重整军队并筹划从岛上反攻。在被第二次赶走之后，三兄弟之一的杰亚什·本·纳贾（Jayyash bin Najjah）逃往也门亚丁港，横穿阿拉伯海到达印度西部海岸，最终带着一位印度女奴小妾返回，她很快成为纳贾王朝下一任统治者的母后（al-Umara 1892：81—93）。这个故事发生在海上贸易日渐增多的十字路口，正如 12 世纪也门的年代史编者所讲述的那样，它是在中世纪印度洋世界中穿越和机遇的故事，同时也反映出中世纪奴隶制的流动和多样化的结构。

　　机会也存在于更平常的穿越，特别是阿布·扎伊德航海故事里顺便提及的跨地区贸易中，在其他各种中世纪文献中也有充分的证据。跨文化贸易，即跨地理、政治、种族、语言和宗教分歧的贸易，发生在特定的空间，并需要中介人（Curtin 1984）。格雷格·德宁（Greg Dening）（2004）隐喻性地使用"海滩"来谈论空间甚至商谈代理人，这与中世纪不同民族之间跨区域、跨海洋联系日益紧密的背景非常吻合。值得注意的是，中世纪的海岸上和海岸之间据记载有许多商谈模式。无声交易，即在对这一现象的经典记载中的海岸线相遇——希罗多德讲述的公元前那一个千年中期海上航行的迦太基人和他们在非洲大西洋海岸的贸易伙伴之间的贸易往来——同样也有中世纪的例子。阿布·扎伊德·西拉菲记叙了一次与尼科巴群岛（the Nicobar Islands）的岛民进行的交易，他们用铁和衣物交换龙涎香、椰子等物品，整个商谈都是通过手势进行的（*Akhbār al-sin wa-l-hind* 2014：5—6，9）。从表面看，无声交易似乎只需要最低限度的接触，因此，无论是真实的还是想象的，它都表达了最大限度的文化距离。同时，在一些记录较详细的例子中，这种做法也表明，互惠、公平交易以及根本的相互依赖是共同的观念（Bonner 2011；Sacks 2014：

65—85）。

另一种不同的、更为普遍的交易模式基于经纪人的势力范围，他们在沿海边缘、港口城市等地方的不同参与者之间周旋。在中世纪跨地区贸易的研究中，这类人受到了许多关注。他们扎根在穿越的路口，推动着贸易，扮演着"跨文化经纪人"的角色，这是菲利普·科廷（Philip Curtin）（1984）在其经典的跨文化贸易著作中所提出的概念。这些促进者为他人进行翻译、周旋和商谈，他们的种种头衔在欧亚非各地的不同文学和文献资料中都得到证实，其中最突出的，是从地中海延伸到东南亚贸易界的阿拉伯语言领域的 "wakil al-tujjar"（商人代表）、"amir, kabir/rais/malik al-tujjar"（商人王 / 商人领袖）和 "shahbandar"（港口领主）（Goitein 1967—1993；Goldberg 2012；Margariti 2007；Prange 2018）。这些头衔呈现了沿海社会的资本以及制度安排，它们可能在正式程度上有所不同，但是，在主要来自海外的个体商人与接纳他们的海岸群体或政府之间，它们都发挥着接口的功能。

在中世纪，在世界逐步全球化的背景下，这种接口总体上变得更加密集，它所生成的制度在现代世界的开端也有着相似之物。米朗（Miran）在提到 19 世纪的马萨瓦（Massawa）港时写道，"经纪人制度和商业赞助在以商业为导向的城邦等环境中"尤为普遍，"在这些地方缺乏强有力的中央集权和规范的官僚政府的情况下，经纪人起到了促进国际商业关系的作用"（Miran 2009：114）。米朗注意到在西印度洋各地的商业文化中这些制度之间的密切关系，他得出结论，认为在连续的殖民政权下，"一个自信的、中央集权的现代型行政管理政府的出现"（114）改变并削弱了早先起作用的本地经纪人的角色。中世纪港口城市中中介人的存在使得这些港口城市不论是在字面上还是在象征意义上都成为海岸不可分割的一部分，因为它们是相遇和商谈的枢纽。

沿海文化景观：物质文化和习俗

海岸和岛屿撑起了"海洋文化景观"，这个词由挪威考古学家克里斯特·威斯特达尔（Christer Westerdahl）提出，用来表达"陆地和水下海洋文化遗迹的统一"（1992：5）。尽管海洋文化景观的性质和独特性仍有争议，但对海洋景色的强调已被证明是非常有用的。在岛上民族和沿海民族的文化中，海洋并不是一种无所不在的力量。但是，由于岛上民族和沿海民族显示出"对世界的理解，不仅仅是通过与陆地的关系，而是同样地甚至更多地通过与海洋的关系"（Rainbird 2007：49），因此在他们的历史中，海洋文化景观是显而易见的生成力和汇集点。毗邻大海、容易接近大海、对海上运输和货物在海上流通的依赖，以及与海洋食物资源密切相关的生存模式，都让他们的物质基础有别于其他（Crumlin-Pedersen 2010）。从海岸和岛屿的优势角度出发，海洋文化景观的表达在建筑和建筑环境上、在不同物体和表达的海洋画面上、在宗教和葬礼习俗中都各不相同，但也呈现了一些共性，因此包含了物质性、视觉性和精神性。

从物质性开始，沿海岸拾取、提取或清理而得的建筑材料将中世纪几处沿海地区的建筑景观区分了出来。在热带、亚热带海洋沿岸，如对红海、东非海岸和马尔代夫遗址的考古调查所表明的那样，住房、海堤、城墙、纪念碑都是用水下凿取的新鲜珊瑚或在海岸地带变成化石的珊瑚建造的（Horton 1996；Insoll 2003）。伊本·穆贾维尔对沿岸地区的世俗物质文化有罕见的文字描述，他反复提到珊瑚块的使用（Ibn al-Mujawir 2008：235）显然是因为在他眼中这是红海文化的特色，从而为今天的建筑史学家使用"红海风格"（Red Sea Style）一词提供了铺垫（Um 2013）。另一个海洋建筑材料的例子是红树林的木材，红树林是一种真正的两栖树，生长在热带海洋河口并保护着浅滩。红树林的木材不仅被用于陆地的建筑物——从拉姆群岛的尚加到阿拉伯湾的西拉夫，西印度洋中世纪时期的建筑中都有红树林的木桩——它还与其他长距离运输而来的木材一起被用于造船，因此，不管是在字面上还是在象征意义上，它们都将遥远的海岸彼此相连。

最终被沿海居民用掉，并可能在建筑环境中得到再利用的沉船木料，形成了独特的物质文化的一个专门类别。沉船在物质上的再利用让人们联想起陆地和海洋的边界，以及穿越边界的移动中与众不同的"循环性"，而常围绕着这样的再利用出现的话语——在讲述建造大厦的故事形式中可见——显露出这种联想可能对沿海地区的人们意味着什么。生活在海岸的人们依靠被冲上岸的海难船漂流货物建立起完整的生活，这一点在全球各个时期都有据可查，但漂流货物的各种用途以及它在任

137

何情况卜产生的关联，都反映了当时沿海人民的实际利益和精神关注的范围。中世纪的再利用的例子在许多资料中均可见。例如，开罗藏经库文献资料库中的一份 12 世纪的法律证词记录顺带提到了人们对也门南岸沉船木料的广泛兴趣和对它的收集（Margariti 2015）。在记录的这桩案件中，属于这艘处女航大船的沉船木料到底是在还是不在，成为确定乘客命运和判定他们幸存财产状况的必要证据。但是，在证实"崭新的木料"已被冲上也门海岸某些地方的字里行间，我们了解到了沿海居民收集木材的习惯做法和他们网络的范围。

在水域边缘收集的木材，可以作为各种陆上或沿海建筑的结构件而被再利用，如用在陵墓盖、房屋、船台和水下栅栏上，也可以回收再用于造船。有形状的旧木材在造船中的再利用，不仅在干旱和木材匮乏的地区，而且在靠近造船木材丰富的森林的地区，如波罗的海和北海等，都得到了证实。造船木在陆地建筑中的再利用，在红海老库塞尔遗址 12 世纪至 15 世纪的陵墓盖（Blue 2006：279—281），以及阿曼阿尔巴里（Al-Balid）遗址的"搁板、门楣和顶梁"（Belfioretti and Vosmer 2010）上都得到了证实。在维京时代的丹麦，木材被再次利用于造船和航道栅栏（Crumlin-Pedersen 2010；Hinkkanen and Kirby 2013：92）。不过，最令人惊叹的回收利用出现在那些讲述建造圣祠和宗教场所的故事中，其中用到了被冲到岛上和其他海岸上的沉船残骸和它大量的漂浮货物。在先知穆罕默德（Muhammad）的一生中有个著名的事件，在他的先知使命开始之前，他用从一艘在港口城市吉达海岸失事的拜占庭船上捡来的木材重新修建了克尔白的屋顶（Ibn Ishaq 1955：84）。这个故事在写于 8 世纪、修订于 9 世纪的最早的穆罕默德传记中有记载，在写于 11 世纪的麦加城初期历史中也有记载（Peters 1994：48—49），它由此强有力地证明了海洋与沙漠环境千丝万缕的关系，而沙漠环境曾被认为是对海洋怀有敌意的，这即使完全不对但也是众所周知的。据一个可能起源于中世纪的传统故事，印度的福音传道者圣托马斯（St. Thomas）把一块巨大的浮木从海上拖到陆地上，用它在印度次大陆上建造了第一座基督教圣祠（Schurhammer 1977：2：582）。在 20 世纪 60 年代对马尔代夫马累（Male）的星期五清真寺（Hukuru Miskit）开展的调查工作中，发现了早期清真寺 1337 年的碑文，它雕刻在 3 米长的柚木板上，木板的形状、所钻的洞和其他的切割，清楚地表明它起初是用在缝板船的船体上的（Kalus and Guillot 2005：27—36，figs. 3 and 4）。此外，东方基督徒的圣徒传记中保留有棺材的故事，它们将圣人的身体从伊比利亚一路带到伯罗奔尼撒半岛东部海岸。巴塞罗那的圣徒尤拉利亚（Eulalia）、瓦勒留（Valerius）和文森特（Vincent）在入侵的阿拉伯人手中殉难，他们的遗骸随后在地中海上漂流，被当地的教徒得到，他们将这些不可思议的漂流而来的遗骸放在后来修建的圣祠的中央（Kalligas 2010：13）。

在一定程度上出于对海上景色的关注，海岸上出现了明显面向大海的圣祠和陵墓。不管是在中世纪斯堪的纳维亚的文字还是在物质记录中登记的大量"岛上教堂和紧靠海岸的群岛教堂"，它们在确定位置时，从海上可见的视线和遮挡物都是很重要的（Westerdahl 2012）。由于受严格管理的地方的正统观念可能得不到应用，但也可能因为受保护的沿海水域的强大吸引力，海岸上的圣祠，尤其是岛上的圣祠，有时就会成为不同教派信徒共同拜神的地方。中世纪地中海各处的小岛和海岸上可见的圣玛利亚礼拜堂就是这样的例子，它们是拉丁和希腊的基督徒在途中做礼拜的地方，不过用的是陆地上根深蒂固的方式。这样的例子还包括兰佩杜萨（Lampedusa）岛，一直到 16 世纪，岛上的穆斯林和基督徒都是在唯一的圣祠中敬拜他们各自的保护神（Remensnyder 2018）。在印度洋的中部和东部海岸，免于海上危险的保护神观世音菩萨的神庙，以及许多相关的图像，都记录着佛教网络向东扩张的足迹（Bopearachchi 2014；Ray 2003：258—268）。陵墓和墓地遗址是威斯特达尔所称的海洋仪式景观的额外元素，它们同样反映了在沿海地区扎根的群体和那些穿越沿海地区的群体所关注的内容（Westerdahl 2012）。

因此，当局外人在消极或积极地创造岛屿拟像的文学和概念主题——监狱之岛、流放之岛、神圣之岛、福佑之岛——时，中世纪真正的岛上民族、沿海民族和海上民族也创造了他们自己的宗教景观，对供养他们的海上自然界和海上网络作出了回应。考虑这些回应，甚至有可能准确解释岛屿理论家在其他地方发现的陆地想象与海洋想象之间的辩证关系（Baldacchino 2008；Luo and Grydehøj 2017）。

最后，中世纪岛屿和海岸的历史，可以在"海洋的他异性"问题上给我们以指导。卡米尔·帕兰（Camille Parrain）（2012）用地理学和跨学科的方法研究远海，将海洋描述为"困难领域",它的他异性是由它的广袤、多变和复杂带来的,而且我们得知,海洋领域与沿海领域是不同的。相反,尼古拉斯·珀塞尔(Nicholas Purcell)则强调某些传统作者对海洋的敌意,他们没有对沿海、海岛和远海水域进行严格的区分。然而,除开不着边际的对海岸的他者化和对岛屿的孤岛化,中世纪时期与海洋元素的接触逐渐变得更加可见,我们甚至可以说,能够追踪到与海洋日益亲密的关系。如克里斯蒂安·弗勒里(Christian Fleury)所说,在当今海上交流增强的情况下,先进海上技术的发展和海洋地理知识的增长并没有带来与海洋元素更亲近的关系(2013:1—2)。事实上,21世纪遥控灯塔、20世纪超级油轮和19世纪蒸汽船的运用,都证明了恰恰相反的情况,证明了人类与水的多维性之间保持的距离。正如我们所见,中世纪的人们与海洋的关系甚至更为亲密,且形式多种多样,他们更密集地居住在陆地、海岸和岛屿上最朝海洋延伸的地带。

第六章

旅人

文字与语境

莎朗·木下

在历史和小说中，中世纪的旅人——商人、朝圣者、十字军和其他一些人——渡海的频繁和规律性都令人吃惊。然而，留给我们的关于他们船上经历的记载却相对较少。伊丽莎白·兰伯恩写到了在亚丁（靠近红海入海口）与印度西南部的马拉巴尔海岸之间的海上通道定期来往的犹太商人："仿佛是登船的简单举动把旅客和随行的一切置于濒死的状态中，只有在到达时才会让他们醒来。"（2018：33）可以肯定的是，在中世纪传奇故事，特别是源自（尽管是间接的）古希腊的传奇故事的发展中，海上漂泊扮演着重要的角色。譬如，中世纪的《泰尔的阿波罗尼奥斯》（*Apollonius of Tyre*），与它古典时代晚期的版本一样，是主人公的海上旅行所组成的故事，海上旅行的沧桑导致了情节的曲折复杂（Gingras 2006：secs.8—9；Kinoshita 2014：320—321），其最早的12世纪中期的古法语残存部分，以及最显著的13世纪中期卡斯蒂利亚西班牙语版本均可证实。在某些情况下，对轮船和海上航行的描述代表着古代文学航海主题的延续。中世纪末期奥尔良的查理（Charles d'Orléans）诗歌中的海上意象便是如此（Noacco，2006）。在这些例子中，精神的集中或许可以解释为何海上旅行观察的细节显得粗略。因此，本章着重于航行本身缺失的问题。它接受的挑战，就是要复原中世纪的旅人在船上的经历，包括真实的和文学中的。我的例子主要来自欧洲（包括西班牙的非基督教作家，比如图德拉的本杰明 [Benjamin of Tudela] 和格拉纳达穆斯林国王的宫廷秘书伊本·朱拜尔 [Ibn Jubayr] 的文字），再加上一些南亚的例子。[①] 要预计这样的记录在哪里出现并不容易：在记录同样旅行的两位作者中，一位可能添加了海上生活的细节，而另一位可能会毫不提及。总体而言，我们的作者从自身出发，对记录船上的生活并没有太多的兴趣，

142

①　感谢伊丽莎白·兰伯恩提醒我注意东方，尤其是南亚的一些例子。

在某种程度上只是为了满足更大的目标，即为了这些内容的叙事的政治性、文化性、神学性和戏剧性。[①] 这包括伊斯兰世界的叙事文学，它直到进入 17 世纪，都似乎关注传统主题而不是观察的细节（Hassan 2014; Zargar 2014）。著名的组图，如附在哈利里《玛卡梅》的某些 13 世纪版本中的印度洋船的插图（见图 5.5），仅是对海上旅行本身极其粗略的文字描述作出的补充，它们的作用主要是强化叙述中强调的印度洋世界和其居民的奇特性。

欧洲中世纪最著名的旅行家马可·波罗就是一个很好的例子。他出生于威尼斯一个商人家庭，大约在 1271 年 17 岁时与父亲和叔父一起离开家乡，经陆路来到忽必烈大汗的宫廷，其时正值蒙古在完成对南宋王朝的征服。在接下来的约 20 年里，马可·波罗一直为忽必烈服务，穿梭于他的帝国中，访问他的盟国和朝贡国。三人于 1295 年回到威尼斯。4 年之后，当时在热那亚监狱中当囚徒的马可·波罗，与一位叫作比萨的鲁斯提契洛（Rustichello of Pisa）的亚瑟王传奇故事作家合作，写下了一部他们称为《东方见闻录》(*Devisement du Monde*) 的著作（Polo 2016），在英文中通常被容易引起歧义地称为 "The Travels"（游记之意，即《马可·波罗游记》)。

尽管中世纪的威尼斯人对地中海有强有力的控制——他们的海外财产被统称为 "Stato da Mar"（海洋帝国）——但马可·波罗记录的大部分旅行都是陆上旅程。《东方见闻录》的海上部分仅限于《印度之书》("The Book of India")，描述了从中国东南部经印尼群岛，向西穿越印度洋的海上路线。这在一定程度上与三人从海路返回威尼斯相吻合——只因为陆路因与敌对的蒙古汗国的战争而暂时被封锁。即使在此，大海也只是被一笔带过。马可·波罗写道，爪哇岛是世界最大岛，"据熟知它的……杰出水手……说，大汗之所以没征服这个岛，主要是出于航程太远以及航路危险这两个原因"（Polo 2016：149）。桑杜（Sardan）和刚杜（Condur）是中国南海的两座岛屿，离现越南的海岸不远，它们之间的海水极浅，以至于"经过的大船都把船舵高高提起"（150）。他提到，在印度南部的科罗曼德尔（Coromandel）海岸，小船被用于采珍珠（157）。马可·波罗自始至终对港口城市，如刺桐（Zaytun，即泉州）、

---

① 值得注意的是，简·凯萨尔（Jan Qaisar）(1987) 为了描述印度洋上的船上生活，不得不参考 16 世纪及以后的资料。

143

卡耶尔（Qa'il，即卡耶尔帕特纳姆［Kayalpatnam］）、霍尔木兹（Hormuz）、亚丁等，表现出浓厚的兴趣：它们的商人密度、贸易货物的数量和种类、关税和海关法规等。他滔滔不绝提到的唯一的海上现象是海盗，在他的描述中，那些"海上大盗"在马拉巴尔和西印度海岸附近活动，他们"对商人造成了极大的伤害"（174）。在描述了海盗和他们的受害者各自采取的方法之后，他又讲了这个有趣的传闻：

> 这些坏海盗抓住商人后，就让他们喝罗望子和海水，这样商人就会恶心，把胃里的东西都吐出来。海盗们把商人们吐出来的所有东西都收集起来，仔细检查里面是否有珍珠或其他宝石，因为海盗们说，一旦商人们被抓，他们就会吞掉珍珠和其他宝石，以免被海盗们找到。

（175）

在《东方见闻录》的 233 个短章节中，总共只有十来章粗略提及了海上生活。除此之外，马可·波罗如在文中的其他地方一样，把注意力都放在描述不同的王国上：它们的统治者、商品、当地的风俗，以及其他奇闻轶事。

12 世纪早期安达卢西亚作家萨拉库斯蒂（al-Saraqusti）《玛卡梅》的《大海》一章中，骗子阿布·哈比卜（Abu Habib）在阿曼的港口索哈尔（al-Sohar）对听众讲话时，对海上旅行也是褒贬皆有。一方面，"当你在陆地上有广阔天地和足够的空间去漫游，却是什么驱使你在这狂暴的海洋中航行，在这汹涌的洪水中穿越呢？相反，在你面前的是大海的恐怖所带来的困境和恐惧！"（al-Saraqusti 2002：149—150）但另一方面，大海

> 容纳着人类赖以生存的航道和水床，珍珠和珊瑚，以及它们产物的采集者和收获者。大海慷慨地生产着白云，令白绸和棉花都相形见绌……在大海里，人们保持谨慎就会安全。人们可以拿走或留下海里的东西，可以忍受它奔流的速度，幸免了敏捷的骆驼步行和奔跑带来的艰辛。

（153—154）

启航：恐惧与盛况

海上旅行是一种可怕的前景。1358 年，意大利人文主义学者弗朗西斯科·彼特

拉克（Francesco Petrarch）拒绝了陪同朋友乔瓦尼·曼德利（Giovanni Mandelli）前往圣地的邀请。尽管他自觉地将自己置于"生活就是朝圣"的圣奥古斯丁派传统中，但即使是那种"哦，基督徒的灵魂梦寐以求的神佑的旅程和景象！"（Petrarch 2002：Proem 2）的终极体验的荣耀，也无法对他产生诱惑。"虽有许多原因阻碍我，但没有什么比对大海的恐惧更严重。"（Proem 3）他描绘道：

> 比起死亡，我更害怕慢慢地死去和恶心的感觉，不是没有理由，而是来自经验。你知道我有多少次怀着习惯能够战胜本性或缓和本性的希望向那个恶魔发起挑战吗？你问它带来了好处吗？我告诉你，航行并没有减少我的恐惧，而是加倍了折磨。

（Proem 5）

法国骑士让·儒安维尔（Jean de Joinville）在他为国王路易九世（Louis IX）所撰的圣徒传记《圣路易传》（*The Life of Saint Louis*）（约 1309 年）中也表达了相同的恐惧。时隔半个多世纪，他在书中生动地回忆了 1248 年第七次十字军东征从马赛港起航的经历：

> 不多久，轻风便鼓起风帆，把我们吹送到见不着陆地之处，除了周围的大海和天空，我们什么也看不见。一天又一天，风带着我们离我们出生的地方越来越远。我把这些细节告诉你们，是为了让你们了解一个人的胆大妄为，他掌握着别人的财产，他自己也罪孽深重，竟然敢把自己置于如此危险的境地。因为，一位航行者晚上睡觉之时，他可知道第二天早晨他是否会躺在海底？

（Joinville and Villehardouin 1963：196）

不过，在诸如十字军东征这样的大远征的记录中，作者们在大多数情况下强调的并不是恐惧，而是他们启航时的盛况。在第四次十字军东征的记事中，这次东征的组织者之一、来自法国北部的骑士维尔哈杜因的杰弗里（Geoffrey of Villehardouin）浓墨重彩地描述了船队 1202 年从威尼斯启航的盛大场面："盾牌挂满了船舷，挂满了船头和船尾的堡垒，许许多多漂亮的旌旗很快被升到了桅杆上……从来没有哪个港口有比这更好的船队扬帆启航。"（Joinville and Villehardouin 1963：46）一位普通的骑士罗伯特·德克拉里（Robert de Clari）也用法语方言记录了十字军东征，内容更加全面。用他的话说，领头的大帆船属于总督（威尼斯公爵）：

145

> （船）全身朱红色，一张朱红的锦缎顶篷笼罩全身，四只银色的喇叭在前面吹响，鼓声震耳欲聋……全体朝圣者（十字军）让全体教士登上高高的船尾，高唱威尼斯造物主圣歌。所有人，无论尊贵或卑微，都为他们所拥有的巨大快乐而恸哭……当他们在那海面，当他们把风帆扬起，当他们将旌旗高高升起在船尾，因了他们启航的舰船和他们带来的巨大欢乐，整个大海仿佛都在颤抖，都在燃烧。
>
> （de Clari 1996：42—43）

缤纷的色彩、喧闹的声音和宣泄的激情，激动和喜庆的这一幕，与即将展开的海上旅行的沉闷、离奇和危险形成了鲜明的对比。[1]

船上日常：从海上风景到相思病

从出发到抵达，其间在海上度过的时光可能是漫长而痛苦的。然而，在没有风暴、海难或海盗袭击等危险的情况下，我们的文字很少或者根本不提及旅途本身，

---

[1] 克莉丝汀·霍伊纳茨基（Christine Chojnacki）指出，在如乌底耶塔纳苏瑞（Uddyotanasūri）所著的 8 世纪耆那教小说《蓝色睡莲花环》（*Kuvalayamālā*）之类的印度传奇故事中，船出发的场景都是非常老套的（Uddyotanasūri 2008：1：206）。

这是正常的。在启航的盛况之后，维尔哈杜因的杰弗里仅满足于标出第四次十字军东征渡海的几个阶段：威尼斯到扎拉（Zara）、扎拉到科孚（Corfu）、科孚到内格罗蓬特、内格罗蓬特到阿拜多斯（Abydos）、阿拜多斯到君士坦丁堡。基督教伊比利亚阿拉贡（Aragon）王国的犹太商人图德拉的本杰明于12世纪60年代旅行到了地中海东部和波斯。他对经过各个停靠点的记录非常简略，以至于有时很难知道他究竟是走的陆路还是海路。在同时代的文学著作——克雷蒂安·德·特鲁瓦（Chrétien de Troyes）的古法语传奇故事《克里杰斯》（*Cligés*）（约1180年）中，希腊王子亚历山大（Alexander）离开君士坦丁堡，要去亚瑟王的宫廷里接受骑士奖赏。在"风平浪静"的"祥和大海"（de Troyes 1994：58，lines 244—245）上登船，他的启程伴随着锣鼓喧天的盛况，着重于留下的人们的难过和关切。相反，对于从拜占庭到不列颠的旅程，只用了简短的6行进行叙述："他们整个四月和五月的一部分都在海上，没有太大的危险，也没有太多的担心，他们来到了南安普敦的港口，是某一天在晚祷和第5次祈祷之间，他们在港口抛锚并停泊。"（58，lines 270—275）

具有讽刺意味的是，我们得到的对一次日常航行最生动的描述之一，是彼特拉克对他从未经历过的一次航行的描述。在拒绝陪同朋友曼德利去圣地之后，他又给了他一份指南，告诉他应该看什么和期待什么。这篇《旅行记》（*Itinerarium*）从在热那亚乘船开始，彼特拉克建议道，离开港口之后，"那一整天双眼务必不可离开陆地，许多东西会出现在他们眼前"供欣赏：美丽的山谷、流淌的小溪、巍峨的山峦、悬崖上坚固的城堡、广袤的村庄（Petrarch 2002：sec.2.5）。在此，彼特拉克从乘客的角度，向我们展示了地中海"近岸航行"（*costeggiare*）的习俗。彼特拉克就像站在船头的导游一样，指出了当轮船沿着海岸航行时要看什么：在经过亚诺河（Arno）河口时，"佛罗伦萨肯定太远看不见，但船长会在甲板上指给你看比萨，它是一座古城，但有着现代和宜人的一面"（7.0）。他告诉曼德利不仅要注意大陆，也要注意西部的岛屿。在经过里窝那（Livorno）之后，"如果你向右看，前面是戈尔戈纳岛（Gorgona）和开普拉亚岛（Capraia），两座由比萨人控制的小岛……如果你仔细看，还会看到未开垦的科西嘉岛（Corsica），岛上有大量的野生动物"（7.2）。如在所有真实或虚构的旅行记录中一样，叙事都是由作者的参照标准所塑造的。

彼特拉克"指引"曼德利到了罗马南部之后，他的地理学就从现有知识或观察，如"两座由比萨人控制的小岛"，转变至罗马历史和传说中的古典世界了。阿佛纳斯湖（Avernus）是"女祭司库玛伊（Cumean Sibyl）的广袤家园，由于年深日久、无人居住而处于半荒芜状态，但到处都是各种鸟儿筑的巢"（9.4）。靠近那不勒斯时，人们会发现"伊纳里马岛（Inarima）……一座因诗人的赞美而闻名的岛屿，人们现在称它伊斯基亚岛（Ischia），据说，在岛的下面，按照朱庇特（Jupiter）的旨意，埋葬着巨人提芬斯（Typhoeus）"（9.1）。穿越西西里岛的雷焦卡拉布里亚（Reggio Calabria）和墨西拿（Messina）之间的海峡时，"人们会遇到那些恶名远扬的奇迹，航海人最害怕的海妖锡拉（Scylla）和卡律布狄斯（Charybdis）"（12.2）。然后，在穿越亚得里亚海并沿着"希腊人的海岸"航行时，彼特拉克利用克里特岛回到了人间，"它现在（注意事物的不稳定性！）已被威尼斯人所占有。它曾是朱庇特的王国，是所有异教信仰的源头"（14.1）。航程到达圣地之后，《圣经》和宗教历史就占据了上风。彼特拉克带领他的朋友曼德利经历的海上景观，穿越了千年时光和多种文明。

彼特拉克只把注意力放在从轮船甲板上可以看到的陆地，却对大海本身毫不在意。在《中国印度见闻录》（*Akhbār al-sīn wa-l-hind*）[①]中，有着罕见的对海洋的描述。遗失了开始页面的唯一幸存下来的手稿，开门见山就提到了在阿曼湾发现的海洋生物，其中有一种生物

> 经常把它的头抬出水面，于是你可以看到它是多么巨大的东西。它还经常从嘴里喷水，水像巨大的灯塔一样喷涌而出。当大海风平浪静，鱼成群结队时，它就用尾巴把鱼赶到一起，然后张开大嘴，可以看到鱼在它的食道内，沉入井底一样地落进去。航行在这片海域的船都对它很警惕，晚上船员们会敲打基督徒用的那种木响板，以防它们撞上船，把船弄翻。

> （*Akhbār al-sīn wa-l-hind* 2014：3，1.1.1）

---

① 这份阿拉伯语文本由两部分组成：第一部分由 9 世纪中期一位匿名作者撰写，第二部分在 10 世纪由阿布·扎伊德·西拉菲所作，他作了核查并续写。

在另一篇文本的结尾，这位作者兼编者向我们保证，他已经提供了"我当时所能回忆起的，关于大海的各种各样的叙述中的最佳部分"，并强调了他在选择资料来源时的批判性判断：

> 我避免叙述水手们运用他们的发明创造、但可信度在别人的心目中经不起推敲的那类故事。我也限制自己只讲述每个故事的真实内容，越短越好。真主会指引我们通往正确的内容。

（69）

船上经历描述的相对缺乏无疑反映了海上航线的常规性，至少在地中海是这样。无论海上旅行多么危险和不可预测，中世纪的水手们所使用的路线在很大程度上都是由地形、洋流和季风决定的。在 12 世纪中期法国浪漫传奇故事《弗鲁瓦和布朗歇弗洛》(*Floire and Blancheflor*) 中，书名提到的主人公是一位萨拉森王子，为了追寻他的心上人——一名被卖到海外的基督徒奴隶，他和一些商人一起上了船，商人们准确地安排了从伊比利亚半岛出发到亚历山大港的时间，是为了恰好赶上巴比伦（开罗）苏丹每年举行的庆典。他们渡海花了 9 天，弗鲁瓦（Floire）以一站之遥步步紧跟在布朗歇弗洛（Blancheflor）的后面（Kinoshita 2006：90）。在古斯堪的纳维亚—冰岛的《冰岛萨迦》(*Íslendingasögur*) 中，对冰岛至挪威的旅程有简单而公式化的描述，其中提到在约定时间和地点将主人公带到目的地的"顺利航行"或有利的风向，它们作为叙事的桥梁起着衔接情节的作用。相反，偏离这条航线（通常是出于政治原因），由此不得不勇敢地面对远海而不是紧靠海岸，会使旅行者遭受"不利的风向"和更艰难的航行（Barraclough 2012：2）。此外，从挪威向西航行——在冰岛 9 世纪迁徙神话《拓居》(*landnám*) 中常有描述，船只靠近海岸时风力的减弱，反映了"一种与气象和海洋条件不可思议的互动感，它们共同迎接着他们，为进入这个国家创造了一道毫不费力的入口"——这是 13 世纪冰岛人在政治高度紧张的时刻"定义和合法化尤其与挪威不同的冰岛人强烈身份意识的强烈愿望"（4—5）。相反，前往格陵兰岛的旅程以波涛汹涌的大海为特点——"激流、迷失方向的风、黑暗和冰川"（7），是对气象和海洋条件的精确描述——以及驶入未知世界的感觉。

有趣的是，兰伯恩把船视为一个濒死空间的奇想（2018：33）在法国12、13世纪的一些传奇故事中也有描述。在12世纪后半叶玛丽·德·法兰西（Marie de France）的古法语"籁歌"（*lai*）（凯尔特主题和背景的短诗叙事）《基热马尔》（*Guigemar*）中，书名提到的主人公在一次狩猎事故中受了重伤，但他还是设法穿过树林和平原，来到一处隐蔽的港口。他在那里发现了一条船，"装备精良……里里外外的缝隙都被填补：找不到一处接缝。销子与扣钉皆由乌木制成；世上再无比这更珍贵的船只。船帆皆由丝绸做成，临风招展，无比美丽"（Marie de France 1990：34，lines 153—160，Sharon Kinoshita's translation）。这艘船虽然空无一人，却布置得十分豪华——船的中心是一张"所罗门做工"的华丽床榻，由黄金、柏木和象牙制成，黑貂毛的被褥套着亚历山大的丝绸。伤口疼痛的基热马尔睡到床上。当他苏醒之后，已无法离开："船已驶入大海"（36，line 192），被"好天气和柔风"带动着（36，line 194）。那天晚上，船将他放在一座古老的城池下，它是那片土地的都城。基热马尔将在那里遇见并爱上那位（已婚的）女人，她会治愈他的伤口。

海上生活的平凡细节通常较难获得。在13世纪中期卡斯提尔国王阿方索十世（Alfonso X）编纂的《七章法典》（*Las Siete Partidas*）中，《海上战争》一章规定船只应携带丰富的物资，包括"饼干，即一种很清淡的面包，因为它已经煮过两次，比其他面包保存时间更长，且不会变质"，加上"咸肉、蔬菜和奶酪，这种少量就能供养很多人的食物；还有大蒜和洋葱，以防止他们受到海洋空气和不纯净饮水的坏影响"（*Las Siete Partidas* 2001：2：467）。

格拉纳达穆斯林国王的宫廷秘书伊本·朱拜尔于1183年到1185年间前往麦加朝觐。他在旅行记录中提到，商业乘客能够得到多种多样的饮食。在返回的旅途中，他的船在海上已经航行了22天，旅行者带着的食物即将耗尽。不过，幸运的是，他们的船好似

一座充满各种商品的城市。所有（旅行者）想买的东西都能找到：面包、

水，各种水果和食物，如石榴、柑橘、西瓜、梨、栗子、核桃、鹰嘴豆、生蚕豆和煮熟的蚕豆、洋葱、大蒜、无花果、奶酪、鱼和许多其他东西，不胜枚举。

（Ibn Jubayr 2013：329）

让·儒安维尔在他的《圣路易传》中讲了一件轶事，似乎也谈到了船上的饮食和供应。在国王回家的途中，当船队接近潘泰莱里亚（Pantelleria）岛时，王后，即普罗旺斯的玛格丽特（Margaret of Provence），"恳求国王派三艘大帆船到那里去为她的孩子们弄一些水果"，尽管岛上居住着萨拉森人，处于西西里和突尼斯国王的统治之下（Joinville and Villehardouin 1963：324）。然而，这一请求却引发了一场更为严重的事件：国王应允了，但当派往岛上的大帆船未能在预定时间出现时，他们以为船被萨拉森人擒获了。国王命令船队准备战斗，王后因此号啕痛哭："天哪！这都是我干的！"实际上，失踪的船很快又出现了，后来才发现，是因为船上6名年轻的巴黎人"久久逗留在果园吃水果"，而船上的人不想抛下他们，所以延误了（324）。作为惩罚，国王命令这6人登上"装着杀人犯和小偷"的附艇，尽管他们抗议说他们将因此"永远蒙受耻辱"。在旅途中，他们被迫一直待在附艇上，承受着巨大的危险和不适："海水升高的时候，波浪会越过他们的头顶，他们不得不一直坐着，唯恐风会把他们刮到海里去。"（325）我们不知道让他们受到如此惩罚的水果，是否已经失去了对女王和她的孩子们的吸引力。

在中世纪盛期（约公元1000—1500年），由于地中海的长途航行越来越多地被比萨人、威尼斯人、热那亚人、加泰罗尼亚人等拉丁基督徒垄断，犹太旅行者和穆斯林旅行者——比如我们这两位12世纪的伊比利亚人让·儒安维尔和伊本·朱拜尔——乘坐基督徒的轮船横渡海洋的情况并不罕见。于他们而言，那些看似很平常，或不会引起他们的基督徒同行者注意的东西，往往会激起他们的好奇心或引发他们的议论。如我们所见，伊本·朱拜尔比让·儒安维尔更为洋洋洒洒地举了好几个例子。他乘着一艘热那亚船航行，描述了"非阿拉伯人"在万圣节时看到的"基督徒的节日"：

他们点亮蜡烛来庆祝。不管是大人小孩、男人女人，手里都举着一支蜡烛。他们的神甫带头在船上祈祷，然后他们一个接一个地起身讲道，并背诵他们信仰的经文。整艘船，从上到下，都被点燃的烛灯照亮了。

（Ibn Jubayr 2013：328）

当乘客，无论是基督徒还是穆斯林，在海上死去之后，他们的遗体都会被投入大海。在这种情况下，伊本·朱拜尔大为震惊地写道，船长会继承他们的财物，"因为凡死在海上的，皆是如此。死者的（真正）继承人是没有办法得到他的遗产的，对此我们非常惊讶"（2013：329）。

在文学作品中，只有在为情节服务时才会提到在船上的时光。大多数情况下，我们将看到，它都涉及海上旅行的危险：风暴、沉船、海盗袭击，诸如此类。不过，海洋有时为陆地上不太可能发生的事提供了舞台。在我们之前看到的《克里杰斯》当中，亚历山大从君士坦丁堡到南安普敦五六周的航行，只用了短短的 6 行进行叙述。在他到达后不久，亚瑟王决定将他的王宫从温彻斯特（Winchester）搬到布列塔尼（Brittany）。与长途航行的简洁描述形成鲜明对比的是，横渡英吉利海峡的短途航行，从第一次提到亚瑟王的船（de Troyes 1994：68，line 441）到它到达港口（76，line 565），整整花去了 120 多行。在这期间，亚历山大与亚瑟王的侄女索雷达莫斯（Soredamors）互生情愫，但两个人都默默忍受着，谁也不敢承认自己的真实感受，情节由此而充满了张力。

王后（圭尼维尔，Guenevere）有所察觉，看到他们两人经常脸红、脸色苍白、叹气、颤抖，但她不知道为什么，并将其归因于他们航行的大海（*la mers*）。如果不是大海（*la mers*）误导她，她会明白其中缘由的。但大海（*la mers*）戏弄并误导了她，因此她在海上（*en la mer*）没能意识到爱情（*l'amor*）。因为他们在海上（*en la mer*），但痛苦（*amers*）使他们受难，而爱情（*amor*）是他们的病症。但这三种（爱情、痛苦和大海）里，王后只知道责备大海（*la mer*），因为他们两人向她痛斥的是第三种，因为第三种他们两人得到了原谅，尽管他们在这件事上是有罪的。

（de Troyes 1991：129—130）

在"大海"（la mer）、"爱情"（l'amor）、"爱"（amer）和"痛苦"（amer）之间颇为讲究的文字游戏，让我们自然地想起了古法语《特里斯坦传奇》（Romance of Tristan）中的著名情节。在故事中，年轻的主角特里斯坦和伊索尔德（Iseut）在爱尔兰和康沃尔之间的海上航行途中误服了一剂强大的爱情药水，这让他们陷入了一段不贞之恋，给双方都带来了痛苦（在某些版本中，甚至带来了死亡）。在《克里杰斯》中却没有这样的障碍：亚历山大和索雷达莫斯实际上非常般配，不久就将在国王和王后的主持下举行婚礼。而同时，大海上的小插曲也让作者展现了他精湛的诗歌技巧，他将《特里斯坦传奇》借用之后进行了重新编撰，利用了相思病和晕船病的无法区分。长途航行将希腊皇帝之子带到亚瑟王的宫廷，而短途航行则帮助两位相爱的人聚在一起，他们将成为书名提到的主人公的父母亲。

危险的大海：风暴和沉船

在远海发生的事件中，由于最可怕、最剧烈而最频繁地被讲述的，就是猛烈来袭的风暴。欧洲各地（Cerrito 2006；Fern 2012；James-Raoul 2006）和其他来源（Acri 2019；Margariti 2015；Shaw 2012，2013；Vijayalekshmy 2014）的关于风暴和沉船的丰富文学作品和真正的纪实材料，已成为相对丰富且理论上可靠的海洋文化史参考书目。

在伊本·朱拜尔外出的旅途中，他的船在撒丁岛（Sardinia）海岸附近遭遇了狂风，"让大海陷入了混乱，刮来了暴雨，风力之大，刮得雨点如乱箭飞射"（2013：27）。在他返程的旅途中，"海浪高如山……（把船）像小树枝一样抛来抛去……随着夜幕的降临，风暴越来越大，呼啸声震耳欲聋"（331）。至于路易九世，他外出的旅途——尽管儒安维尔担忧不安——大部分却是平安无事的。然而，在返回的旅途中，突如其来的一阵狂风迫使国王的船不得不返回塞浦路斯。水手们抛锚停泊，而且"没有人敢待在（上层甲板上），因为害怕狂风会把他们刮到海里去"（Joinville and Villehardouin 1963：321）。儒安维尔讲道，王后来找她的丈夫，"求他向神或圣徒们发誓继续去朝圣，这样一来，主也许就会把我们从现在的困境中拯救出来。因为水手们说过，我们都有淹死的危险"（322）。儒安维尔劝她：

> 许下愿，如果主把你带回法国，你将献上一艘银船，为了五个人，为国王、你自己和你的三个孩子，是值得的。那么我保证主会把你带回法国。因为我自己也向圣尼古拉斯（Saint Nicholas）许愿，如果他能把我们从昨晚的危险中解救出来，我就会光着脚从若茵维莱（Joinville）步行到瓦朗热维尔（Varangeville）去拜谒他的圣祠。
>
> （322）

王后去找国王，但很快就回来了，说："圣尼古拉斯已经把我们从目前的危险中拯救出来了，因为风已经停了。"（322）儒安维尔讲道，安全回家之后，王后立即履行了她的誓言，定制了一艘还愿船，船上的她和她的家人、水手、船舵和索具全部由白银做成。这艘船由儒安维尔如期交付给了瓦朗热维尔的圣尼古拉斯圣祠，如他所许愿的那样。这样的还愿物品很少能留存下来，但圣尼古拉斯能平息风暴的说法却是常见的。

在罗马和那不勒斯之间的海岸边，彼特拉克鼓励他的朋友曼德利为寻求"更好的游览"而去拜谒"圣伊拉斯谟（St. Erasmus，Elmo）的圣殿，根据流传已久的宗教信仰，圣伊拉斯谟曾帮助过在海上遇到危险的人"（Petrarch 2002：sec.9.0）。在玛丽·德·法兰西12世纪的古法语籁歌《伊莱杜克》（*Eliduc*）中，标题的主人公，一位骑士，在与埃克塞特（Exeter）国王的女儿乘船回布列塔尼的途中，遭遇了一场突如其来的风暴。

> 风和日丽，天气晴好，
> 一切让人安心。
> 当他们将要上岸之时，

突然在海上遭遇风暴，

大风把他们刮离海港；

折断了他们的桅杆，

扯掉了整张船帆。

他们虔诚地祈求上帝，

圣尼古拉斯和圣克莱门特，

还有圣母玛利亚，

祈求她向她儿子寻求帮助他们，

祈求她让他们免于死亡，

祈求他们能抵达海港。

忽而退后，忽而前进，

他们沿着海岸行驶；

他们眼看即将沉没。

（1990：308，lines 813—829）

伊莱杜克的船员们像儒安维尔和玛格丽特王后一样，除了上帝和圣母，还祈求圣尼古拉斯。圣尼古拉斯是 4 世纪时米拉（Myra，在小亚细亚）的主教，常被尊奉为水手的保护神，另外还有圣克莱门特，他是 1 世纪时的教皇，（据传说）是被绑在锚上抛入黑海的殉道者。然而，这些祷告并没有达到预期的效果，因为，其中一名水手指责说，伊莱杜克虽然已经结婚了，却带着另一个女人回家，"违背了上帝，违背了律法，违背了正直，违背了信仰"（Marie de France 1990：310，lines 837—838）。"我们把她扔到海里去！"他催促道。但是，伊莱杜克却用船桨猛击这个冒犯他的水手，并把他扔到船舷外，"海浪将他的身体冲走"，而此时公主听说她的情人已经有了妻子之后则昏了过去。后来他们安全抵达了港口。

祈求上帝和圣人保护自己免于海上的危险，是欧洲的海上旅行叙事的重要内容，但它同样也突出表现在佛教的圣徒传记、梵文经文、马来古典编年史《马来纪年》（Sejarah Melayu）和南亚耆那教的文学作品中。在佛教中，一些菩萨也演变成为救世主，在危难中受到召唤，而阿缚卢枳帝湿伐逻菩萨（Avalokitesvara）（又称莲花手菩萨［Padmapani］，在中国和日本被称为观音）后来成为与商人群体和海上群体最有关系的菩萨（Rao 1991；Ray 1994：153）。[1] 当然，文学作品中的主人公即使在最可怕的风暴中也能幸存下来，继续他们的冒险。在《埃涅阿斯传奇》(*Romance of Eneas*)（维吉尔《埃涅阿斯纪》［*Aeneid*］12世纪中叶古法语改编本）中，我们标题的主人公在摧毁他舰船的风暴中幸存下来，但在目睹他的船队被毁、一艘船沉没之后，他也间接体验到了海上死亡的恐惧：

> 它的舵被撞坏了，桅杆和帆也沉到了海里。短短的时间内，它就转了三圈。一个浪头朝它冲来，狠狠地打在它的一侧，把木头都撞碎了。螺栓和接缝爆裂了，水猛然从裂缝里涌进去，灌满了船舱。不一会儿，它就沉了下去。这些人已经受尽了苦难：他们再也不怕狂风暴雨了，他们再也不会征服国土，不会烧毁城堡，也不会围攻塔楼了。狂风攻击其他船，桅杆、船帆和桁臂都被撕成碎片，散落在海上，埃涅阿斯深感疑惑。他以为他永远无法靠港了，天空和大海都预示着他会送命。

153

（*Romance of Eneas* 1974：60—61）

然而，他并没有死，他的船最终把他安全送到利比亚的岸上，让他命中注定地与蒂朵（Dido）相遇。[2]

　　风暴虽然急剧而猛烈，却不是唯一的海上能遭遇的危险。当路易王的船在返回法国的途中靠近塞浦路斯时（1254年），"一层薄雾从陆地上升起，一直扩散到海上"，导致水手们误判了他们的位置，船撞上了海底的沙洲。碰撞带来的剧烈震动

---

[1]　参见安德烈·阿克利（Andrea Acri）（2019）近期对佛教和印度教世界文本中一艘沉船的奇异避难所的主题进行的研究。

[2]　在《埃涅阿斯传奇》中，是朱诺（Juno）对主人公进行了长达七年的折磨，"激起猛烈的海浪"（*Romance of Eneas* 1974：59）。一场风暴肢解了载着主人公的船只，引发了13世纪古法语散文歌谣《奥卡桑和尼可莱特》(*chantefable Aucassin and Nicolette*)那样的结局（1971：52）。

使得主管船员的圣殿骑士雷蒙德（Brother Raymond）撕扯着胡子哭嚎，"我们完蛋了！我们完蛋了！"幸运的是，这艘船最终摆脱了沙洲。然而，当雷蒙德去向国王禀报时，"他发现他伏在祭坛上基督身体前的甲板上，他的双臂伸开形成一个十字，赤着双脚，只穿着一件短袍，头发也没梳，完全像一个等着被淹死的人"（Joinville and Villehardouin 1963：319—320）。一方面，与沙洲相撞避免了船遇到"能把船撞得粉碎的大堆暗礁"（319）的更大危险，另一方面，船的龙骨却遭到大面积破坏。尽管手下都要求国王买一艘更安全的新船，但路易却坚持要将自己，连同他的妻子和孩子，交到"上帝的手中"（321），而不是抛弃其余的500多位乘客，把他们留下眼巴巴等着旧船仓促地得到修理。

在关于（位于苏格兰北部的）奥克尼群岛伯爵的古挪威史《奥克尼萨迦》（*Orkneyinga Saga*）中，雾同样在一个不寻常的情节中发挥了作用。12世纪中期，罗格瓦尔伯爵（Earl Rognvald）的船队在前往圣地进行第二次十字军东征的途中穿过直布罗陀海峡后，他们在西地中海遇到了不同寻常的情况：

> 他们继续向东航行，穿过萨拉森人土地之外的大海，靠近了撒丁岛，但他们不知哪里有陆地。他们遇到的天气如这般：长时间的风平浪静，雾霭沉沉，海雾弥漫。因此他们在船上几乎什么也看不见，行进甚是缓慢。然后一天早晨，雾散去，他们起来环顾四周，看见两座岛屿，但后来他们再看时，有一座岛屿却消失不见了。
>
> （Orkneyinga Saga 1978：155）

但伯爵立即意识到他的船员们看到的根本不是岛屿，而是"这里的人使用的一种船，叫做快速大帆船（dromond）。从远处看，它们就如小岛一般大"（155）。"他们一定是某一类商人"，他提议：如果对方是基督徒，他就准备"给他们机会与我们讲和"，但如果，更可能的是，"他们是异教徒"，那么他就准备与他们交战，将战利品的五十分之一分给穷人（156）。在西地中海，这样的目击事件应该是司空见惯的，其他作者会忽略这种事件而不作任何评价，但它得到了来自北海的闯入者的

154

特别注意。

当然，在哪片海域很重要。罗马人的"我们的海"（*Mare nostrum*）地中海被它岸边的海民所熟知，包括以马可·波罗为代表的威尼斯人和他们的死对头热那亚人。印度洋虽然面积更大、季风和洋流更强，但自古以来也被人们所熟知。但此外，在中世纪，

> 西洋（北大西洋）没有尽头，无边无际，只有最果敢的船才能冲破未知而接近无限。在以西大洋（*Occean*）（它本身就是西方的名称）远海为背景的文学作品中，这种"几无可能"与"未被发现"混杂在一起，形成了现在被称为"科幻小说"之文学体裁的早期镜像。
>
> （Sobecki 2003：194）

这片位于欧洲西北边缘的危险海域充当着"immram"（航海传奇）故事体裁的背景，"immram"是与 6 世纪爱尔兰圣徒布伦丹（Brendan）的拉丁文圣徒传记《圣布伦丹游记》（*Navigatio sancti Brendani*）紧密相关的爱尔兰航海故事，它把大海，一片"液态的沙漠"，塑造成为基督徒孤独和诱惑空间的爱尔兰式变体（Sobecki 2003：199—200）。① 塞巴斯蒂安·索贝奇提出，从它的素材中，12 世纪早期以盎格鲁-诺曼法语创作的《圣布伦丹航行记》（*Voyage of Saint Brendan*）"创造了一片过渡的、与世隔绝的浪漫海洋，它为第一代盎格鲁-诺曼宫廷故事提供了一种海洋模型，但最终被归入对深海日益增多的担忧"（195）。通过把海洋重新塑造成为奇迹的所在地，它将重点从精神性转向冒险，而冒险是新兴的不论陆地或海上背景的法语传奇故事体裁所强调的重点。

到达

即使漫长而痛苦的旅程即将结束，但由于天气瞬息万变，到达依然是难以预

---

① "immram"（航海传奇）和《圣布伦丹游记》的相对年表和影响线是一个在学术界存在分歧的问题（Sobecki 2003：196—198）。

料的。彼特拉克引导曼德利经过塞浦路斯来到叙利亚海岸，他"很高兴我们到达了陆地"但要注意："我不知道你在哪里登岸，因为有许多可用的港口。船长的意见、同伴的共识、风向、大海、日子、地方和机会将会告诉你怎样做最佳。"（2002：sec.16.0）登陆的不确定性与旅途的长度并无关系。伊本·朱拜尔安全地穿越了地中海，从休达来到亚历山大港，但他费了很多笔墨讲述短得多的穿越红海的旅途。《中国印度见闻录》较早强调了在红海航行的困难，因为

> 许多岩石从海水中伸出……因为害怕海里的岩石，在这片海域航行的船必须每晚寻找躲避之处，所以他们只在白天航行，晚上抛锚停泊。这是一片阴郁、充满敌意且令人反感的海洋，在海的深处和海面上都找不到好东西。
>
> （*Akhbār al-sīn wa-l-hind* 2014：64；sec.2.16.3）

伊本·朱拜尔的旅途持续了三天，"因为风很小"（2013：7）。在他的船最终靠近陆地时，"汉志海岸的鸟群在空中盘旋的景象"突然被暴风雨所取代，"它弥漫在空中，以至于我们不知该如何行进，后来出现了几颗星星，给了我们一些指引"（67）。但考验还没有结束，当伊本·朱拜尔的船航行到看得见吉达海岸之处时，他们在一座小岛边抛锚过夜："我们遇到了许多礁石，它们划破水面，让水发出笑声。"（68）一阵逆风又让他们在这座叫"船障"的小岛上多待了一天，然后他们才能够"在众人眼中像蓝色水晶盘一样风平浪静的大海上平静地"（68）航行。归途也并非一帆风顺：在向西横渡时，伊本·朱拜尔写道，"除了伟大荣耀的真主保护的少数人，从吉达到阿伊扎布的旅程对朝觐者来说是最悲惨的，因为风把他们大多数人带到离阿伊扎布南部很远的沙漠上抛锚"（64），他们在那里既是恶劣条件的受害者，也是当地栖息的动物掠食的对象。

在漫长而且有可能恐怖的旅程结束之时，安全地抵达港口，对于乘客和迎接他们的人来说都是值得庆贺的。当第四次东征的十字军（经过一些偶然或有计划的改道之后）最终到达伟大的拜占庭首都君士坦丁堡时，罗伯特·德克拉里出奇客观地对当时的场景作了一番描述，强调了船上的拉丁基督徒与城墙边的希腊基督徒之间

的对视——双方都因惊奇而默不作声：

> 整个舰队、所有的舰船都集合在一起，他们把他们的舰船排列得非常整
> 齐，装扮得非常漂亮，以至于它们成了世上能看到的最美的尤物。君士坦丁堡
> 的人看到这支排列整齐的舰队，都惊讶地凝视着它。他们爬到墙上、马背上望
> 着这个奇迹。舰队上的人同样也注视着这座雄伟的城市，它是那么的长、那么
> 的宽，他们对它的壮观大感惊奇。
>
> （de Clari 1996：66—67）

156

如果没有友好的港口，登陆会十分困难。当路易九世的帆船抵达埃及港口达米
埃塔（Damietta）时，让·儒安维尔回忆道：

> 我们发现苏丹的全部军队都集结在岸边。这是一幅令人眼花缭乱的景象，
> 因为苏丹的武器是纯金的，在太阳的照耀下闪烁着金光。这支军队的战鼓和萨
> 拉森号角发出的喧嚣声令人恐惧。
>
> （Joinville and Villehardouin 1963：201）

尽管敌军就站在眼前，但十字军战士们还是叫嚣着向海岸挺进：太多的人急着
挤上小艇，导致小艇承受不住开始下沉，有一艘船在沙滩中搁浅，船上的"全副武
装，装备齐全"的骑士们跳下来，将国王的旗帜插在沙滩上。

> 国王听说圣丹尼（Saint Denis）的军旗已经在岸上，他迅速地穿过船上的
> 甲板……跳进了海里。海水没到他的腋窝。他继续前进，脖子上挂着盾牌，头
> 上戴着头盔，手里举着长矛，一直到岸上和他的部下会合。
>
> （Joinville and Villehardouin 1963：204）

对儒安维尔而言，国王的虔诚信念比他军事上的勇猛更出名，他在十字军征战

中不顾大臣们的反对而跳进大海的胆魄，体现了圣王的圣洁，因此在他死后 27 年的 1297 年，他被封为圣徒。

《十日谈》：地中海的记录簿

在 1348 年黑死病疫情之后，佛罗伦萨作家乔万尼·薄伽丘（Giovanni Boccaccio）创作的意大利民间故事集《十日谈》（*The Decameron*）（约 1357—1370 年）为地中海的各类角色和主题提供了一部翔实的记录。在故事构架中，十位年轻的朋友——七女三男，躲到一座乡村别墅内，以躲避摧毁他们那座城市的传染病。为了打发时间，在连续十天的时间里每人讲一个故事（*Decameron* 源自希腊语"十日"），每人轮流主持并为他或她的"一日"选定主题。薄伽丘像他著名的前辈但丁（Dante）一样，与佛罗伦萨有着密切的关系，许多穿插的故事，连同故事框架本身，都是以佛罗伦萨或其周边为背景的。不过，虽然薄伽丘的父亲是佛罗伦萨一家著名银行的经纪人，但他的青少年时期却是在那不勒斯度过的。当时的那不勒斯是法国人统治的南意大利王国（安茹）的首府，也是地中海海上贸易的枢纽。事实上，《十日谈》的 100 个故事中，有相当一部分是以地中海这一带沿海为背景的。有趣的是，集中在第二天的几个故事是献给"在一系列不幸之后获得意想不到的幸福的人"的（Boccaccio 2010：72），第五天的故事是关于"在不幸发生后获得幸福的情侣"的（366）。其中风暴、海难和海盗袭击等海上危险，以及长距离贸易中固有的风险和回报，都是命运的突变纷至沓来的叙事形式。

正如在我们其他的历史和文学故事中一样，《十日谈》中的许多主人公在横穿地中海时，都很少或根本没有提到这段旅程。在故事 2.9 中，被一位热那亚商人唾弃的妻子齐内弗拉（Zinevra），身穿男性的衣服，与一位加泰罗尼亚船长一起上了船。我们对这段旅程的全部了解，只是她"悉心伺候他，颇得他的欢心"，其时他们"恰好在亚历山大港停靠"（Boccaccio 2010：173—174）。在故事 10.9 中，埃及苏丹萨拉丁希望侦查基督徒第三次十字军东征的准备情况，便"出发了"（769），经过几处基督教地区之后，到了伦巴第（Lombardy），我们不知道他们是如何到达的。反方向旅行的托雷洛（Torello）绅士从帕维亚（Pavia）出发，"到了热那亚……换上一艘大帆船，不久抵达阿卡港（十字军在东地中海大陆的最后一个前哨，1291年被马穆鲁克埃及人占领），加入了基督徒的军队"（776）。一方面，这些例子符合我们之前发现的原则：故事情节要求人物穿梭于意大利北部和埃及之间，如果渡海本身没有导致旅程中断或改变，那么就没有必要描述它——实际上，托雷洛是睡在萨拉丁提供的一张魔床上回到的帕维亚！另一方面，这些例子或许也反映出，热那亚人、威尼斯人在横穿地中海的商业旅行中使用的海上路线几乎是一成不变的，不管是前往马穆鲁克埃及的亚历山大港，还是在薄伽丘之前的几个世纪中前往十字军的海外国（Outremer，字面意思为"海外"，是拉丁基督徒在圣地拥有的财产的法语名称）港口。

马赛的三姐妹和她们的情人逃离家园的故事（《十日谈》故事4.3）提供了一个居中的例子。在准备好他们逃跑的船之后，

> 他们赶紧上船，吩咐摇桨上路。那快船一路也不曾靠岸，第二天晚上，径直到达热那亚，三对情人在那里第一次尝到爱情的滋味，好不快活甜蜜。补充了他们的需要之后，他们休息了一阵，又登船上路，一港又一港，第八天时便到了克里特岛。

（Boccaccio 2010: 317）

这一段为沿海航行的习俗提供了一份漂亮的例证（1972: 1: 103—104）。费尔南·布罗代尔在关于地中海的开创性著作中，称之为"costeggiare"（近岸航行）（1972: 1: 103—104）。有趣的是，文中暗示了三对情侣等到上了陆地才圆满了他们的关系，这大概反映了在船上安排睡觉的局限性。与此同时，其中提到的在每个港口都作停留和补充食物的八天旅程，因缺乏具体的内容，反而打开了叙事空间，让我们想象六位年轻人在到达克里特岛之前所享受的浪漫韵事，随后他们在威尼斯购买了地产，他们真正的冒险将会从那里开始。

另外，在一小部分故事中，在远海遭遇的险境也改变了主人公生活的轨迹。在故事2.7中，载着巴比伦（开罗）苏丹之女阿拉蒂埃（Alatiel）的大船在西地中海遭遇了"逆风"。到第三天，"夜黑风高，浓云密布，放眼四周，一片漆黑，大船早

已失了航向"（Boccaccio 2010：129）。当大船出现一道裂缝后，水手们弃船，争着跳到唯一的一条救生小船上，小船装得太多，一下子便倾覆了，船上的人全都遭到灭顶之灾。而大船上只剩下公主和几个宫女，被狂风刮到马略卡岛（Mallorca）的岸边："船撞到离岸一箭之遥的沙滩上。这一撞十分猛烈，竟牢牢地陷到泥沙之中，在那里留了一夜，虽然饱受海浪的摧残，却抗住了强风。"（130）阿拉蒂埃的冒险由此开启。她被当地的一位贵族所救，他立即被她的美貌迷住。她从一个男人的手中转到另一个男人的手中，每个人都想要杀死或欺骗阿拉蒂埃的现任主人而占有她。最终，她和与她讲同一种语言的人一起回到了东地中海，她被交给了一个乘坐加泰罗尼亚船从罗兹岛去塞浦路斯的塞浦路斯商人。为了保护她，他们达成一致，认为她应该假扮成他的妻子，他们被安排在"船尾的一间小仓房"内，"他们既说是夫妻，便只好同睡在一张小床上"（143），结果可想而知。

阿拉蒂埃不是唯一一位在海难中幸存的主人公。在故事 2.4 中，来自拉韦洛（Ravello，中世纪意大利四大海上共和国之一，阿马尔菲附近）的兰多尔福·鲁福洛（Landolfo Rufolo）从商人沦落为海盗，他被捉住并被押到一艘热那亚船上。"到了傍晚，风暴骤起，惊涛骇浪迎面而来"。在凯法利尼亚（Kefalonia）海岸附近的爱奥尼亚海上，这艘船

¹⁵⁹　猛然撞在沙洲上，就像玻璃撞上了石头，顷刻之间撞得粉碎。像这样的事故所常有的那样，海面上现在全是货物、箱子、木板，随着浪涛四处飘散。这时天色已晚，风浪险恶，大海茫茫，那些落水的人，懂水性的就拼命游泳，碰到什么东西，就紧紧抓住不放。

（Boccaccio 2010：96）

兰多尔福也是幸存下来的人之一，多亏了飘在海浪中的一只箱子，起先他还拼命想躲开它，"唯恐箱子将他撞沉"，不过最终他爬到了箱子上。经过"没有吃，更没有喝"的两天，他被冲到了科孚岛的海滩边。他被一名村妇所救，发现箱子里装满了宝石。他的命运突然迎来了转机（以契合第二天的主题），他回到了拉韦洛，"从此他不

再外出经商，一直过着荣华富贵的生活"（Boccaccio 2010：99）。对鲁福洛来说，航海既是风险（贫困或死亡）的起源，同等程度上也是回报（以富裕的形式）的起源，他作为商人、海盗和海难幸存者的成功与失败就是例证。马尔图乔·戈米托（Martuccio Gomito）来自西西里岛北部海岸的利帕里（Lipari）岛，为了赢得足够的财富，他当上了海盗，最终赢得了高贵的戈丝坦扎（Gostanza）。当他的船被"萨拉森人"夺走并击沉之后，他被押到了突尼斯。谣言传到了戈丝坦扎的耳中，说他和其余船员都沉到海里去了。绝望之下，又无法用更惯常的手段自尽，她偷偷跑出家门，找到

> 一条小渔船……帆桨一应俱全。由于这个岛上的妇女大多会划船，她也并不例外，她赶快上了船，向大海划去。她张起了帆，又把桨和舵都扔掉，让自己的一切任听风浪摆布。她满以为会发生什么意外，或是这条小船因轻而无人掌舵便会被风吹翻，或是在岩石上撞得粉碎，这样即使想逃也逃不掉，肯定会淹死在海里。她把披风裹在头上，躺在船舱里痛哭起来。
>
> （Boccaccio 2010：379）

在《十日谈》中，比戈丝坦扎的小渔船更经得起航海的大船都会因风暴和沙洲造成严重破坏。不过，由于第五天主题的缘故，柔和的北风将她安全带到北非海岸苏沙城（Sousse）附近的岸上。她最终得以和马尔图乔团聚，他此时受到突尼斯国王的器重而享受着荣华富贵。在国王的准许下，他们两人"登上了一艘小船……一帆风顺地回到了利帕里"（Boccaccio 2010：385），他们在利帕里举行了隆重的婚礼，从此过上了幸福的生活。

160

权当结论

对海上生活的描述相对缺乏的惯常做法，却有一个例外，它出现在乌尔姆（Ulm）的多明我会修士（Dominican）菲力克斯·法布瑞（Felix Fabri）的笔下。15世纪末，他写了一部关于他在1480年和1483年两次前往圣地和周边地区旅行的详细报道。这部作品名为《漫游》（*Evagatorium*），是为多明我会同胞准备的，法布瑞

强调要涵盖那些对于经验丰富的商人来说理所当然、但对于新手旅行者却有很强吸引力的信息和细节。他对海洋和海上旅行之危险的描述反映出他的神职训练素质和拉丁语教育，它融合了《圣经》(《创世记》《诗篇》《约拿书》《马太福音》)、博韦的樊尚（Vincent of Beauvais）编撰的 13 世纪百科全书《巨镜》(*Speculum maius*)，以及各种不同的古典文献中的内容。在这些权威文本之外，他又在标题《了解海上航行的一些有用信息》下添加了实际的经历，包括航行的危险：沉船、狂风、船的脆弱、无风的海。更不寻常的是，他提醒修士同胞们船上生活的特殊性：船员的等级、船上的执法、船上如何进行祈祷、分心之事、膳食、找机会便溺的尴尬。他就新手乘客应注意的事项提出了一连串警告——不要坐在索具上（以免被抛到空中）、防止自己的金钱财物被窃，以及这条非常实用的建议："希望朝圣者也要注意需小心谨慎地坐下，以免被坐的地方黏住，因为整艘船都刷了沥青——当太阳的热量将它融化，坐在上面的人起身时全会被弄脏。"（Chareyron and Tarayre 2006：18）

　　法布瑞还花了很长篇幅对船上苦工的处境作了令人震惊的描述。一开始，他把他们比作用力拉着沉重货物上斜坡的马，即使他们尽了最大的努力也会遭到鞭笞，然后：

> 我讨厌写它，一想到这些人遭受的折磨和惩罚我就感到恐惧：我从来没有见过有人像揍他们那样揍动物……他们大部分……是船主买的奴隶，有时候是一些境遇很差的人、囚犯、被驱逐或流放而离开家园的人，或是无法靠土地生活也不能养活自己的悲惨的人。由于害怕他们逃跑，他们都被铁链锁在他们的凳子上。他们一般是马其顿（Macedonia）、阿尔巴尼亚（Albania）、亚该亚（Achaea）、伊利里亚（Illyria）或斯拉沃尼亚（Slavonia）的土著人，他们当中有时也有土耳其人或萨拉森人，但他们把自己的习俗隐藏了。
>
> （Chareyron and Tarayre 2006：20）

　　一位与哥伦布航海同时代的、来自德意志帝国内陆城市乌尔姆的多明我会修士所写的《漫游》，揭开了中世纪和近代早期海上旅行的黑暗面、考验和磨难。

第七章

表现

———————————

世界海洋的绘画、地图绘制和重塑

艾曼纽埃尔·瓦格农

序言

在中世纪，海洋是如何得到表现的呢？对各个海洋的认识和感知的一方面，与它们的视觉表现的另一方面之间，有什么关系呢？这些问题的核心，在于将自然现象通过艺术媒介转化为视觉表现的重重困难。海洋不仅仅是一种景观。在海洋绘画中，艺术家们不仅要考虑物理感知，还要考虑大量的关于海洋空间的知识、想象和实践。而海洋绘图随着在不同人类社会中的发展，显著出现在许多类型的可能存在的视觉表现中，也出现在科学——概念性与经验性的——即航海者的经验的交汇点上。想象与真实生活用途之间的对话、理论与实践之间的对话，看来应该会加固所有关于人类与海洋空间互动的研究。

在海洋文化史中尤为重要的是表现与控制之间的关系问题，即对海洋的表现在多大程度上意味着对海洋空间的控制。中世纪地中海史学家米歇尔·巴拉德在多卷本史书《历史中的海洋》的序言中，强调了与海洋的关系在多大程度上已成为人类社会发展不可或缺的组成部分。在每一个历史时期，海洋令人神往而又使人害怕的力量都威胁着商业港口的运行和朝圣者源源不断的往返（Buchet and Balard 2017）。因此，在地中海文化中，中世纪时期的人们对海洋的认知在恐惧——一种根本而古老的害怕——和通过航海技术与绘图逐渐占据海洋空间而产生的熟悉感之间摇摆不定。

如果占据海洋的程度随时间的变化而不同，那么它也取决于海洋被纳入考虑的范围，因为海洋这个词很宽泛，它指的是封闭的海和咸水水域，也指的是包围陆地的大洋。例如，表现地球组成部分的大洋，与描绘作为人类活动场所的熟悉的"海"相比，所应用的视觉手法是不同的。通常而言，对海洋的表现，在陆地社会中并不像在以渔业和航海为重心的沿海社会中那样普遍，也没有同样的文化重要性。不过，对海洋表现的存在或缺乏也许还有其他的原因：尽管拜占庭帝国和维京人都以海上生活为主且与海洋关系密切，但他们都没有留下多少与海洋相关的图像线索。总之，每一种文明都发展出了自己独特的表现手法和技术来描绘海水的形态和运动，同时，他们对概念和图像的跨区域流通也抱着开放的态度。

海洋表现的文化史是以广泛的资料为基础的。首要的资料就是大量的中世纪图像证据，它们存在于各种不同的媒介中，包括绘画、雕塑、彩色玻璃，以及贵族和城市的印章和盾徽。在这一点上值得注意的是，和现代不同，海洋从不是绘画或雕塑的题材。贺拉斯·贝内特（Horace Vernet）和 J. M. W. 特纳（J. M. W. Turner）的海洋风景，甚至葛饰北斋（Hokusai）的抽象波浪，在中世纪都找不到相同的作品。在中世纪的艺术中，大海被表现为一个事件的自然背景，比如在历史情节或《圣经》情节中，同时它在这些情节中也可能带有象征意义。在有关气候和自然的科学作品中，海和洋也得到描绘。总之，海洋，更确切地说，沿海和海岸，在绘图中是十分重要的。

地图应该被看作图像资料，在文化上对它们起着决定作用的是特定的背景和习俗，同时也包括各种不同的技术——如指南针，我们稍后会讨论——这些能使人们通过航海、探险或征服来了解海洋空间和它们内部的物理作用。对世界的海和洋的范围和形状的表现，因此也同时反映了关于该空间普遍的地理知识和现实经验。绘制地图的规则从来都不是明确的，也缺乏统一性，应该把它们与更广泛的认知和实践的历史联系起来，并与文字和考古证据一起进行研究。自 20 世纪 80 年代以来，地图史总体上经历了一次巨大的复兴，不过，与国家地图或大陆地图研究相比，海洋地图的研究仍然是处于边缘的，即使侧重于海洋边界的海洋地图也是如此（Chekin 2006；Ducène 2018；Harley and Woodward 1987，1992；Relaño 2002）。即使在今天，事实上也很少有专门研究某一特定的海或洋的地图史专著，现有的通常都相对较早，如卡默勒（Kammerer）关于红海（1929—1935）或巴格罗（Bagrow）关于里海（1956）的著作。不过，近年来印度洋成为专门研究的主题（Vagnon and Vallet 2017b）。然而，即使这样的历史研究已经开始，但它也常是从本质上属于欧洲人的观点出发的。直到最近,绘图史都还常将它的资料看作探险时代发展的客观文献——特别是表现大西洋方面的——却常常忽略了这些作品产生的背景和创作者的意图。

重要的是,要明白我们今天定义和命名的"海"和"洋"并非一直如此。随着时间的推移,不仅关于这些空间的经验知识在变化,它们的命名也会改变。近年来最初以地中海为重点的研究,强调了海洋空间认同中的文化成分(Lewis 1999)。因此,与海洋作为受人类社会影响的生态系统的历史相联系的整体(whole)史学趋势,更新了布罗代尔地中海"总体"(total)历史的方法,尽管它重新强调了海洋作为连接的空间的重要性(Horden and Purcell 2000)。海洋史作为所谓"海洋学"(thalassology or thalassography)的复兴,现已扩展到地球上的其他海洋,因此属于全球史的范畴,因为它既远离了传统的以欧洲为中心的历史,同时也不是以领土为基础,而是以被共同水域隔开的领土之间的在定义上的"关系"为基础。因此,地中海研究为全球其他海洋空间的研究,特别是印度洋的研究,提供了一个例子或反例。在过去的几十年里,在经济史和人类学领域,对印度洋的研究都是重大的史学研究复兴的主题(Alpers 2013;Beaujard 2012;Chaudhuri 1985;Pearson 2003;Ptak 2007b)。海洋制图史(the history of maritime cartography)也处于这种趋势当中,这已被近年来的一些出版物所证明(Couto and Taleghani 2006;Hofmann, Richard and Vagnon,2012;Vagnon and Vallet 2017b),而海洋史学术会议通常至少包括一个专门讨论地图的小组。

因此,本章主要涉及三方面:地中海视觉艺术中的海洋图像、绘制欧洲和伊斯兰世界海洋地图的模式,最后是对于东亚海洋的其他观点,以及它们与西方文化可能的互动方面的问题。

第一部分 海洋绘画,从情感到想象

164

对中世纪时期海洋的历史认知和表现的研究常强调海上空间带给旅行者和朝圣者的恐惧和吸引力。朝圣者为了在圣地获得救赎,不得不面对穿越大海的危险。正如历史学家克里斯蒂亚娜·德鲁兹(Christiane Deluz)(1996)提醒我们的那样,

"离开就等于去死"。海洋是一个充满强烈精神体验的地方，也是多种宗教和道德隐喻的对象。9世纪的爱尔兰神学家约翰·斯克特·埃里金纳（John Scotus Eriugena）甚至戏剧性地将艰苦的脑力劳动比作横渡海洋：

那么，让我们扬起风帆，驶向大海吧。因为，我们在这些水域中不缺经验，不惧海浪的威胁，不惧绕行的危险，也不惧沙洲和礁石，我们的航程就应加快：事实上，她发现，在神的海洋的隐秘海峡中施展她的技能，比在平静宽敞的水域中慵懒地沐浴更加惬意，因为在那里她无法展示她的力量。

（Periphyseon 4.744.AB；Erivgenae 1995）

在文字资料中，海上主题因此经常与两种情感联系在一起：恐惧，以及直面风雨、克服困难的勇气（Villain-Gandossi 2004a，2004b）。

尽管这个主题非常流行，但对海洋认知和表现的历史研究更多地依赖于文学资料而不是视觉资料。视觉资料常简单地在章节中被用作插图，而不是作为研究对象本身。一些展览，如"恐怖而迷人的海洋"（La mer, terreur et fascination）（Corbin and Richard 2004）、"绘制我们的世界：澳大利亚的未知领域"（Mapping Our World: Terra Incognita to Australia）（2013）、阿拉伯世界研究所和阿拉伯文化与科学研究所的"海洋探险者"（Aventuriers des mers）（2016），以及"从亚洲看世界"（Le Monde vu d'Asie）（Singaravélou and Argounès 2018）等，在强调和扩展对这种图像学的认识方面发挥了重要作用。另外，世界各地的大图书馆，包括大英图书馆、法国国家图书馆、梵蒂冈图书馆、纽约的皮尔庞特·摩根图书馆（Pierpont Mergan Library）等，现在都提供对它们藏品的免费数字访问，藏品中包括大量的中世纪手稿，在其中可以查找对海洋的表现。不过，许多表现海洋的图案和形式依然有待综合历史研究和艺术史研究。

正如人们所预料的那样，在地中海流域的三种文化——西欧、拜占庭帝国、伊斯兰世界的文化中，虽然对海洋的表现也存在于伊斯兰世界和整个地区的某些犹太手稿中，但图像制作所占比例最大的是西欧。与海洋有关的经文主题当然是犹太

165

教、基督教和伊斯兰教所共有的。西欧对海洋的表现利用了共同的古代遗产和《圣经》遗产，再加上水手们的日常生活场景。本身作为插图或附有插图的中世纪地图在广义上也对这一海洋图像体系作出了贡献。

作为自然因素的海洋：海洋的颜色和名称

最早的一类对海洋的表现，出现在关于自然和开创天地的著作中。《创世记》是中世纪图像取之不尽的源泉。它提供了机会来注解和图解陆地与水域之间的关系，以及大洪水之后诺亚的儿子们对土地的划分。无数的绘画、壁画和插图，表现了上帝将水与陆地分开、创造海洋并让海洋生物在其中繁衍生息的最初姿态。12世纪为克鲁尼修道院（Cluny Abbey）编写的《苏维尼圣经》（Souvigny Bible）便是其中的一例。12世纪晚期出现在法国，后来传至欧洲其他国家、被称为"道德《圣经》"（bibles moralisées）的插图《圣经》，也有表现这一情景的大量例子。上帝是建筑师、自然的主宰，使海洋生物在海中繁衍生息的这一主题，也同样出现在皮埃尔·勒·曼格尔（Pierre le Mangeur）（彼得鲁斯·科梅斯托［Petrus Comestor］）和居亚特·德穆兰（Guyart des Moulins）自12世纪开始制作的大量的被称为《〈圣经〉史》（bibles historiales）的插图法语《圣经》手稿中。相反地，诺亚方舟的故事则为欧洲的插图画家们提供表现汹涌的大海和在方舟中避难的动物的机会。

中世纪的自然哲学作品常包含地球整个球体，或仅仅有人居住区域（即人居领地［Ecumene］）的图解地图。由于当时的自然哲学建立在对古代科学文献的阐述上，因此海和洋都被认为是水的形式，与土、气、火一起是构成世界的四大元素之一。世界被两片大洋环绕的模式最早在古代由马鲁斯的克拉特斯（Crates of Malos）提出，后来约在480年，马克罗比乌斯·安普罗修斯·狄奥多西（Macrobius Ambrosius Theodosius）和马提亚努斯·卡佩拉（Martianus Capella）均进行了阐述。这种模式便是最早出现在卡洛林帝国（Carolingian Empire），后来自12世纪始遍及整个西欧的一种图释的出处。按照这些古代的原理，人类的居住区，在东西两侧以一片环形的、将两极相连的子午线大洋为界，而一片穿过"热带"的以高温为特征的赤道大洋划定了它南面的界线。人们认为，正是这两股洋流的交汇，才导致了潮汐的涨落。内陆海被认为是这些环形大洋形成的海湾，因此大陆地块像岛屿一样漂浮在海洋中间，海洋被描绘成蓝色。

在从古代流传下来的对陆地的描绘中，环绕四周的海洋就像许多的海湾一样，伸入陆地深处，从山上流下的河水注入它们。然而，尽管所有的海洋都由同一片原始大洋分裂而成，它们却被认为具有不同的特性。"从寒冷的波罗的海到神秘的红海，从令人不安的死海到饱受争议的地中海"（Questes Group 2018：8），每一片海洋都有自己的形象特点和独特的性格。更普遍地说，海和洋是过渡的空间，是民族之间的边界地带，但同时也是发现新大陆和新世界时需要穿越的海上空间。

在这些不同类型的插图中，因画家和所描绘海洋的不同，表现海洋，或更笼统地说，表现水域的技巧也各不相同。通过起伏、旋转和螺旋让人联想到运动，波峰代表着波浪的运动。尽管最后那个例子不同，但自古以来最受青睐的颜色一直都是绿色，如图 7.1 中 13 世纪英文《诗篇》中的世界地图，甚至更早的 8 世纪阿尔比（Albi）世界地图所示。深蓝色是一种昂贵的颜料，它仅出现在少量豪华版地图中，如 1375 年的《加泰罗尼亚地图集》（图 7.6，更详细的见第三章图 3.3），或 1459 年的弗拉·毛罗（Fra Mauro）世界地图（图 7.7）。红色留给了所谓的热带海洋，或厄立特里亚海（Erythrean Sea），即我们现在所称的印度洋。在与以色列人的《出埃及记》和穿越红海的故事相关的插图中，红色也是红海（古代称阿拉伯湾 [*sinus arabicus*]）的颜色。这段《圣经》与诺亚方舟那一段一样，均是一神教三大教派图像的一部分。红海的名称译自希伯来语"芦苇之海"（The Sea of Reeds），它在早期希腊语和拉丁语版本的《圣经》中被翻译为红海，指的是希腊厄立特里亚海。在诸多的西方地图上，红海的颜色由蓝色或绿色让位给了红色，例如在以上已经提到的英文《诗篇》中（图 7.1）。在《加泰罗尼亚地图集》中，这片海被填成红色，同时就像当时许多朝圣报告那样，有一段说明文字解释道：

> 以色列人逃离埃及时从这里经过。这座海叫作红海，埃及的十二个部落都穿越过这座海。要知道水不是红色，但海底是红色。大部分从印度运到亚历山大港的香料都要经过这片海域。

图 7.1　英文《诗篇》中的世界地图，创作于 1262 年之后。牛皮纸、墨水及颜料。大英图书馆，Additional MS 28681，f.9。© Wikimedia Commons（public domain）.

阿拉伯文化中也有根据颜色来指定不同海域的习俗：由人西洋和印度洋组成的环洋（al-bahr al-muhīt）也被称为"绿海"（al-bahr al-akhdar），或，为强调它的可怕，也被称为"黑海"或"暗海"（al-bahr al-Zulumat）；相反，古代的蓬托斯-尤辛努斯海（Pontus Euxinus），中世纪时在意大利语中被称为"大海"（Mare Maggiore），到 15 世纪才被称为黑海，它可能是源于奥斯曼帝国黑色代表北方的习俗。

信徒之海

我们已经看到《创世记》和《出埃及记》是如何激发人们对海洋本质的思考，同时为表现海洋提供机会的。事实上，许多宗教图像都以某种方式包含了海洋主题。它们既是一个特定故事的自然背景，同时也具有象征意义。水是基督教象征意义的中心，它在圣礼中扮演着重要角色，并且总是带有矛盾的含义：大海既代表着恐惧、邪恶和死亡，也代表着救赎、净化和复活。海洋被认为是一个充满强烈情感的地方，《圣经》中洪水、约拿（Jonah）和鲸鱼的故事，反映了人类对风暴的恐惧，对被大海吞没和淹死的恐惧，如图 7.2 中 13 世纪早期法文《诗篇》中的场景所示。

三个亚伯拉罕教中都有约拿和出埃及的故事。于基督徒而言，约拿和他在鲸鱼肚子里度过了三天之后被吐出来的故事，预示着基督在坟墓里待了三天之后的复活（Mt. 12：40）（Traineau-Durozoy 2017：115—116）。这个故事中的海水也让人想起洗礼用水，对基督徒而言，它标志着他们在信仰中得到净化和重生。对约拿的表现在罗马式的艺术中极其常见，并出现在各种物体上，如插图手稿、图纸、马赛克、彩色玻璃、珐琅，以及教堂的雕刻柱顶等。一条大鱼的图像，常常周围仅绘有少许的波浪，象征性地代表整个大海和其中的危险。爱尔兰圣徒布伦丹的故事中，同样也包括略有变化的约拿的故事。故事中也出现了一条大鱼和象征性的航海行为，海上航行对于布伦丹是一种精神体验。顺便说一句，圣徒布伦丹的航行，是基督教图像中出现大西洋，或至少出现了西部和北部海洋的罕见例子之一。相反，在伊斯兰教中，约拿则被推崇为面对逆境时具备耐心和坚定信念的典范，这或许就是图 7.3 伊朗伊卡哈尼德（Il-Khanid）王朝时期所描绘的场景中约拿面无表情的原因。约拿在一条鲤鱼般的鲸鱼嘴里出现，进入漩涡起伏的波浪，这种波浪显然受到蒙古帝国最

图 7.2 诺亚方舟，出自圣路易（Saint Louis）和卡斯蒂里亚的布兰奇（Blanche de Castille）的拉丁文《诗篇》，巴黎，约 1225—1235 年，羊皮纸，墨水、金及颜料。© Bibliothèque de l'Arsenal，Paris，MS-1186 réserve，fol. 13v。

图 7.3 约拿与鲸鱼，出自拉施德丁（Rashid al-Din）《史集》（*Jawāmi' al-tawarīkh*），伊朗，14 世纪早期。纸本，墨水及颜料。Khalili collection MS 727, fol. 59a. © Image courtesy of the Khalili Collection.

远端的远东艺术风格的影响。一些与海洋有关的异教徒的象征，如美人鱼（它被描绘为像女人的海鸟或有鱼尾的女人），经常被用在基督教图像中，特别是在罗马式雕塑和手稿画中。这样的图像在欧洲随处可见。艺术史学家杰奎琳·勒克莱尔-马克斯（Jacqueline Leclercq-Marx）认为，在中世纪，美人鱼既象征着大海的危险也象征着对灵魂的诱惑，因此大海与女人的身体建立起了一种有象征意义的关系（1997）。而更普遍地，海洋被认为是并代表着一个平行的世界，是我们陆上人性空间的倒影之镜（Leclercq-Marx 2006）。

　　最后，基督教图像中，太巴列湖（Lake Tiberias）或加利利海（the Sea of Galilee）常出现在一些场景，其中传道者被描绘为船上的渔夫，或者耶稣在水面上行走、拯救溺水的彼得。大海在此同样既象征着死亡，也象征着让人更接近上帝的考验。这种象征也存在于船的保护者圣母玛利亚（Virgin Mary）的形象，或朝圣和沉船的场景中。圣母常常让基督徒水手想起夜间指引着航海者，并仿佛吸引着指南针的指针把他们带到安全港湾的北极星，他们甚至把她视为北极星的化身（stella maris，海星圣母）。在某些教堂依然可见的还愿牌（ex-votos）上，长期以来描绘的狂风骇浪的大海上空都有圣母玛利亚出现（Vauchez 2006）。14、15 世纪的威尼斯海洋地图册内也充满了圣母和圣徒保护水手的图画（Bacci and Rohde 2014）。最后一点是，某些圣徒的图像中描绘了暴风雨后平静的大海，如在圣尼古拉斯生活组画中所见。这个场景属于一组更大型的圣徒生活组画，它们是为佛罗伦萨的圣尼古拉斯教堂绘制的更大型的圣母与圣婴祭坛画最底端的附饰画（Corbin and Richard 2004：84）。

海上活动

对海洋的表现绝不仅限于宗教图像。许多存世的作品，特别是带插图的历史和文学文本，都展现了人类的活动，如海上战争、海上航行或横渡，以及港口和商业活动等。没有特定宗教内涵的场景存在于西欧的图像中，也存在于拜占庭和伊斯兰艺术中，但后两者数量较少。在这一点上，欧洲的图像同样特别丰富，这个特点可以追溯到古希腊古罗马时期。荷马的《伊利亚特》和《奥德赛》中的情节最初出现在希腊的陶器上，后来出现在中世纪手稿的插图中（Cerrito 2006；Leclercq-Marx 2017）。古希腊古罗马时期也启发了令人惊讶的对亚历山大大帝探索海洋深处和其中奇特水生动植物的表现，如本卷封面的彩色描绘（即英文版本书封面。——译注）所示（Bellon-Méguelle 2006；Corbin and Richard 2004；Questes Group 2018）。哈利里 13 世纪创作于伊拉克的《玛卡梅》中的一组插图手稿所展现的印度洋船舶的场景，在 16 世纪以前的伊斯兰传统中都是非常罕见的。不出所料，一艘鼓动风帆的缝板船的图像是在前现代印度洋世界的研究中被转载得最频繁的图像之一（图 5.5）。

不过，从特洛伊之战开始，历史作品中所有的海战都为描绘海上景观提供了契机。13 世纪十字军进攻地中海的沿岸堡垒，以及奥斯曼人围攻君士坦丁堡，都衍生出著名的画作。拜占庭手稿绘画中最著名的战斗场景之一出自 12 世纪西西里版本的约翰·思利特扎的《编年史》（*Chronicle*），它描绘的是使用所谓的希腊火攻击围攻君士坦丁堡的阿拉伯舰队的情景。海上场景也出现在旅行记录中，如包括了马可·波罗和约翰·曼德维尔（Jean de Mandeville）的记叙的《东方见闻录》。在现存于巴黎的一份手稿中的一幅 15 世纪早期的微型画也很有名，它描绘了印度洋船上指南针的使用情况，是西欧对这种航海技术的首次表现（见图 1.4）。

如我们所见，在中世纪的图画，包括大海包围并界定陆地的世界地图中，大海都常被描绘成一种自然背景。因此，从艺术史的角度来分析海洋的表现给艺术家带来的挑战，以及其技术随着时间的推移和制作中心的不同而产生的演变，是非常有趣的。如我们在前面讨论的例子中所见，对水的透明度、波浪、漩涡和泡沫的形状的渲染，对潮流和深度的描绘，都证明了传统的改变和新创意的出现。海洋作为一种自然元素，需区别于江河的淡水或湖泊的静水，一些艺术家试图描绘它的深度，它更可怕、更神秘的方面，以及海洋与众不同的永不停歇的运动。

虽然海洋被认为是人类活动的场所，但画家们仍常将它表现为布局中的象征性成分，未进一步细化。少许蓝、绿色的波纹，有时仅一道海岸线或一艘船，作为一种比喻，便已足够让人想起整个海洋。地图制作在这方面有所不同，因为它的目的是表现海上空间的形状。在地图中，空间并不是中性的，海洋不仅仅是一种自然景观，而是海岸和港口的整体，它们的准确位置非常重要。因此，海洋空间是由命名和划定其轮廓的地图表达所塑造的。

第二部分　绘制海洋地图：控制海洋空间的表现

在地理上，海洋履行着数种功能：它定义了陆地以及国家之间的边界，作为可航行的水面，它也是一种交通手段，它尤其是一种重要的经济资源。绘制海洋地图是了解、发现和征服海洋空间的一种方式，甚至更重要的是，地图绘制是创造世界的一种手段。识别海、洋和它们的不同区域并为它们命名，就是为世界构建秩序并赋予它意义。这一进程的历史早于现代世界和地图的全球化，它在古代和中世纪的不同文化中都已有概念形成。因此，地图绘制者有着非常不同尺度的非常不同的目标。地图的最初目的是通过命名和测量世界各大洋来了解它们，但它同样也被发明出来作为统治和征服的工具，作为可靠而有效的航海辅助工具，作为表现海上航线和商业轴心的手段。这些不同的功能，根据制作的地图的表现形式和文化背景的不同而相异且相互掺杂。因此，13 世纪之前的中世纪地图一直被历史学家认为是纯粹的说教式或象征式图解，其中陆地和海洋的实际位置只是相对重要。12、13 世纪 波特兰海图的出现，标志着第一次"现代"而精确的对海洋空间的表现，它基于指南针、数学测量，以及对水手实际知识形成补充的技术。在这一点上有必要强调的是，不同的空间表示模式——世界地图、海洋地图、区域地图等，直到 16 世纪都在被人们同时使用，尽管它们都有自己特定的用途（Gautier Dalché 1996b，2002，2017）。另外，将托勒密（Ptolemy）传下来的伊斯兰制图法与基督教制图法进行对比则过于简单化了，在这种对比模式下，前者被认为是建立在数学原理的基础上，后者在很久以后才因为航海技术的发展而变得理性而"现实"。与地图在学术上、行政上和政治上的使用一直同时存在的，是通过航海（甚至在现代，航海也常常没有地图）或通过对海洋和海洋现象详细的直接知识获得的对海洋空间的实际经验。

更好的知识造就更好的政府

中世纪的世界地图（mappaemundi）不管有多么不同，它们都定义了地球表面的陆地和海洋之间的关系（Woodward 1987）。它们或许是简单的示意图，如前面提到的那些自然哲学论文的插图说明，或许是更详细的显示区域的图纸。无论是在东方还是在西方，这些地图都把陆地构想为被一片环形大洋所包围，它们的目的在于表现陆地和海洋的布局以及它们的相互作用。尽管这类表现在不同的文化中有不同的发展，但它们古老的起源在中世纪依然清晰可见。

拜占庭社会留下了很少的地图。6 世纪《基督教地志》（*Christian Topography*）的作者"印度旅行者"科斯马斯（Cosmas Indicopleustes）的那些地图都是极其简单的，而且主要具有宗教意义。不过，作者的名号"印度旅行者"却说明，他对地中海和印度洋之间的连接也备感兴趣。留存下来的仅有的 3 份手稿中，都有阿杜利斯（Adulis）等多个红海港口的示意图（Wolska 1962）。此外，托勒密的著作在君士坦丁堡被保存下来并得到研究，尤其是从 13 世纪开始。托勒密在公元 2 世纪著于亚历山大港的《地理学》（*Geography*）已经非常详细地描述了从大西洋到中国的"旧世界"，尽管他对更北部的和赤道以南的海洋缺乏了解。托勒密的著作虽然在中世纪的大部分时间里被西方所遗忘，但它自 9 世纪开始却一直在伊斯兰世界中得到运用和解释（Ducène 2017a；Gautier Dalché 2009；Pinto 2016）。

在西欧，世界地理和地图制作主要依赖于拉丁文献，它们由中世纪的作者，尤其是保罗·奥罗修（Paul Orosius）和塞维利亚的伊西多尔（Isidore of Seville）所传播（Woodward 1987）。因此，直到 13 世纪末，详细的世界地图或多或少都是以地中海为中心的。地中海是罗马帝国所称的"我们的海"，它的周围坐落着已知世界的三个主要区域：亚洲、欧洲和非洲。其他的海洋分布在这个中央盆地的周围，并与环绕的大洋相通。它所基于的几何形状是由昔兰尼的埃拉托色尼（Eratosthenes of Cyrene）所提出的，在其中，一条经过罗兹岛的纬线穿过地中海，而其余的海洋则分布在几条特定的经线上。在这种架构中，红海和黑海位于同一南北轴线上，而波斯湾与里海也处在一条直线上（Talbert and Unger 2008）。带内部海湾的环绕陆地的大洋的这种布局在许多西方的中世纪地图中都能看到，如 8 世纪的法国阿尔比地图、（约公元 1300 年）英国的赫里福德（Hereford）地图和德国的埃布斯多夫（Ebstorf）地图。甚至进入 14 世纪之后，罗马的传承依然占据突出地位，北大西洋和里海依然鲜为人知，被认为是世界的尽头。印度洋在世界地图上的位置更加多样：它常常位于波斯湾的入口和红海，与环绕陆地的大洋融为一体。不过，有时候它又被给予了单独的身份和范围。里耶巴纳的贝亚图斯（Beatus of Liebana）《启示录释义》（*Commentary on the Apocalypse*）的 11 世纪圣瑟韦（Saint-Sever）抄本中的世界地图上，整个印度洋都被给予了传统名称"红海"（拉丁文为 *mare Rubrum*，希腊语"厄立特里亚海"的直译），并占据了地图的整个南部区域，将已知的世界与南半球的未知陆地分开（Vagnon and Vallet 2017b：41—56）。

从一开始，伊斯兰世界的地理知识就融合了古典希腊知识和印度—波斯的地理传统。与西方一样，世界地图表现了一片环绕陆地的大洋的概念，从而产生了一种尽管差异很大但却令人感到十分熟悉的图像（Pinto 2016：79—146）。托勒密的《地理学》也顺应了这一古代的经典传统，并早在 9 世纪就在哈里发的支持下在巴格达被翻译成了阿拉伯语，后来被纳入了花拉子模（al-Khwarizmi）（卒于约 850 年）和

174

伊本·豪盖勒（Ibn Hawqal）（卒于约990年）等穆斯林学者的著作。因而，地理学在伊斯兰文明中获得重要地位的时间远早于基督教西方，并且它体现了一种旨在表现伊斯兰世界范围的内在帝国目标。新的穆斯林帝国，从一开始就是以海洋为导向的。在7、8世纪，"伊斯兰家园"从印度洋迅速扩展到西地中海和大西洋（Miquel 1967—1988；Picard 2018）。从阿拔斯王朝早期开始，描述性地理就起着重要的治国作用。对组成伊斯兰世界的地区的描述，即在阿拉伯语中被称为"道路和国家"（*masālik wa-l mamālik*）的一种体裁，常配有描绘陆地和海岸线的地图。它们不是用于航行，而是传播作为航行和商业节点的海岸和岛屿的信息。伊斯兰的地理传统建立在9世纪在巴格达发展起来的模式上，它区分了两个海上空间：一个是朗姆海（the Sea of Rum），即地中海，与基督教王国发生冲突的海域；另一个是印度洋和它的两个海湾红海和法尔斯海（the Sea of Fars，今波斯湾），与南亚进行贸易和交流的熟知海域。地中海的哈里发国家——包括安达卢斯的倭马亚和北非、埃及的法蒂玛——从10世纪开始的地理专著，在不排斥阿拔斯传统的同时，又将地中海作为"伊斯兰家园"的一个重要区域而给予它更大的范围，从而恢复了平衡（Pinto 2013；Picard 2018）。

175

这些西欧传统与伊斯兰传统最大的不同在于根据陆地和根据海洋的非常不同的平衡。西方地图通常将地中海放在其中心，而伊斯兰世界的地图则以阿拉伯半岛为中心，将地中海和印度洋对称地展示在西和东。里海作为伊斯兰帝国的一部分，比在欧洲的地图制作中更为知名，它总是被描绘为一片封闭的水域，常以示意图呈现，并且在本例中，有几分装饰性地呈现为一个完美的圆形。西印度洋本身是伊斯兰世界所熟知的，尽管它广阔的中部和东部海域相对来说还不为人所知。从很早开始，印度洋的形状和范围就一直是人们猜测的主题和不同表现的主题。在托勒密模式中，印度洋是一片封闭的海域，南面以陆地为边界。有时对印度洋的表现又偏离了这种模式，如在伊本·豪盖勒的地图中那样，将它表现为向东延伸并通向环绕陆地的大洋。在波斯地理学家比鲁尼绘制的一幅地图中，印度洋被显示为在非洲南部和印度上方，完全没有边界，理论上在这些大陆块上方处于自由循环状态（Ducène 2017a：57—71）。

重要的新图像文献继续被发现，其中一个就是 2000 年发现的《奇珍之书》，它有趣地反映出 11 世纪埃及的法蒂玛王朝对海洋的概念和表现方式（Bramoullé 2017；Rapoport and Savage-Smith 2014，2018）。正如匿名作者所解释的那样，他是从水手们的描述中获得的启发：

> 在此我们只提到从可靠的水手那里听到的消息，我从中挑选并作出自己的判断；从那些穿越海洋的精明商人和在海上带领水手的船长们传到我耳朵里的东西，我提到我所了解的。

（Rapoport and Savage Smith 2014：442）

这部著作在某种程度上受到伊本·豪盖勒的启发，它包含 17 幅地图，其中至少有 8 幅描绘了海洋和岛屿。第六章专门"表现海洋、它们的岛屿和港口"，其中包括作者对自己绘图方法的解释，然后提供了一幅地中海地图和一幅印度洋地图，这两个海洋空间对于法蒂玛的商业和政治政策至关重要。《奇珍之书》对印度洋的表现又呈现出另一种变化，它将其描绘为一个遍布岛屿的完美、封闭的椭圆形（见本卷中玛格丽蒂所述）。在地中海和印度洋的地图中，海水都被绘成深绿色，而大洋的边缘被描成红色，坐落的岛屿用圆圈表示。一些标记和红点表示港口的位置，或有时表示位于内陆深处的地点和区域的位置。优素福·拉波波特（Yossef Rapoport）与埃米莉·萨维奇-史密斯（Emilie Savage-Smith），以及大卫·布拉穆莱（David Bramoullé）都对这两幅地图进行了分析，将它们视为法蒂玛人如何理解和表现这些空间的证据，法蒂玛人认为这些空间是封闭和有边界的，因而是能够受到控制的（Rapoport and Savage-Smith 2014，2018；Bramoullé 2017）。

把印度洋表现为一个延伸到南亚和非洲陆地地块之间的海湾，而非洲呈弧形并朝东延伸，这是巴尔希（Balkhi）制图学派的特点，12 世纪时，地理学家伊德里西在为西西里国王罗杰二世（Roger Ⅱ）所著的受托勒密影响的地理学著作中，也延续了这种特点（图 7.4）。在手稿开篇的圆形世界地图后面是按照希腊气候系统排列的更详细的地图，但上面仔细标明了城镇、港口和岛屿的名称。制图学家皮埃特

176

177

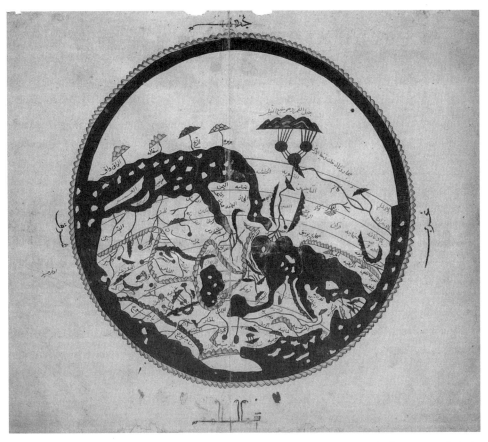

图 7.4　伊德里西《云游者的娱乐》(*Nuzhat al-mushtāq fī ikhtirāq al-āfāq*) 中的双页世界地图。该书撰写于 12 世纪中叶，本手稿抄写于伊斯兰历 960 年 / 公元 1533 年。纸本，墨水及颜料，牛津大学图书馆，Pococke 375, 3b-4a。© Wikimedia Commons（public domain）.

罗·维斯孔特（Pietro Vesconte）在敬献给第二十二世教皇约翰（Pope John XXII）、作为马里诺·萨努多（Marino Sanudo）十字军东征计划的一部分的著名世界地图中，正是借鉴了这种地图并为西方读者进行了改编。这幅地图后来出现在威尼斯的保利努斯（Paulin de Venise）的历史著作中，其中非洲同样向东延伸，但海和大洋分布在基督教中心耶路撒冷和圣地的周围（图 7.5）。维斯孔特的世界地图是规模更大的一套地图资料的一部分，这套地图用插图表现对埃及进行海上封锁以削弱马穆鲁克政权的复杂计划，它们使得读者能够通过一幅图理解世界各大洋之间的相互关系，理解人和商品经其流通的亚洲与地中海之间的各个交通轴心。海洋的

178

图 7.5 保利努斯《大编年史》(*Chronologia magna*)(1328—1343)中的世界地图,根据皮埃特罗·维斯孔特(1321)为马里诺·萨努多十字军东征计划制作的早期世界地图绘制。那不勒斯抄本,纸本,墨水及颜料。© Bibliothèque nationale de France. Département des manuscrits, Latin 4939, 9r.

布局特别富有创新性，它所依赖的是航海和商业知识，以及关于亚洲的新的文字资料。

波特兰海图：比例的变化

皮埃特罗·维斯孔特的世界地图代表了制图史上的一个重大转折点，它将我们所称的中世纪鼎盛时期的"世界范围构成的"地图，与从13世纪起出现的波特兰海图中所见的更"实际"、更精确、更着重于区域的海上地图连接起来（Campbell 1987；Pujades I Bataller 2007）。事实上，维斯孔特也是现存最古老的有落款和日期的波特兰海图的作者。这种形式地图的起源被重重迷雾遮盖，它们仅仅在中世纪时期制作于地中海地区，在航海似乎无需地图的北欧，在拜占庭帝国，都找不到等同物。它们并非起源于伊斯兰世界已知的制图技术，而且，据我们目前所知，也并非起源于东亚技术。最古老的海图，包括所谓的《比萨航海图》（斯特普尔斯在本卷中已有提及，见图1.1）、科尔托纳（Cortona）海图和吕克（Lucques）海图，还包括近年在阿维尼翁（Avignon）发现的一幅海图，都没有落款和日期，但都被专家们确定为作于13世纪末期，由皮埃特罗·维斯孔特落款的最早的一幅海图的时间为1313年。

严格意义上的"波特兰"是文本内容，是为了描述港口、海港及其通道而发展起来的航海指导手册。这类文字陈述了比如港口之间的距离、它们的方向，以及占主导地位的风向，并指出了如礁石、沙床或（有时）航道深度等特征。如斯特普尔斯在第一章《知识》中所述，无插图的波特兰文本，如《航海手册》和《关于我们地中海沿岸地点位置及其形状之书》，在时间上早于《比萨航海图》等带插图的现存波特兰海图。不过，能够保留至今的中世纪波特兰海图很可能从未被带到海上，它们是奢侈品，装饰华丽，带着盾形纹章，绘有人物、城镇和动物。然而，与其他地图不同的是，在波特兰海图中，陆地和海洋在羊皮纸上通常留为空白，仅以一根彩色的线条来区分海岸。这些保留至今的海图远不止是航海帮手，它们需被理解为地理上和政治上对已知世界的表现，在这个世界当中，欧洲商人在黑海到北欧的大西洋海岸之间来来往往。波特兰海图因此在技术和航海功能之外，很快又增添了学术和政治功能。它们对有人居住的世界的表现使商人们能够看到海上交流的空间，

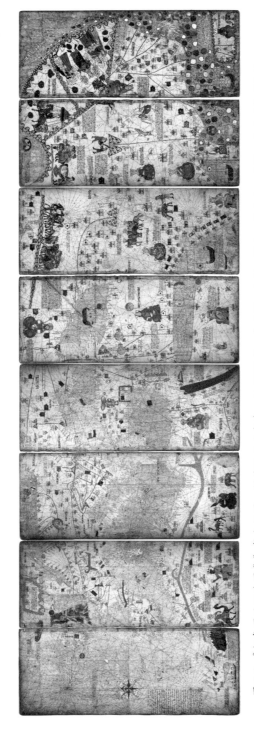

图 7.6 《加泰罗尼亚地图集》复合视图，制作于马略卡岛，约 1375 年，牛皮纸、木板、墨水、银及金。巴黎，法国国家图书馆，Espagnol 30。© Bridgeman Images.

也能为统治者的政令提供有效的工具。

与波特兰海图关系密切的另一种重要文献就是所称的《加泰罗尼亚地图集》，一般认为是克莱斯克·亚伯拉罕（Cresques Abraham）绘制，并很可能是由阿拉贡国王献给查理五世（Charles V）的（图7.6）。该地图集展示了14世纪晚期欧洲所知的从大西洋到中国的世界。尽管它采用了源自波特兰海图的技术，配以大量的说明文字，但它依然称得上是最早、最重要的地理百科全书，它让读者了解陆地和海洋的位置，了解不同的民族和他们的历史、自然资源，以及地区之间交流的主要轴心（同见图3.3）。它把西部各区域的沿海轮廓描绘得比较准确，对波罗的海和汉萨同盟的各个港口也相对地更加注重而予以详细描绘。它的东段覆盖了里海、波斯湾以及印度洋，远至斯里兰卡和爪哇。它与波特兰海图的模式有一个很大的不同：它的插图作者将海洋绘成蓝色，用波形线表示波浪。与大部分波特兰海图一样，红海被绘成红色，用一条线标出以色列人的穿越点。

探索世界的海洋

海洋制图包括大片未知区域，世界上有人居住的区域不仅被未知的陆地（terrae incognitae）所包围，同时也被未知的海洋所包围。历史学家雅克·勒高夫（Jacques Le Goff）在一篇著名文章中将印度洋描述为"中世纪的梦幻地平线"（1977：280），因为从马可·波罗到《一千零一夜》，从每一个关于这片遥远海域的旅行故事和传说中都能发现种种奇迹。正如史密斯在本卷中所强调，跟随克里斯蒂亚娜·德鲁兹等另一些作家（2005：8—11），在西欧和北欧的未知海洋中也能发现奇迹，比如，在把浮冰形容为"冰海"（mare concretum）的描述中，或在爱尔兰没有毒蛇的描述中（见本卷史密斯所著章节）。

不过，地图制作呈现了这些遥远地区更为细微的图像。随着中世纪的进程，这些未知的海洋愈加成为等待着被发现的地方，而不是不可逾越的障碍（O'Doherty 2011）。有人甚至认为，在中世纪，海洋空间被认为是相互联系的，具有连接和交换的潜力（Mauntel 2018）。在11世纪起就被转抄的里耶巴纳的贝亚图斯的世界地图中，在13世纪的巨幅赫里福德地图中，环绕陆地的大洋都已被岛屿点缀着，每一座岛屿都是一个可能的船舶停靠点。伊斯兰制图中的岛屿也是如此。因此，中世纪地图上的海洋空间是一个有人居住的地方,即使其居民是像东非海岸的"瓦克瓦克"(Waq-Waq)^①这样的神奇生物。对海洋的这种侵占在弗拉·毛罗的巨幅世界地图(图7.7)中表现得尤为明显,这幅地图综合了中世纪的拉丁、希腊和伊斯兰制图法,于15世纪50年代绘制于威尼斯(Cattaneo 2011:118,207—211;Falchetta 2006)。印度洋是按马可·波罗的描述,但也可能是按熟悉中东的人提供的信息绘制的,它被描绘为一个遍布着异国情调轮船的空间、一个商业航线的空间和不同文明邂逅的空间。与早先的说明和地图不同的是,毛罗是在15世纪中期欧洲出类拔萃的经济中心威尼斯收集的信息,它们是详尽而准确的。他把当时在那座城邦可获得的文字信息,无论是商业手册、《通商指南》(Pratica della mercatura)这部著作,还是对旅行路线和商品的描述,都转换成了地图。亚洲财富无限的神话因此而复活,为15世纪末和16世纪初的海洋探索带来了动力。

在中世纪晚期的西欧,另外两个类型的地图将对海洋的概念和表现产生重大影响:托勒密地理学的新翻译版本和岛屿地图集。托勒密的《地理学》被雅各布斯·安格卢斯(Jacopo Angeli da Scarperia)自希腊语翻译为拉丁语,完成于1406至1410年间,后来由弗朗西斯科·拉帕奇诺(Francesco Lapacino)和多梅尼科·布尼塞尼(Domenico Buoninsegni)绘制了一套地图作为其中的插图,它为大量的手稿提供了样本,也是1470年后的印刷稿的样本。在世界地图之后是26幅地图,其中10幅欧洲地图、4幅非洲地图、12幅亚洲地图,其重点是陆地地理,将海洋按照它们的海岸线所属的陆地或区域进行划分。虽然这种方式在地图上将海洋分割开来,但这种清晰度更高的比例使得地图绘制者能够比其他系统更精确地说明海洋和海湾的名称。在15世纪末期的佛罗伦萨,这种传统开始与岛屿地图集的新体裁融合起来(见本卷中玛格丽蒂所述以及图5.2),同时德国地理学者亨里克斯·马提勒斯(Henricus Martellus)将托勒密的地区地图、布昂德尔蒙蒂的岛屿地图、波特兰海图和一些新的海洋地图(尤其是里海的地图)综合起来,制作了他的《岛屿插图集》(Insularium illustratum)。马提勒斯的作品在少量巨幅羊皮纸手稿上被保存下来

---

① 在西亚地区传说中,东方、世界的尽头有一座叫"瓦克瓦克"的岛,岛上有一种叫"瓦克瓦克"的树,树上结满了人型果实,这些果实美丽不可方物,但是没有灵魂和思想。——译注

图 7.7 弗拉·毛罗的世界地图，制作于威尼斯附近的慕拉诺岛（Murano），约 1460 年。牛皮纸，墨水、金及颜料。尺寸 240 cm × 240 cm。威尼斯，马尔恰那图书馆（Biblioteca Marciana）。© Wikimedia Commons（public domain）.

（Bouloux 2012）。从本卷严格的时间框架之外去看，这些地图制作上的创新也被伊斯兰世界，尤其是奥斯曼帝国，通过接受并翻译上述一些欧洲地理学著作而得到采纳。

因此，在中世纪末期，出现了以描绘海岸、海港和港口为中心，着重于区域的海洋绘图，它所描述的海洋不仅仅是自然而荒凉的空间，同时也是人类大量居住、处于人类控制下的空间。15世纪的波特兰海图也暗示了海洋探索的增长势头。1375年的《加泰罗尼亚地图集》提到了若姆·费勒1346年沿非洲海岸进行的早期航行（图7.6）。加那利群岛很早就出现在这些地图中。如詹姆斯·L.史密斯在第八章《想象的世界》中所述，在古代及中世纪早期，人们一直认为仙岛（Blessed Isles）位于已知世界尽头的某处，是天堂的所在地之一。而今，它们被新认定为加纳利群岛，变成了新的大西洋探险的中转站。在15世纪，非洲的地图也得到扩展：格拉齐奥索·贝宁卡萨（Grazioso Benincasa）的地图证实了葡萄牙和意大利水手发现的港口和岛屿，尤其是亚速尔群岛和佛得角群岛。意大利人祖阿尼·匹兹加诺（Zuane Pizzigano）在1424年制作的海图中描绘了大西洋海岸附近的另一座神秘岛屿，它被标为安提利亚岛（Island of Autillia）。这种来源不明的命名法在15世纪晚期的另几幅天体图中也能发现，最终在几十年之后再次被用来命名现代的加勒比群岛。制图的历史并没有明确的界限，表现大西洋的更多的历史将在下一卷中继续。

第三部分　亚洲表现和东西方交流

我们已经看到，地中海周围和伊斯兰世界的海洋地图和对海洋的图像表现有着共同的起源，并得益于中世纪时期"旧世界"中心的文化交流。那么，东亚对海洋的表现是什么呢？它们是更古老传统的一部分吗？这种主要为中国的，但更广泛而言同样为东亚的地图制作，是否与其他文化传统、其他看待和理解世界的方式相互影响呢？目前对亚洲地图学的兴趣也属于全球史范畴，西方历史学家正试图摆脱以欧洲为中心的模式，把他们的视线转移开来，采用另一种视角来研究古代地图。西方学术界的地区专家进行的比较分析鼓励人们思考在对世界的表现中可能出现的结构上的趋同，并且相反地，也鼓励人们思考由于绘图惯例和地图解释的深刻文化性而可能出现的分歧（例如，Mauntel et al. 2018；Pinto 2016）。但欧美的史学也愈加受到蓬勃发展的亚洲史学，尤其是印度、中国和韩国史学的挑战。它们的重点是西方学者不太熟悉的海上空间，如东印度洋、中国海、日本海，当然还有太平洋。

亚洲技术和制图学研究在很大程度上一直坚持中国知识向西方传递的观点，尤其是在 13 世纪之后，当时的蒙古和平时期推动了最早的欧洲人，比如柏朗嘉宾（Jean de Plan Carpin）、鲁布鲁克（Guillaume de Rubrouck）和马可·波罗等前往东方旅行（Needham［1959］1979）。从伊斯兰世界向东亚的反方向相互交流往往没有得到很好的研究，不过朴贤熙的专著《中国和伊斯兰世界的地图绘制：前近代亚洲的跨文化交流》(Mapping the Chinese and Islamic Worlds：Cross-Cultural Exchange in Pre-Modern Asia)(2012) 在很大程度上改进了这一点。在这部著作中，这位韩国历史学家将地图和概念从伊斯兰世界向东一直传播到朝鲜半岛和日本的旅途进行了追溯和研究。她的著作首次以汉语、阿拉伯语和波斯语的原始资料为基础，深入研究了这些地区之间的交流（Park 2012）。正因如此，东亚不仅是原创、本土绘图技术的古老熔炉，同时也受益于经海上和陆上丝绸之路回馈的对世界的表现。在地中海和伊斯兰社会中研究的上述主题——表现自然空间的挑战、通过绘图来控制空间的渴望、把海洋作为连接空间和对其他文明开放的地方等，也在东亚文明的海洋绘图中得到了展现。因此，中国的地图绘制，或更广泛的东亚的地图绘制，为西方的表现提供了对比。从东亚看，印度洋是一座西大洋，而地中海不过是世界尽头一座大一点的小湖而已。

亚洲的海洋表现传统

中国艺术长期以来一直注重于通过描绘山、河、湖的风景来表现自然，包括水。事实上，在汉语中，"风景"也被称为"山水"。山水画总是传达着哲学思想和自然和谐的理念，在这些风景中，水象征着生活方式、象征着流动，而山则象征着稳固。海水虽然较少被描绘，但也出现在河口和海岸的风景中。虽然这类山水画早在唐朝（618—907 年）就已存在，但对水的特别强调却是在南宋时期（1127—1279 年）(Maeda 1971)。南宋王朝所辖区域包含了中国东部沿海的大部分地区，首都是港口城市临安（今杭州）。南宋水景画最杰出的代表或许要数马远（约 1160—1225 年）的作品了。马远是马夏派的创始人，他作于 1222 年的十二《水图》探索了水的绘画可能性。这当然是绘画方面的挑战，但正如中国所有对流水的表现那样，也是一种哲学主题，提示着不断的流动和变化。《云生沧海》（图7.8）等作品展示了运用波浪形的笔触和线条来表现汹涌的水流和波浪的旋转、蜿蜒的韵律，这在当时欧亚大陆的代表性作品中是非常独特的（Maeda 1971：257）。200多年之后的1488年，明代鉴赏家王鏊（1450—1524年）将马远的作品与两位较早的大画家孙位和孙知微的作品进行了如下比较：

> 山林、楼观、人物、花木、鸟兽、虫鱼，皆有定形，独水之变不一，画者每难之……今观远所画水，纤余平远，盘回澄深，汹涌激撞，输泻跳跃，风之涟漪，月之激滟，日之荀蠹皆超然有咫尺千里之势，所谓尽水之变，岂独两孙哉。

（Edwards 2011：90—91；Maeda 1971：256）

图7.8　马远《云生沧海》，十二《水图》之一，1222年，宋代，绢本浅设色，北京故宫博物院，26.8 cm×41.6 cm。© Wikimedia Commons（public domain）.

另有一组水作品，被认为是马远所作但仍存在争议，为《画水二十景》，它包括一些著名的水景，如黄河、钱塘潮等（Lai 2014：189）。虽然在这些作品中并不总是能够区分河水和海水，但钱塘江、长江和珠江等众多河流的入海口在南宋王朝所辖区域中的深深渗透都表明，大海往往使人觉得比现代地图严格划定的海岸线更向内陆延伸。还有一些宋朝画家对南宋新都城杭州著名的钱塘潮甚是入迷，在李嵩（1166—约 1225年）的作品中尤其明显，这导致了涌潮图案的流行。如图 7.9 所示，该图案原绘于彩绘团扇上，后被装裱于画册中。南宋的世界充满了海洋的气息，这也反映在它的艺术中。

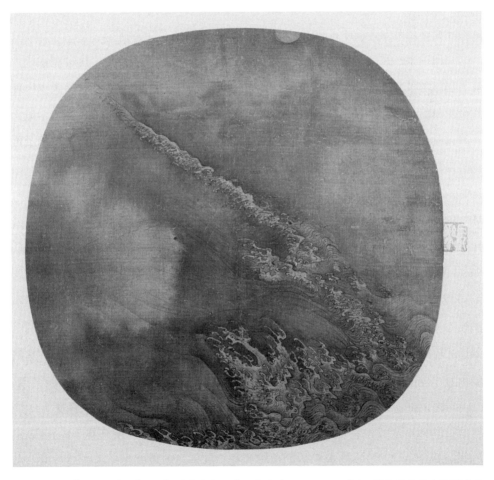

图 7.9 《月下波浪图》，观杭州钱塘潮而感，宋代（1127—1279 年），装裱于画册中的团扇扇面，绢本水墨，22.2 cm × 22.4 cm。纽约大都会艺术博物馆，47.18.70。 From the Collection of A.W. Bahr, Purchase, Fletcher Fund, 1947. © The Metropolitan Museum of Art（public domain）.

在地图方面，除沿海水域之外，东亚地图很少表现海洋本身，尽管有证据表明中国和其他地区很早就有海上交流，也有与此相称的绘图技术。绘图被认为是一种需要观察力的艺术，是通过如石刻、绢本绘画、刺绣、书法，以及尤其是木版印刷等精细的手段，来对自然进行自然主义表现（Yee 1994：128—169）的艺术。地图形形色色各有不同，有些地图接近于显示湖岸线或真正海岸线的风景画。在版画中，海洋是可以和陆地区分开的，不同的艺术家通过运用深色、密集的波浪线，形成浮雕效果或拼缀效果，留白处即为陆地（De Weerdt 2009：158；Yee 1994：158，161，168）。不同于西欧和伊斯兰地图对常与海洋有关的奇迹感兴趣，东亚地图中的海洋通常是杳无人迹的，缺乏装饰，也没有鱼或其他海洋生物。

一般说来，在许多古代文明中，以人类为中心的观点都很常见，这种观点认为有人居住的世界被水域包围，水域之外是"异类"想象中的世界。这种模式也出现在南亚和东亚文化中。在印度、中国、韩国和日本的地图制作中，对世界的这个概念一直持续到现代早期，在以佛教宇宙论为基础的地图中尤其显著，最古老的例子可以追溯到 7 世纪，并一直延续到 18 世纪（Nanda and Johnson 2017：55—59；Moerman forthcoming）。这些地图描绘的陆地通常由中国和印度组成，并加上日本这座岛屿，陆地的中心是神话中的须弥山，陆地的四周被最外层的海洋所包围。这种地图在公元 8 世纪随佛教传入日本，被称为《南瞻部洲万国掌果之图》（*Nansenbushu Bankoku Shoka No Zu*）。这种类型现存最古老的例子之一是大得惊人的 177 厘米乘 166 厘米的《五天竺图》（*Gotenjiku Zu*），它由佛教僧人重怀（Jukai）于 1364 年绘制，现存于日本法隆寺（Ledyard 1994：255）。与其他更简单的地图不同的是，法隆寺地图显示的区域远远超出了东亚，它包括了欧洲，尤其是法国和不列颠群岛，还包括了非洲，它被显示为一座岛屿。这无疑反映出早期的蒙古征服极大地增强了横跨欧亚的连接。

与之同时存在的还有另一些地图流派。传统的中国地图将世界表现为由一块中央陆地所组成，它有时被称为"海内"，周围被"四海"所环绕（Dorofeeva-Lichtmann 2003）。与受佛教影响的地图一样，这个类型也有很长的时间跨度。早期的古地理专著《山海经》（大约创作于公元前 1 世纪）描述了 447 座不同的山，还包括河流和海洋，它们全部分布在 26 张线路表中，但依然围绕着上述世界

186

187

212

图中出现的宇宙体系而构成。在这些古概念的基础上，朝鲜发展出了《天下图》
（*Ch'onhado*），并在接下来几个世纪里一再复制，它在后来的朝鲜王朝（1392—
1910 年）制作的 18、19 世纪的地图册中尤其盛行（图 7.10）。这些印制或手绘的作
品通常由 13 幅地图组成，有时会多几幅或者少几幅。它们的开头是朝鲜的"圆盘

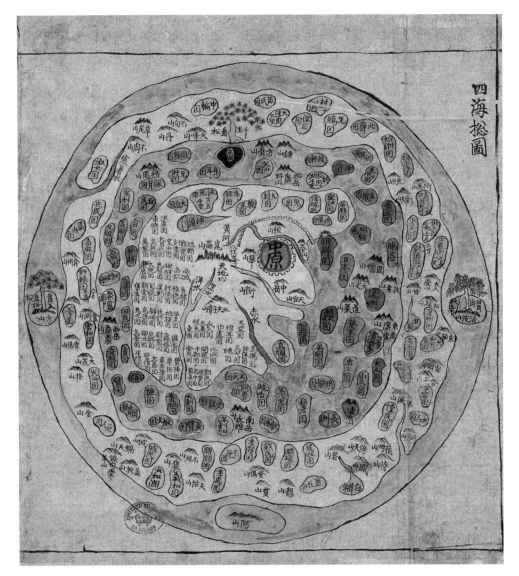

图 7.10 《天下图》，按古代佛教传统，显示中国为世界中心。朝鲜，约 1800 年。纸本彩印。
伦敦大英图书馆，Maps.C.27.f.14。© Album/Alamy Stock Photo.

型地图"，它扩展了中国传统的世界图，将另一圈"海洋之外"陆地纳入。按照贝拉·多罗费瓦–利希特曼（Vera Dorofeeva-Lichtmann）的说法，这个圈有可能模拟的是这幅地图的名称所称的"天下"的象征形状（Dorofeeva-Lichtmann 2019）。在它之后是一幅中国地图，接着是一幅以 15 世纪蓝本为基础的朝鲜地图，然后是朝鲜八道地图、日本地图，以及当时是独立王国的琉球群岛的地图。

正如西亚表现东方和它的海洋一样，东亚也没有忽视西方的海洋。所谓的"西海"被视为四海之一，它被大体上，而且在很大程度上以概念的方式予以表现。虽然"西域"的概念在汉朝就已经建立，但直到唐朝（618—907 年），随着中国和西亚之间的联系不断加强，这一概念才被明确地定义为印度洋的西北区域（Park 2012：29—30）。如埃里克·斯特普尔斯在本卷中所述，唐朝大臣贾耽详细地描述了赣州和伊拉克之间的海上航线，并为它绘制了《海内华夷图》。最早出现的显示中国周边国家的中国地图要晚几个世纪，可惜现已失传，其中尤其突出的是以方格为基础、其年代为宋朝（960—1279 年）1043 至 1048 年之间的《禹迹图》。《禹迹图》是由《华夷图》完成的，《华夷图》按照贾耽的地图将外国的地点排列在其边缘。这两幅地图是在一块 1227 年的石碑上发现的石刻地图，不过它们显然依据的是这些更早的底本（Chavannes 1903：214—247；De Weerdt 2009：151—155；Most 2011；Park 2012：37）。

正如魏希德（Hilde De Weerdt）所说（2009：145），在南宋时期，地图获得了新的政治意义，它为南宋收复北方失地的政策提供支持，并将反映南宋海上商业政策和关系的资料纳入其中。正是在这一时期，宋朝政府建立了海军，以保护海上贸易和中国海岸（Calanca 2010：25）。由于更大的帆船和始于 11 世纪的指南针等新技术的发展，更远距离的航行成为可能，地理知识因此得到扩展，并因外国商人来到大港口并定居而得到巩固（24）。泉州商船总管、宋朝宗室成员赵汝适在使用早期的《诸蕃图》作为资料来源之外，还从这些资料中搜集了新的信息，写出了自己的地理著作《诸蕃志》（Park 2012：50—51）。在周去非 1178 年的专著《岭外代答》中，我们发现在其所列的世界海洋中有两座大洋，一座是东方的东大食海，即印度洋，一座是西方的西大食海，即地中海。在 1265—1270 年间，一位中国佛家学者将国家和海洋地图附在他的编年史《佛祖统纪》中。其中的《汉西域诸国图》和《西土五印之图》两幅地图均将西海绘于其西部边缘（Park 2012：42）。

朴贤熙的结论是，这一时期对海洋的表现同与伊斯兰世界海上交流的增多是相符合的，但这种表现仍然局限在港口之间的线路上，并没有被纳入综合性世界观。她写道：

> 中国和伊斯兰世界之间海上贸易的规模和重要性不断增长，促使中国人收集关于航海和市场的实用信息，其中包括可能影响旅行或贸易的伊斯兰世界每个国家的详细情况。尽管中国地理学家没在地图上绘出两个社会之间的完整海岸线，但他们掌握的这些路线以及沿线主要印度洋港口城市的知识，将伊斯兰世界置于一个更大的地理框架中。中国的读者可以想象一连串的港口形成一条线，一直延伸到伊斯兰世界。

190

（2012：54）

蒙古时期地图的流传：《疆理图》

元朝（1260①—1368年）标志着中国与西方关系在前现代时期的顶峰，同时这一时期也出现了对世界新的表现。在一个多世纪的时间里，中国的元王朝是蒙古帝国的中心，其首都是大都，即北京的古址。在这一时期，学术上与伊斯兰世界的交流尤为重要，且人们对地图制作和海洋空间显现出极大兴趣。1267年，伊朗的穆斯林天文学家札马鲁丁（Jamal al-Din）给忽必烈的宫廷带来了一些天文仪器，其中有一台彩色地球仪，上面刻着网格，很可能代表着按经纬度的坐标。1285年，忽必烈下令编纂了一部浩大的地理纲要《大元大一统志》，最终于1303年完成，另还根据航海家的记述编撰了《航海书》（*Rāh-nāmah*）。札马鲁丁在逗留期间，将几张早期的地图结合在一起，为皇帝绘制了一幅新的世界地图。虽然这幅地图已经失传，但在它的影响下出现的其他好几幅地图都流传下来，尤其是著名的《混一疆理历代国都之图》，它常被称为《疆理图》，于1402年完成于朝鲜，它的几个有细微不同

---

① 1260年，忽必烈称汗，建元"中统"。一般而言，自成吉思汗建国（1206年）起，历史上都泛称为"元朝"，或以1271年忽必烈定国号为"元"作为元朝之始。——译注

215

的 15 世纪晚期的摹绘版本流传了下来（Ledyard 1994：243—247；Park 2012：103—109）（图 7.11）。这幅地图的序言明确提到了它的资料来源，其中包括 14 世纪学者李泽民的作品（约 1380 年的原图），还提到了它创作于朝鲜的情况。《疆理图》首次在东亚显示了西亚、欧洲和非洲以及印度洋的一部分。如在图 7.11 中所见，非洲被描绘为一个三角形，印度次大陆几乎完全消失，东南亚诸国被简单描绘为海中的各个小岛。地中海位于地图的西北角，像一座小湖，而且后来的一位摹绘者甚至错误地将它绘于直布罗陀海峡上方，卓有成效地将地中海变成了一座大湖。尽管这些细节说明摹绘者并不了解他所摹绘的区域，但这幅地图的细节依然是非常值得瞩目的，因为连遥远的地中海港口马赛都出现了。正如西方的皮埃特罗·维斯孔特地图

191

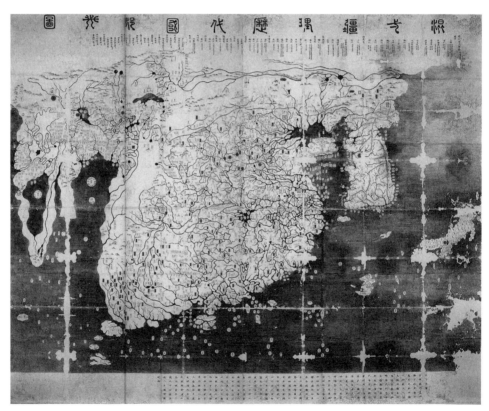

　　图 7.11 《混一疆理历代国都之图》，朝鲜，约 1470 年，根据 1402 年早期版本绘制。纸本墨笔及彩绘。高 220 厘米；宽 289 厘米。日本长崎县岛原市本光寺常盘历史资料馆（Honkoo-ji Tokiwa Museum of Historical Records）。© Wikimedia Commons（public domain）.

和弗拉·毛罗地图一样，它对尼罗河源头的具体描绘让人联想到花拉子模或伊德里西的地图，从而也表明了与伊斯兰世界的知识交流（Park 2012：106）。

另一幅地图《广轮疆理图》，原本绘制于1360年，却是在叶盛1474年所著的《水东日记》中为人所知。它显示了海上的几条线，像是航海路线，并提供了至重要港口的简明长途航海指南。如泉州旁的说明文字为"自泉州风帆，六十日至爪哇，百二十八日至马八儿（即马拉巴尔海岸），二百余日至忽鲁没思（即霍尔木兹海峡）"（Park 2012：107—108）。这样的标注证明，连接中国与波斯湾主要港口，即连接广州、泉州与霍尔木兹的海上航线已经存在。

明朝郑和下西洋

在元朝之后的明朝（1368—1644年），中国与西印度洋之间的海上关系逐步衰退。在孤立主义政策的背景下，为了更好地控制贸易，朝廷于1372年颁布了海禁政策，禁止私人出海。海禁政策至少在理论上延续到了1568年。这段时期也出台了真正的海防政策，尤其是针对中国海的海盗（Calanca 2010：25）。而与此同时，元朝的地理知识通过《疆理图》的摹本继续传播，还有不少传到了朝鲜和日本。海上航线的知识和航海技术在中国的发展，成就了郑和（1371—1433年）在明朝永乐、洪熙、宣德三帝时期，于1405年至1433年进行的七次非凡的航海。郑和为云南布哈拉（Bukharan）穆斯林后裔，后来成为侍从明朝第三位皇帝永乐帝（1403—1424年在位）的宫廷太监（又叫三宝太监）。作为皇帝最亲近的顾问之一，他受命领导中国当时进行的最浩大的海上探险计划。从1405年开始，郑和率领一支多达70艘舰船的中国船队进行了穿越印度洋的七次航行（Chan 1998）。在1405年、1407年和1408年进行的头三次航海中，船队最远航行到了东南亚沿海以及印度西南海岸的卡利卡特，在沿途最重要的港口停留，与那些同意向中国朝贡的统治者签订条约。1412年，永乐帝下令第四次航海，将航程延伸到当时波斯湾最重要的港口霍尔木兹。为准备这次航海，郑和招募了翻译和熟悉该地区航线的穆斯林水手。郑和下西洋深深铭刻在中国的历史记忆中。自2005年以来，每年的7月11日都被定为中国的航海日。不过，郑和下西洋最主要的目的却引发了学术界激烈的争论。它们到底是和平的探索任务，还是如爱德华·L. 德莱耶（Edward L. Dreyer）在《郑和：明初的中国与海洋（1405—1433）》（*Zheng He：China and the Oceans in the Early Ming Dynasty，1405—1433*）一书中所提出的那样，是为了显示中国的军事力量（Ptak 2007a 批评了这一观点）？中国的航海家是否如一些人所说的那样绕过了好望角？无论答案如何，这些航行都见证了中国的海事技术，以及中国对海上航行和绘制海上地图的持续兴趣。

郑和的远征有很多生动的细节为人所知，这要归功于他的翻译马欢所写的《瀛涯胜览》，尽管它没有地图（Ma Huan 1970）。不过，描绘郑和可能用到的不同路线的地图后来被收录在明朝的军事手册《武备志》中，以航海图的形式流传下来。《武备志》由茅元仪于1621年编撰，其中的航海图很可能是根据郑和下西洋中使用的海洋地图绘制的（图7.12）。一条被分成40页的带状地图，包括8页西亚和非洲地图，描绘了郑和的远洋航行，标出了中国至西亚的一条连贯的航线（Park 2012：

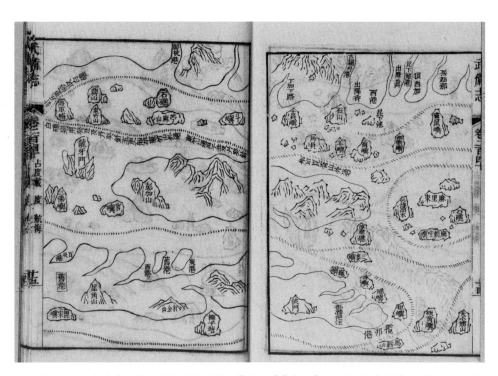

图7.12　环绕南苏门答腊的航向和航线。茅元仪《武备志》22幅地图中的第13幅，1621年，基于15世纪的航海图。雕版印本。美国国会图书馆 G2306. R5 M3 1644。© Library of Congress（public domain）.

172—173）。这些地图并不倚重对海岸线的描绘，而是按照指南针的方向（针路）提供了精确的前进航向，由连接主要港口和锚地的虚线表示。它们以这样的方式第一次直观地表现了南亚各地与阿拉伯半岛之间跨印度洋的关系。图 7.12 显示了环绕南苏门答腊以及通过马六甲海峡的航线。郑和的故事在 16 世纪罗懋登所著小说《三宝太监西洋记通俗演义》中得以展现，书中附有表现郑和将军在风暴中立于船上的木刻插图。

然而，从长远看，郑和下西洋之后，中国与西亚的关系却继续衰退。在明朝末年，中国的统治者对国际海上贸易利益的关注远远少于过去一千年里他们的前朝。这种现象在中国这一时期的地图中可见一斑，它们恢复了以中国为中心的传统模式，逐渐减少了留给西印度洋的空间，尽管通过欧洲的平面天体图和地球仪已经能够有机会接触到新的全球地理。不过还是有一些例外出现，比如《雪尔登中国地图》（Selden map）等，它们表明中国的航海实践和原来的海洋地图绘制在这一时期之后仍在继续（Batchelor 2013）。

结论

海洋的可视化表现包含了相辅相成的两方面，它们一起丰富了人类与海洋空间关系的文化史。一方面，在视觉艺术中，海洋作为一种自然元素，既是景观又是经济资源。对这种图像进行研究可以丰富环境史和人类与自然关系的历史，无论这种关系是狂野而危险的，还是恰当而驯服的。另一方面，在地图制作中，绘制海洋地图的先决条件是确定这些海洋的轮廓、海岸的不规则、危险和安全的港口，以及沿着这些海岸和穿越这些海洋的航线。海洋地图绘制使人类能够将海洋空间置于与陆地的关系中，丰富了他们对世界的认识，并在之后的中世纪时期为航海的水手们提供了帮助。不过，在中世纪引发恐惧的海洋与 13 世纪后被地图绘制驯服的"有用的"海洋之间，我们不应该建立起过于激进的对立。地图制作使得关于沿海和海上航线的知识和交流成为可能，但它也是地名和图像的字符。海洋总是具有象征意义，即使是在被绘制成地图后还是如此，早期的现代地图上出现的海洋生物、船只和神话象征甚至比中世纪的地图上还要多。这些图像有着悠久的可以追溯到古代的共同历史：环洋、洪水、海怪、美人鱼等奇迹。海洋是所有民族所共有的，尽管对它的感知和概念化基于的是不同的感受力。海岸是国家和大陆的边界，而海洋空间同时也作为交流和连接的手段，作为通向新世界的无穷尽的海路而被人们用于谋生和进行表现。

就历时性和共时性两方面而言，制图都是世界海洋史的重要资料来源，因为它建立在古代共享资源的基础上，同时结合了通常具多样性的中世纪模式。对地图的研究证明，对海洋空间的表现和定义，根本上是在共有的社会环境和交流基础上的协同努力。正是通过地图，尤其是海洋地图，人类社会逐步建构起对整个地球的表现，区分了各个地区，并为它们的各个部分命名。海洋同样也受到这种区分和分类过程的影响，即使在中世纪不同文化中它的运行方式有所不同。直到近年来，在现代时期，欧洲的世界地理模式，包括它的海洋和大陆的分布及其具体名称，才成为全球标准，并被纳入世界各地其他文化的地图，而这个过程也并非没有阻力。

第八章

想象的世界

———————

多元的海洋、边缘的根基、争议的身份

詹姆斯·L.史密斯

序言

　　历史是由强者创造的，海洋作为想象世界的空间，它的文化史也不例外。描述的标准，如差异性和相似性的分类标准，扼杀了我们对海洋想象中丰富的内在不同性的展望。挑剔的种族理论家莎拉·艾哈迈德（Sarah Ahmed）发现，"差异在实体中凝结，差异变成沉淀，沉重的历史将我们压垮"（2015：95）。艾哈迈德的著作揭示了一种情绪，这种情绪在其他不同的交叉分类中也能找到共鸣。以差异标准为基础的海洋史并不像它们的主题物质那样是液态。中世纪海洋二分法陈旧而奇异的比喻，如"自我"和"他者"，以及对东方的痴迷，如果不考虑其他叙事，那么是具有束缚性的。但它们的文化力量是欧洲殖民霸权的根基，定义了欧洲人和受殖民影响者的历史和传统。如编者伊丽莎白·兰伯恩在本卷引言中所述，建立全面的海洋文化史是一项正在进行的工作且需要灵活性。"想象的"海洋的历史甚至更加困难重重，因为它所依赖的是不断变化的边缘的根基和受争议的身份。

　　研究中世纪晚期文学及文化的学者玛丽安·欧多尔蒂（Marianne O'Doherty）在介绍中世纪史学家分析的对象印度群岛（the Indies）时，对这种边缘性作了很好的描述，它"既不是一个能在现代地图上绘制出来的固定的、有边界的存在物，也不是一种在物质世界中没有对象或对个体没有影响的抽象散乱的构造"（2013：5）。历史主义者将故事无差别地转化为原始资料的观点，有可能使声音已经微弱的文化遗产更不受重视。想象的世界存在于生物种类之间的边缘地带。在后殖民时代的美洲最早出现的魔幻现实主义文学中，幻想和现实天衣无缝地融合在一起。正如它一样，本章所探讨的多种海洋想象，无论它们是神话、奇幻还是超自然现象，也并不存在现实的"类型"或"程度"上的界限（see Zamora and Faris 1995）。这些认知形式强调的是将现实的不同层次和形式融合在一起的多重世界观和宇宙论，它们的观点，与因西方经验主义和理性主义的强制界限而显得奇怪的观点是不谋而合的。叙事的传播媒介是至关重要的，不论它是历史记录、文字、故事、物质文化，还是通过世上的海洋渗透的思想。

主题和故事是共同的想象世界的一部分，这样的说法不应被过度简单化，或者变成主导叙事。斯堪的纳维亚及爱尔兰地方学者马提亚斯·埃格勒（Matthias Egeler）曾指出，把编造的神话和讲述的故事作为已知有历史联系的文化中"深度历史"的一部分来进行探索，是十分危险的（2017：15—16）。我们有必要寻找"复杂的、重大的"对应关系，而不是单纯的主题相似。神话中的元素应该在它们自身的创作时代和地点的背景下得到比较，并且应该依靠原始文献，而不是依靠二次文献中的主张。如埃格勒所说，"研究……接触的主要目的不只是主题历史，而是人类相遇的历史"（16）。这也适用于想象的世界：不加批判地研究它们的异同，既无用处，也缺乏文化上的敏感性。

要理解本章中的相互交流，想象的世界或异世界就必须被理解为个人、文化和世界体系相互交流的共同体，而不是一连串抽象的主题，或者像家谱树状图一样被比较的图案。海洋领域想象世界的民俗、神话、宗教和文学愿景所固有的丰富性和多元性，通过一种中世纪学者所熟悉的文化上细致入微的阅读形式统一起来。对于生命、死亡、流亡或回归的视觉表达方式是独特的，在时间和文化上都处于地方和身份的核心链。海洋并不只有一座，有多少文化体验它们，就有多少座海洋。事实上，正如汉语界岛屿理论家罗斌（Bin Luo）和葛陆海（Adam Grydehøj）所推定的那样，全球的想象是相互牵连的：西方历史上岛屿的想象与东方有着强烈的相似之处，而海洋文化史蕴含着一种共有的、相互交织的历史（2017：25—26）。罗斌和葛陆海指出，"俄罗斯、南亚、东南亚、整个非洲的近岸岛屿以及南美洲，在很大程度上被岛屿研究的世界观所忽视，从而限制了我们进行真正知情的、真正全球性的岛屿研究的能力"（4）。忽视所有这些区域而仅研究欧洲，是需要解构的殖民主义认识论的继续。

中世纪的思想痴迷于海浪中神话的呢喃，将它们改造为新的多主题、多语言的精美甜食（Smith 2016）。水是中世纪文学与历史的接受和改编的另一种面貌，它赋予世界海洋以承载文化意义的力量，充当着故事的实验室。正如地理学家菲利普·斯坦伯格和金伯利·彼得斯（Kimberley Peters）所言，"就像海洋本身一样，海洋主题和海洋物体能以不为人知、出乎意料的方式跨越水域、卷入水中或者浮出水面"（2015：261）。文化信仰如漩涡和激流一般在中世纪的思想和其同时代的全球思想的浪潮中旋转起伏，满载着来世、天堂、神话、故事，它们使海洋因人类的故事和身份而躁动不安。出现的世界既是空间化的，也是超自然的，这是埃格勒尝试性地提出的一种跨文化趋势的一部分，这种趋势在海洋世界中反复出现，因为"关于'异世界'地点的叙事的存在，就有推动它们在真实世界中本地化的倾向"（2017：311—312）。想象的世界需要有客观的存在和地点。

如果我们进入海洋去寻找历史的客观意义，我们可能反而会发现层层叠叠积聚的事件、一幅记载了无法吻合的文中地点的待定"深层地图"（Bodenhamer，Corrigan，and Harris 2015）。文化史就像这些积聚层一样，在本质上是一种合成物。如葡萄牙及巴西专家佐尔坦·毕德曼（Zoltán Biedermann）所言，想象的世界来自我们的语言、图像和思想的交织，来自想象的深处（2017：223）。岩石、土壤和沙子形成的岛屿浮现出来，成群的怪物、美梦、幻想和政治野心也浮现出来。一切都是想象的世界。世界建构理论家马克·J.P. 沃尔夫（Mark J.P. Wolf）将这些地方置于"次创造"（subcreation）的过程中，它导致新的改编、分支和跨作者的"动态实体"（2012：3）。就像厄休拉·勒奎恩（Ursula K. Le Guin）的小说《地海传说》（*Earthsea*）中的文学虚构世界一样，这些空间充满活力地成长，呈现出一种独立的、跨越时间的生命，其中存在供我们从中探索的中世纪情节。

这些故事从中世纪经过，但全面参与了中世纪影响范围之外的更长的文化史。梦想和想象中的事物注定会在历史的进程中重现，这是一种永恒再现的现象。一旦想象世界被构想出来，它就会"再三地被占据它的主角，（频频地）被体验这种转变的读者、观众或参与者""再次构想"（reconceive）（Graziadei et al. 2017：240）。随着想象的世界被偶遇、经历或文学接受所修改，它"会经历一种形态上的转变，要么是地球物理上、空间上、概念上、形象上的，要么是，如常见的，上述部分或全部的综合"（240）。它变成了一个复杂的身份库，一间绘制在流动的海面上的由"充分地维系着过去、现在和未来之间的联系和断裂的（特定）领域（或）国家"所建造的身份存储室（Jolly 2001：455）。岛屿是这类现象的极佳例子，海洋自身的流域也是。群岛和海洋的身份时而模糊时而融合，在相互渗透的海岸线的薄膜和知识的视野中流过。

具有吸收性的海水是想象世界的叙事所书写的篇章，要充分理解它，就必须从全球的角度重新看待它。对于深具影响力的后殖民时期作家、人类学家埃佩利·豪奥法（Epeli Hau'ofa）而言，"海洋不仅仅是我们无处不在的、经验主义的现实，同样重要的是，它是我们能想到的一切事物最美妙的隐喻"（2008：55）。欧洲人常忘记对海洋的狂野想象的多样性，而是选择贬低海洋世界。海洋始终与欧洲同在，即使欧洲并不与它同在。因此，如文学家马修·博伊德·戈尔迪（Matthew Boyd Goldie）和塞巴斯蒂安·索贝奇在群岛中世纪背景下所讨论的那样，我们应该把"海洋的岛屿"变为"岛屿的海洋"，这里是我们的家园，想象力能够茁壮成长（Hau'ofa 2008：31—32）。岛屿研究学者奥托·海姆（Otto Heim）曾提出，脱离新自由主义权力结构和空间化结构的"岛屿逻辑"的增长，能以"暴露自然化的政治结构和等级制度的方式介入，并将它们放在辩论和重新表述的可能性中"（2017：927—928）。

如果试图将想象的海洋作为真实的历史，经验主义的描述分类会成问题。海洋知识是"客观"历史吗？是文化记忆吗？是神话吗？正是这一切，构成了具有内在多样性和矛盾性的文化身份的基质。正如中世纪史学家艾曼纽埃尔·瓦格农和埃里克·瓦莱在他们对印度洋的研究中所言，海洋世界的知识由具生产力的"机器"（*fabrique*）生产，这个机器就是海洋。这是近代早期制作地图的编辑们使用的一个词汇，他们把地球称为神所创造并安排好的世界机器（*machina mundi*）。这些从浩瀚的海洋中产生的故事并不属于某一个群体，世界上的海洋也没有民族国家、文化或地区之分。它们是蓝色的、奇妙的共有领域，是意义的产生器。我在其他地方曾提到（Smith 2016），海洋生命的分离具有一种矛盾的力量，将我们所有人联系在一起。它是总在开始的历史，但也是动荡不安的历史。海洋生命也是一部充满强烈而有影响力情感的历史，情感既有个人的也有集体的，包括好奇、惊讶、恐惧、野心、贪婪、怀疑和残忍。这些强烈的情感渗透在中世纪的海洋景色中，起到将世界联系起来的作用，借助的是社会科学启发下的"水—社会"布局的概念，这是水与社会共同创造的递归联系（Linton and Budds 2014）。由文学家史蒂夫·门兹（Steve Mentz）（2009）和历史学家彼得·米勒（2013）提出的蓝色人文学和新海洋学需要学者对文化的相互连接有广泛的理解，而奇妙和想象的角色，并不是在"外界"，而是在它的心中。

"异世界"存在于一个具有持久影响力的政治生态中。在西方的想象中，本章所述的怪物、岛屿、奇迹和神话全都等待在海洋另一边的"外界"，并被积极地编织成一种权力与控制的政治叙事。其结果是残酷和种族灭绝，无可挽回地破坏和重塑了其图像中的世界岛屿文化。海洋带来了死亡和文化压制：在帝国时代，一道阴影伸向整个世界，粉碎了它所遇到的各个体制。欧洲中世纪的叙事特性成为其他故事被理解的框架。当今的世界秩序建立在它们的废墟之上，而新的秩序将不可避免地取代我们的现在。这就是想象世界的生态，而在中世纪，古代的故事和新创作的故事，使这一时期成为将会长达数世纪的、抓住了数十亿人想象的内容的开端。

探寻想象的世界

在过去的十年里，学术界对想象世界的探索是多元而生机勃勃的。本章中涵盖的原始资料同样也是多样的，包括手稿、口述历史和神话故事。这个主题本质上是多学科的，而且意义无穷。有大量详细描述欧洲异世界的著作已经出版，但要提供一种去中心化的全球中世纪的记录，就需要分散这项学术研究的密度。它借鉴豪奥法开创性的研究，接受了后殖民时期的全球紧迫性（Grydehøj, Heim, and Zhang 2017；Heim 2017；Llenín-Figueroa 2012；Luo and Grydehøj 2017；McCusker and Soares 2011），并且中世纪的文化研究也受到这个话语的启发（Chism 2016；Davis and Puett 2016；Goldie and Sobecki 2016；Hiatt 2016；Mentz 2009，2016；Smith 2016；Staley 2016）。批判理论丰富了围绕着世界创造机制的争论，丰富了中世纪史学家对如异世界、东方奇迹等题材的描述（Byrne 2016；Egeler 2017；O'Doherty

2013）。这些话语与对中世纪的丰富研究相结合，详细论述了西方和基督教内部（Adão da Fonseca 2018；Biedermann 2017；Classen 2018；Jaspert and Kolditz 2018；Vagnon and Vallet 2017b）、亚太和大洋洲（Grydehøj et al. 2017；Luo and Grydehøj 2017；Shaw 2012），以及伊斯兰教内部和伊斯兰世界（Alardawe 2016；Chism 2016；Ducène 2017a，2017b；Hassan 2014；Lambourn 2018；Shafiq 2013；Zargar 2014）的海洋文化史和水文化史。本章在同等程度上也从东到西涵盖了亚太、大洋洲、印度洋、伊斯兰世界和欧洲的混杂的神话故事。它有意将注意力分散。在本章中，你还会遇到来自各学科的大量的补充资料，略举数例，如人类学（Scott 2012）、地理学（Steinburg and Peters 2015）、土著文化和物质研究（Rosiek，Snyder，and Pratt 2020），以及通俗历史（Tallack 2016）等。

变幻莫测的想象世界定义了我们对海洋的体验，中世纪也参与了这条错综复杂的叙事长线，加入了它独有的共鸣，至今仍与我们同在。这些震撼人心的故事具有强烈的文化现实性，没有它们的存在，我们就无法构建文化想象或海洋生活。它们属于手稿学者玛莎·鲁斯特（Martha Rust）（2008）所称的"手稿矩阵"，它是一种记忆技术、想象和文字的空间，其中，手稿中的各种材料和具体实践结合在一起，形成了一个文字世界。它们同样也是代代相传了几千年的口述的历史和讲述的故事。它们是身份的生产机器，中世纪史学家杰弗里·J.科恩（Jeffrey J. Cohen）形容身份是从身体中溢出而进入世界的。就像鲁斯特的矩阵一样，与环境的关系创造了一种无边界的文化象征，它创造了一种具体化的阅读体验，将环境与神话的悠久历史联系起来（Siewers 2009：5—6）。

在理解海洋的时候，人们必定会被大洋、群岛、海岸和内陆等一堆概念搞得无所适从。在它们当中，不同的寄存器被在空间上进行了编码和导航。人们应该参与到一种"水本体论"中，它把特殊待遇给了故事中水的部分（Steinberg and Peters 2015）。我们如何来调和相互冲突的叙事力量呢？后殖民知识是更具有包容性的（see McCusker and Soares 2011）。我们应该像巴巴多斯诗人克莫·布拉斯维特（Kamau Brathwaite）那样，对海洋知识中的漩涡和激流进行"潮辩"（tidalectical）的想象，而不是"辩证"（dialectical）的想象。研究布拉斯维特的学者安娜·瑞吉

（Anna Reckin）将"潮辩"解释为"一种循环的反进步的停滞运动（潮辩），但它也包含具体的航向"（2003：2），比如横跨大西洋的奴隶贸易活动。门兹还呼吁另选一条道路，他认为，"地理学未必是天意，但在今天这个环境不确定的时代，一段包含非人类生态系统的历史似乎是至关重要的"（2016：562）。非人类历史的意义从来都不是线性的、单一的、局部的，也不会枯竭。

以岛屿为例。作为海洋想象世界的强大资源库、浩瀚海洋中的神秘事物隐藏的地方和空间，岛屿是将要到来的故事中的关键角色。我们可将这些岛屿视为存在于由真实的和想象的海上景色形成的网络中，它们聚集在一起成为"水与岛的组合"（aquapelagic assembly）——岛屿和海洋文化专家菲利普·海沃德（Philip Hayward）将其定义为"存在于一个地点的一个社会单元，在其中，一群岛屿之间和周围的水域空间得到利用和航行，这种利用和航行的方式在根本上与该社会群体的陆地住所以及他们的身份和归属感相互联系且至关重要"（2012：5）。欧洲的中世纪史学家熟知许多海岛的例子，欧洲的神话中都有它们的影子，尤其是那些与爱尔兰圣徒布伦丹有关的。威尔士的杰拉尔德（Gerald of Wales）在分析爱尔兰的地貌时无法抗拒诱惑，他写道，在西部的一个岛屿上，"人类的尸体不会被埋葬，也不会腐烂，它们被露天放置并经久不腐"（1982：2.39，61）。

随着想象世界语境的出现，进一步的解析是必需的。"异世界"和"想象的世界"这两个相互重叠的分类通常是同义的，但需要一些完整的定义。什么是异世界？它与"想象"的世界有何不同？最简单的区分是，异世界属于生与死、自然与非自然的边界，跨越了呱呱落地、度过一生再走向死亡的旅程。所有的异世界在某种程度上都是想象的领域，但并非所有的想象世界都是异世界。要回答这个问题异常困难。一种答案可能是，如中世纪史学家爱斯琳·伯恩（Aisling Byrne）在试图给出明确解释时所说，异世界是正常规则不适用的地方。对独特性的追求揭示了多元性，因为异世界是"另一个世界，仙子的世界，想象的奇异王国，或较不常见地，是地球上遥远的角落，如奇妙的东方或极地"（2016：5）。这份清单很充分但又太多：它解释了异世界可能是什么，但又恰当地强调了它的多变和不固定性。这个难题是无法避免的。

大洋洲的岛屿异世界

相信海上的来世是大洋洲神话与文化的共同主题。探索这一主题，须更尊重地参与到处理物质、非人类作用、时间和神话（Rosiek，Snyder，and Pratt 2020）的本土方法中来。为了在本章中做到这一点，我们以东方为起点再移动到西方。想象世界及其文化表达在"事"（matter）的叙事现象上有着惊人的相似之处，"事"被人类学家迈克尔·W. 斯科特（Michael W. Scott）描述为"不是所谓的民族史诗的演变前体，而是丰富的、未经整理的、未调和的、生动的原初材料（*prima materia*），包括书面的和口头的，从它们当中，那些史诗有时被挑选、整理和编辑出来"（2012：120—121）。"不列颠之事"就是欧洲读者所熟悉的"事"，它是一系列围绕着亚瑟王等传奇国王和英雄的神话传说和故事。

斯科特以所罗门群岛的马基拉（Makira）岛为例，描述了"松散地联系在一起的传说和传统，（它们）非常朦胧，由未限定界线的切线组成，它们生产出了宗教中心、圣地——祖国——由非凡的事迹和举动塑造而成的充满情感的景色，并从中分离出来"（2012：121）。就像围绕着"欧洲中世纪之事"（布伦丹的传说和它神奇的群岛或许也算得上）的思想云雾一样，海洋的故事是围绕着海中的岛屿传说和身份而形成的文化、身份和神话故事的基质。太平洋岛屿文化中包含许多具有欧洲神话特征的岛屿：汤加和斐济的神话中有一座位于东北某处的"女人岛"，充满美丽但危险的仙女（*hotooas*）（Egeler 2017：308）。这些故事可能有着共同的特点，但它们体现出不同的表现形式，埃格勒称之为"在现实世界的坐标内找到神话中的异世界的愿望"（308）。海洋中的想象和与海洋有关的想象将故事联系在一起。

我们从毛利语称为"奥特亚罗瓦"的新西兰开始。在这里，哈瓦基（Hawaiki）岛在毛利人的历史和神话中扮演着重要的前现代角色，并一直保持着文化重要性。这个海岛叙事挑战了西方的认识，超越了"想象"一词的界限。它是 21 世纪的物质与文化，至今和过去一样保持着活力。19 世纪的欧洲人类学家和民俗学家看不起大洋洲岛民的思维和信仰，把它们理解为等待被"拆解"的未被完全遗忘的关于历史事实的故事。这是不准确的：作为精神之地的历史和与历史事件相关的神话，比

"想象世界"一词所允许的范围更广。采取步骤让这种心态去殖民化，是 21 世纪岛屿研究所必需的主题。

欧洲的知识体系与哈瓦基的文化复杂性长期存在冲突：尽管毛利部落（*iwi*）之间的说法不同，但早期到访奥特亚罗瓦的人都被实事求是地告知，这些岛屿并不是毛利人原本的家园。在故事中，毛利人是通过东北地平线之外某处一座叫作哈瓦基的古老岛屿来到奥特亚罗瓦居住的。在这个故事最著名的版本中，一个来自那个地方名叫库普（Kupe）的探险者大约在公元 800 年到公元 14 世纪间的某个时间点发现了一个富饶的新家园，并将其命名为奥特亚罗瓦，在毛利语中意为"白云绵绵之地"。库普回到哈瓦基，向他的人民讲述了他的航行，并率领一支由独木舟组成的"大船队"来到新大陆。

近年来的考古发现支持了这个年表。放射性碳年代测定揭示了从西波利尼西亚到社会群岛（the Society Islands），再到"奥特亚罗瓦"新西兰的两个明显的扩张阶段。第一阶段为 1025 年至 1121 年间，第二阶段从 1200 年到 1290 年（Wilmshurst et al. 2011）。在新西兰南岛发现的一艘复杂的波利尼西亚航海独木舟的船体部分，可以追溯到约公元 1400 年（图 0.6），它体现了使这类航行成为可能的长距离海上航行技术（Johns，Irwin，and Sung 2014）。这些独木舟上的乘客就是毛利人的祖先。奥贝尔（Orbell）指出，这个故事代表了记忆向神话的转变，而不是欧洲经验主义者所寻求的对"事实"的文字表达（1991：8）。哈瓦基之"事"，既是历史，也是一个在空间上进行了编码的异世界的精神数据库。欧洲在收集和整理世界各地神话和传说的过程中存在着轻视的现象，我们必须向它提出挑战。

哈瓦基是奥特亚罗瓦实体结构中持久的基质。物质痕迹被认为存在于陆地上：具有非凡力量和价值的物品可能就是来源于此。高阶层的毛利人家族所拥有的珍贵的绿玉提基（*tiki*）①护身符和吊坠，从乘独木舟而来的第一代祖先手上代代传承至今。毛鲁（*Mauru*）——石，以泥土或沙做成的石像——包含着植物、动物或海洋生物的生命原则。它们许多都来自哈瓦基（Orbell 1991：52），并被放置在它们能够

203

---

① 提基，波利尼西亚神话中人类的始祖。——译注

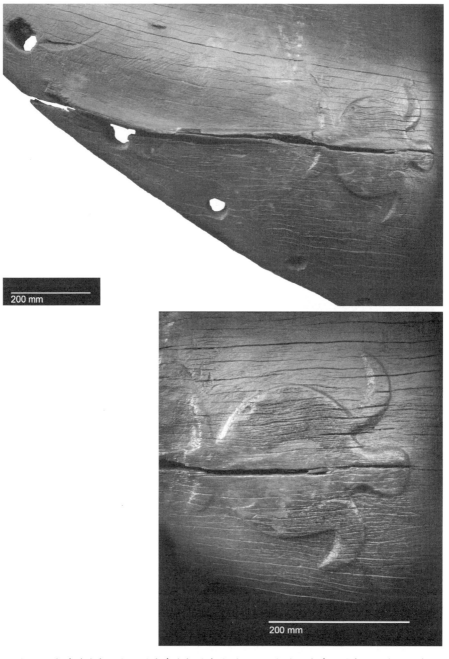

图 8.1　浅浮雕海龟，新西兰南岛发掘的东波利尼西亚航海独木舟的局部，放射性碳年代测定确定年代为约公元 1400 年。© Dilys Johns.

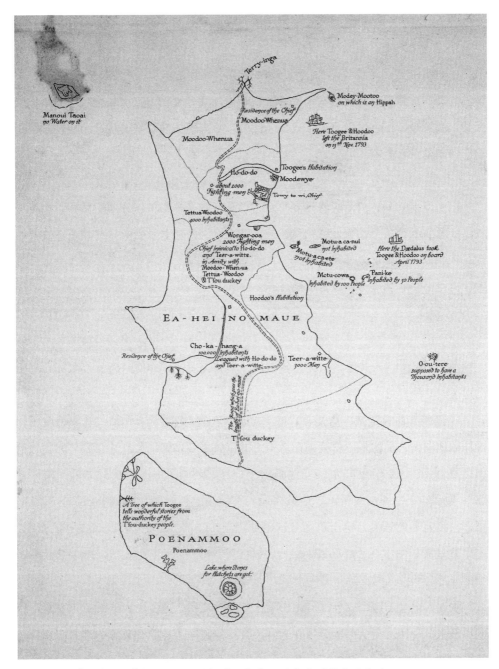

图 8.2 《图基地图》（"Tuki's map"）雕版印本。原由毛利酋长图基（Tuki Te Terenui Whare Pirau）于 1793 年用粉笔为新南威尔士及诺福克岛总督菲利普·金（Philip King）绘制。通往被标为 "Terry-inga" 的雷恩加角（毛利语：Te Rerenga Wairua）的精神之路在地图顶端清晰可见。From Collins（1798）. © Out of Copyright（public domain）.

发挥神力的地方。它们的神力是超自然的，因为它属于一个超自然的地方，但实物也来自另一个地方。迪莉斯·约翰斯（Dilys Johns）与她的合著者在他们对阿纳韦卡独木舟上雕刻的海龟（图8.1）进行的分析中提到，海龟在毛利人的图像中并不常见，但在东波利尼西亚艺术、神话和仪式中却随处可见，它承载着浓厚的象征意义和宗教意义（Johns，Irwin，and Sung 2014）。海龟虽然基本上是远洋物种，但它们产卵却是在海滩上，

> 众所周知，海龟会在远洋中进行长途迁徙。他们从深海来到陆地，也越过了象征性的边界。有时它们能代表人类或神。海龟与来世的旅程相关，它帮助人们在死后灵魂成功通往来世……。有600年历史的波利尼西亚独木舟上的海龟是一个极不寻常而极有影响力的符号。

> （Johns，Irwin，and Sung 2014：14729）

在阿纳韦卡独木舟上，哈瓦基依然活在奥特亚罗瓦，即使离岛上首次有人定居已过了好几个世纪。

1793年，酋长图基·塔瓦（Tuki Tahua）应欧洲人的要求画了一幅奥特亚罗瓦群岛的地图，它最初是用粉笔画在地板上的，后来被移到纸上，并在后来的出版物中被复制（图8.2）。他非常精确地画出了群岛，还画了一条纵贯北岛的"精神之路"，如图8.2中的虚线所示。这条路通向在地图上被标为"Terry-inga"的雷恩加角，它是北岛的顶端，位于玛丽亚·范迪门角（Cape Maria Van Diemen）的东北。这里就是波胡图卡瓦（*pohutukawa*），或称"精神跳跃处"的位置。在这里，每一个灵魂都会跃入大海，游向另一个世界，与哈瓦基重聚。

206   欧洲人记录了这个故事，但无法消化其中的知识。这个民族神话中的家园是前世也是来世，新生命从那里诞生并来到奥特亚罗瓦岛（Tallack 2016：21）。在那里，最高的神灵艾奥（Io）创造了世界和第一批人类。对毛利人来说，哈瓦基是起点也是终点，是家园也是来世。

这个民族在奥特亚罗瓦——新西兰的定居，发生在欧洲中世纪的同时期，因

此它在某种意义上也是一个"中世纪"的故事。其他同源故事却展示了岛屿异世界的连续性，以及在时间描述上常无道理的渗透性。例如，在托雷斯海峡群岛（Torres Strait Islands）中的马布亚格（Mabuiag）岛上，基布（Kibu）岛在西北地平线以外。人死之后，他们的灵魂会来到基布岛上成为鬼魂（*markai*），它们如果愿意，可以暂时回到家中，也可以选择和活人打仗（Tallack 2016：17—18）。岛民可以用占卜、招魂或在某人死去几个月后举行的"死亡之舞"仪式中召唤鬼魂。在马布亚格岛上流传的一个故事中，一位名叫塔比帕（Tabepa）的英俊青年被允许与基布的乌格（Ug）成婚，后者是一个女鬼魂。女鬼魂晚上去见她的未婚夫，白天回到基布，在经历了这样跨越生死世界的求爱过程之后，乌格带塔比帕去基布见她。故事以悲剧收场，塔比帕被嫉妒乌格未婚夫的鬼魂巴兹（Baz）所杀，自己也变成了死人的一员（Lawrie 1972：105—107）。

太平洋的岛屿文化有着相同的概念，即死和生并非完全分开，而是可以相互交换、相互渗透。其他流动的海上实践也有这样的渗透性，通过海洋这一张共同的薄膜，它们被维系在一起。转换是可能的，但只能在某些情况下。欧洲的民俗学家和人类学家花费数十年，试图将这些地方的"位置"合理化和空间化，但茫无头绪。生者可以去见死者，反之亦然，但这并不意味着这些地方在空间或者时间上存在着。从生者岛屿前往死者岛屿的旅行，要穿越共有的文化之海，在许多方面和岛屿与岛屿之间的其他旅行相似。祖先们的距离并不遥远，而岛屿是被空间而不是被时间或存在的状态分隔开来。

东亚的天国

当我们向西北移动，进入中国和日本等的精美的东亚文学文化时，海洋则成为深陷于离奇的人间争端和权术中的天庭和超自然实体的所在地。它们的冲突、互动和交流是书写天堂之令所用的布料，而天堂之令造就了后来时代的秩序或者无序。在横跨欧洲的中世纪时期并在之前上千年就已呈现的同样的多语言、多作用、互文性的传奇中，文学文化改造了自身，也塑造和重塑了它的海洋传说。它的存在，无论过去还是现在都不依赖于欧洲的规范或标准。

图 8.3 描绘方壶、瀛洲和蓬莱仙岛的卷轴画局部，明代，15 世纪，未知画家仿元代画家溥光（活动于约 1286—1309 年）所作。绢本水墨设色。整体尺寸 31.5 厘米×970 厘米。皇家安大略博物馆，2005.22.1。在 A. 查尔斯·贝利（A. Charles Baillie）先生和夫人的慷慨支持下收购。© Royal Ontario Museum.

　　亚太海洋中的异世界的主要特质是蕴含着隐藏的岛屿和海底的王国，它们具备陆地上无处可寻的特质：不朽、完美、永恒、魔法和神力。它们打破了合理、正确、道德和自然的界限，建立了世界秩序。在道教神话中，黄帝打败了东海深处流波山上的牛状怪物"夔"，平息了水域的混乱。就像世界上许多天地起源的神话一样，黄帝以他的壮举再三地塑造了自然秩序和期望其应有的表现。夔是一个可怕的角色：出入水则必风雨，其光如日月，其声如雷。黄帝只能战胜夔的狂暴并打败他，才能推动他对原始世界平衡的追求，创造未来王权的模式（Palmer and Zhao 1997：50—52）。

　　在别的道教叙事中，八仙的角色也在海洋的景色和奇观中投下了传奇的影子。据说他们生活在渤海中隐藏的蓬莱山（日本神话称 Hōrai）和其他四座岛上。这几座岛屿也被称为仙岛或者神岛，是传奇事迹的发生背景，出现在地图上，困扰着后人，但它们却是从神话和深层时间中成形的（Perry 1921：158）。这些岛屿曾经随潮汐漂浮，从不固定，不过最后被大海龟驮在背上（159）。对道教神仙的崇拜可以追溯到公元前 3 世纪到公元 1 世纪的汉朝，而八仙的说法首次出现在 12 至 13 世纪的金朝。图 8.3 是 13 世纪晚期一幅画轴的明代临摹品，描绘的是真人驾着仙鹤和祥云来到方壶、瀛洲和蓬莱仙岛的情景。这些仙岛在西方也有对应物，如爱尔兰的青春之岛（Tír na nÓg），它们都没有痛苦，没有寒冬，也没有贫穷。食物取之不竭，生长着能够治愈疾病、带来永生、复活死者的奇异果子。宫殿由真金白银建成，一切

都洁白无瑕，树上长着珠宝（Luo and Grydehøj 2017：28—29）。图 8.4 为仙岛和岛上的宫殿和仙民。画家对岛上平凡的日常生活与周围波涛汹涌的大海作出的对比，完美地表达了这些岛屿虽与现实世界平行，却无法到达，与世隔绝，只有驾着祥云和仙鹤才能进入的状态。值得注意的是，海洋本身和岛屿周围都没有船，也没有停泊之处。仙岛虽然并不总是绘画的主题，但它深深扎根于宗教与文化的宗教结构及文学结构中，它们渗透海洋，穿越朝鲜、日本和中国之间的水域，并通过共同的水域将它们维系在一起。

发现这些岛屿的愿望可以追溯到中国的早期历史。秦朝第一位皇帝秦始皇一生痴迷于长生不老的秘密，在一只鸟衔着具有起死回生神力的神奇植物来到中原之

图 8.4　仙岛卷轴画局部，描绘人类王国的七岛之一及其居民。明代，15 世纪，未知画家仿元代画家溥光（活动于约 1286—1309 年）所作。绢本水墨设色。皇家安大略博物馆，2005.22.1。在 A. 查尔斯·贝利先生和夫人的慷慨支持下收购。© Royal Ontario Museum.

后，秦始皇便派出使者——方士徐福——去寻找东方的神秘岛屿。徐福被派到岛上去获取药草。在一无所获之后，这位方士惊慌失措地回到皇帝面前，撒谎说，东海海神要求进献大量的贡品来换取这种神奇的药草。为了不再被迫承担不可完成的任务，徐福逃到了日本，建立了日本国（Wang 2005：8—9）。这些传说是不诚实如何催生更多谎言的经典范例，除此之外，它还对中国人对日本的想象产生了长远的影响。就像欧洲人去美洲是想找到中国一样，中国人期待在日本诸岛找到传说中的徐福的文明并据此行事。日本神话中也有类似的故事，代替徐福的是"青芥部"（Wasobiowe）这个人物（Egeler 2017：309—310）。

在海底，奇景和斗争仍在继续。一个著名的水下世界就是东海龙王敖广的龙宫（Luo and Grydehøj 2017：33）。在日本神话中也有龙宫城（Ryūgū-jō），即海之龙神（kami）居住的宫殿。龙神在波涛下的堡垒中安身，是它目之所及众生的主宰，是体现东海财富和权力的强大而多变的自然力。龙神和八仙的小冲突体现了一种自然环境的内在冲突，表达了自然的动乱。在一则故事中，在陆海之间发生了一连串针锋相对的冲突之后，四海龙王掀起了海啸来摧毁他们的对手。接着八仙将泰山推入海中，用土来填满大海，于是龙王把八仙告到天庭的玉皇大帝面前，由天庭的律法来惩罚他们（Yuan 2006：130）。在日本民间传说中，一个名叫浦岛太郎（Urashimotaro）的青年被一只海龟带到海底的龙宫，在那里他遇到了乙姬（Otohime）公主和她的侍女。当他回到海面上时，发现已经过去了三百年（Kawai 1995：107）。

海洋为神话中强大的神灵提供了庇护所，也为王权治理之外的无序的混乱提供了庇护所。在秩序的框架出现之前，冲突和政治对抗是必须的。多数情况下，这些神话的现代形式是在欧洲人所知的中世纪时期得到巩固和定型的，它们给艺术、诗歌、文学，以及民间传说的讲述和再讲述带来了灵感，并随之出现了纪念八仙、龙王等人物的民间习俗。罗斌和葛陆海认为，"真正的去殖民化的岛屿研究，必须超越仅考虑'当地'对西方强加给岛屿之比喻的反应的模式"（2017：40）——这是这个例子给我们上的丰富一课，应该适用于所有非欧洲的海洋想象世界。承认它们在平等、相同的认知基础上的力量是全球海洋文化史的一项重要任务：东亚有自己的

210

岛屿想象，与西方叙事相互交织却又彼此独立。

被淹没的泰米尔家园

印度和东南亚参与了更广泛的远洋叙事网络，它是佛教世界的一部分，也是延伸至整个亚洲的贸易环线的一部分。它们的传统被统一在世界史学家珍妮特·阿布-卢格霍德（1989）所描述的殖民前印度洋世界的一条重要的世界环线中，其在印度的东段将伊斯兰世界和东亚联系在一起且至关重要。佛教研究学者莎拉·肖将印度故事中的海景形容为"故事讲述者汲取的'意符（signifiers）之潭'，在传统与传统之间，以及在各传统之内都适用"（2012：132）。这座跨越耆那教、印度教和佛教多个传统的深潭是充满叙事变奏曲的更广阔的印度洋地区的一部分。

如本卷《引言》所述，印度教神话中充满极具影响力的创造天地意象，在这些故事中，海洋从混乱中建立秩序，印度洋是摇篮也是催化剂，是创造之潭也是毁灭之潭。我们对这一部分的个案研究来自印度南部和斯里兰卡，融合了历史、神话、环境灾难、中世纪的接受和现代的改编。泰米尔神话讲到一座失落的大陆，今天许多人称之为利莫里亚（Lemuria），它在"剑与魔法派"故事中流传，在欧洲被神智学协会（Theosophical Society）等神秘学教派改编，并在流行文化中经久不衰。 211这个传说最早是在中世纪晚期卡奇阿帕·西瓦查尔亚拉（Kachiappa Sivacharyara）所著的《坎达往事书》（*Kanda purānam*）（印度教宗教文献合集《室建陀往世书》[*Skanda purāna*]的泰米尔文版本）中为人所知，它取材于与今印度泰米尔纳德邦（Tamil Nadu）和斯里兰卡之间被称为古默里坎达（*Kumari kandam*）的失落之地有关的历史悠久的故事。在经过中世纪许多泰米尔作家的传播和改编后，这个故事被欧洲科学家和19世纪的民族历史幻想作家所采纳，作为"失落的利莫里亚大陆"的证据，后来成为泰米尔历史极有影响力的一部分。它是一个更大、更复杂故事的一部分，该故事描述了几个世纪前受到"*katalkōl*"（海侵）之灾侵袭的一片陆地，"*katalkōl*"很可能指的是一场大海啸（Ramaswamy 2004：142）。这次水淹的象征意义在泰米尔文化中能够被强烈地感受到：再也看不到洪水之前的祖先家园的文字和著作了。文化史学家苏马蒂·拉马斯瓦米（Sumathi Ramaswamy）痛心地指出，"祖先的遗产并没有在今天支撑着泰米尔人的家园和灶台，而是被埋葬在印度洋海底的'水坟'中"（142）。海洋具有强大的功能，既能吸收文化历史，又能保留它们的记忆，将它们隐藏在视线之外，它们总是从海浪中再度出现，进入政治和文化话语。

从公元前4世纪到公元16世纪，泰米尔潘地亚（Pandyan）诸王的各个分支一直统治着这个地区，中世纪有许多关于他们的大片陆地被海洋吞噬的记载。洪水中的生与死被刻在南印度人民的文化记忆中，可追溯到印度教神话中的洪水故事。关于失去的陆地、城市、寺庙和圣地的传说记载，勾画出了易遭地形突变和灾难性洪水影响的脆弱海岸线。要想象泰米尔人民遭受的损失，人们可以这样想象：一大片曾经是古代或中世纪欧洲世界的沿海地块已不复存在，消失在海浪之下。它在文化上比亚特兰蒂斯更亲近直接，如希腊或意大利已不复存在。被淹没的利莫里亚仍然存在于文化记忆中，但大海已经将它吞噬。拉马斯瓦米得出的结论是，这种失落感成为泰米尔民族主义兴起的基本因素，其复杂的相互作用塑造了文化历史感、社会政治失落感和有争议的见解。21世纪泰米尔人所继承的将科学与神话相结合的权威主张是"不适宜的、贫乏的，既不符合历史、也不符合幻想的需要"（Ramaswamy 2004：226）。把事实调查和神话故事相结合，任何观察人士都不会感到满意。

欧洲伪历史的势力也相当庞大，对柯南系列小说（Conan stories）的作者罗伯特·E. 霍华德（Robert E. Howard）等浪漫主义远古种族奇幻文学作家产生了影响。在《西伯莱人时代》（The Hyborian Age）一文中，霍华德设想了一个被气候灾难拖垮的大洪水前的纯粹帝国世界，在这张画布上他绘出了剑与魔法的故事。在霍华德华丽的想象中，"火山爆发，可怕的地震撼动了帝国辉煌的城市。整个国家被完全抹去"（1936）。霍华德将失落的大陆理论纳入他臭名昭著的人类史前历史种族主义幻想，这证明对与该理论有关的神话制造的强烈批评是正确的。正如拉马斯瓦米所说，这个故事已经成为"欧美以'失落的大陆'为标签撰写地球史前历史的自由学者的支柱"（2004：2）。这种幻想主义虚构伪学术流派试图借助亚特兰蒂斯、利莫里亚或另一块被称为"穆"（Mu）的失落大陆的故事，来"破解"复活节岛或马丘比丘（Machu Pichu）的奥秘。

这些说法受到拉马斯瓦米的蔑视是完全应该的，但它们也极大地解释了如今附加在想象世界中的传奇色彩。对那些作家而言，海洋不可能是一个充满生活故事和多元历史的王国，反而应该是一个关于消失的王国、失落的文化和湮灭的种族的地方。拉马斯瓦米指出（2004：3），将一个地方归类为"失落"是*什么*意思，是比它是否存在过更为紧迫的问题。把某物称为"失落"的象征资本，与把某处称为"想象"有着相同的血缘：作为"消失的、湮灭的、淹没的、隐秘的"过去，又回来纠缠现在。每一种文化都有一个纠缠它数百年的故事，世界上的海洋也是如此。利莫里亚的故事还远未结束，它是前现代文学文化的另一种表现形式，产生着一种重复的、改编的共鸣。

神奇的伊斯兰式海洋

西方人通过《一千零一夜》中《辛巴达航海》受到广泛翻译而产生的东方主义蜜饯熟悉了来自伊斯兰世界的海洋传说。这些故事讲述了一位巴格达的富人试图通过冒险来找回被他挥霍的财富而进行的不断尝试。这些故事由一般认为在 9 世纪时被译为阿拉伯文的各种传说构成。这些故事最早的版本起源于波斯和印度，但内容在几百年里不断被添加和修改，在 18、19 世纪被选入一些欧洲译本而闻名于世（Shafiq 2013：30—31）。当我们移向伊斯兰世界时，我们再次看到中世纪世界体系中的环线在起作用——中世纪航海家从波斯湾和红海港口启航，跨越从东非到西太平洋边缘的整个印度洋的记录。

欧洲航海旅行之外的故事是丰富多彩的，我们永远无法通过对比来评判它们。中世纪晚期和现代早期，在所谓的探索时代，人们努力尝试将海洋知识工具化、将想象的海洋景色具体化，结果只发现了傲慢和原始帝国（proto-empire）。伊斯兰教《古兰经》文学和诗歌中包含了丰富的水的象征和意象，为丰富的知识和文学文化提供了信息，这种文化跨越了从伊斯兰教产生前的蒙昧时期（*jahiliyyah*）一直到先知穆罕默德身后几个世纪（Alardawe 2016；Hassan 2014；Zargar 2014）的时间。海洋繁荣富饶、生生不息、广阔无边，大多数阿拉伯国家的热带气候和沙漠，就像基督教的沙漠思维和它的希伯来根基一样，保证了大海的稳定（Hassan 2014：133）。大海凸显了神的旨意。

213

在中世纪的阿拉伯世界，我们遇到了"*'ajā'ib*"（单数形式为 *'ajab*）（意为惊奇），即大自然的奇事、奇迹和奇观。不管这些奇观是在科学理解的范围之内还是超出了科学理解的范围，它们都属于真主创造的奇观（Shafiq 2011：15）。许多最为生动的中世纪奇迹出现在 10 世纪的《印度奇观》（*Kitāb 'ajā'ib al-hind*）中。我们在书中遇到了许多古典的、中世纪的奇迹，它们勾勒出横跨七海的丰富的印度洋世界，一个吸引着各文化各信仰的人们在丰富而多变的网络中和睦相处的世界（163）。这个世界从南中国海延伸到红海和波斯湾的顶端，一个个港口、一条条航程，让货物、故事和思想得以流通。这些地方所引起的富有想象力的反应，从哈利里所讲的 12 世纪的故事集《玛卡梅》中一则海难故事的插图可以清楚地看到（图8.5）。这个版本的插图画家 13 世纪上半叶在南伊拉克工作，他署名为"al-Wasiti"（瓦西蒂），这个名字起源于巴士拉附近的瓦西特（Wasit）。他让他的岛上居住着一些奇怪的生物，如鹦鹉、猴子，以及一个鸟身女妖，和一只有翅膀的人头猫，这两种图案常被用在金属制品和其他装饰艺术中。

不过，正如艺术史学家珀西斯·伯利坎普（Persis Berlekamp）所提出的那样，用为 13 世纪约翰·曼德维尔爵士的伪纪传体游记之类的欧洲文本所建立的模式来理解奇迹传说，是一种错误。欧洲的奇迹模式探索的是熟悉和经验的边界，熟悉之外的陌生。以这种方式阅读表面上内容相似的伊斯兰文学，将会丢失它完全可能存在的细微差别：奇迹反而应该被视为一种旨在"诱导人们对真主的创造和其秩序感到惊奇"的一贯尝试（14）。它们是对秩序和宇宙观的一种有意义的、反复的解释，在 13 世纪蒙古人入侵和他们对曾经牢固的权力结构重新排序而造成世界剧变之后，它们更是如此。"*'ajā'ib*"（惊奇）文学体裁固守已知的东西，而不是惊奇于未知的东西。

在《印度奇观》及其同类的描述中，对世界的分类和对世界的惊奇是同等程度的（Ducène 2018：269；Shafiq 2013：164）。鲸和巨鱼之类的海洋动物出现在海面，与船只嬉戏或攻击船只。在一则故事中，三头鲸鱼包围了一艘搁浅的船。船员们唯一能够活下来的方式就是整晚敲击木块和敲钟（Shafiq 2013：77—78）。在另一些地方有能够引起毁灭性飓风的飞鱼。在另一则故事中出现了巨大的龙虾，大到它们的

214

图 8.5　东方的一座岛屿，哈利里《玛卡梅》第 39 章，转抄及作插图者为叶海亚·伊本·马哈茂德·瓦西蒂（Yahya ibn Mahmud al-Wasiti），伊拉克，634/1236—1237，纸本彩色。巴黎，法国国家图书馆，Ms. Arabe 5847。© Wikimedia Commons（public domain）.

角就像海里的两座山，它们把船锚拿来玩耍，给航行造成严重破坏。据传说，当龙虾到达中国南海的一座岛屿时，它们会变成石头，而且它们的眼睛是人们梦寐以求的药物（Shafiq 2013：79）。在瓦克瓦克岛上，据说树上结的果实形状像小人或人头，会以惊恐的声音大叫"瓦克瓦克！"（Ducène 2018：270）

　　正如伯利坎普所言，"最早带插图的关于创造奇观的手稿在神创造的奇观与地理区域的显著特征之间，保持着清晰的视觉上的区分"（2011：2—3）。随着时间的推移，这些手稿越来越被认为是用制作地图的形式来探索奇观，逐步地将地理学解析成一种不同于插图版 "*'ajā'ib*"（惊奇）的体裁（4）。人类的作用在整个过程中得到了不同程度的强调，后来的中世纪文本更倾向于在人类旅行和遭遇的背景下，而不是通过他们的宇宙观框架来构建惊奇的内容。"*'ajā'ib*"（惊奇）处于被创造的世界的"为什么"和"是什么"的复杂生态系统中，它是一组更广泛的具细微差别概念的一部分，这些概念包括 "*makhlūqāt*"（创造的事物）、"*gharā'ib*"（奇怪的事物）和 "*mawjūdāt*"（存在的事物）。

正是在海洋中，变化、恐怖、惊奇和财富交织在一起，对它们的理解，最早是通过神的起源，后来是通过为了见到它们而需的航行。难怪这些故事如此吸引早期翻译者的东方主义想象力：它们将生动的内容和对旅行、航行的详细描述结合在了一起。将来，中世纪文化史必须学会把这些故事看作一个分散的、全球性的叙事群体，而不是透过异国情调、慵惰和不公的浪漫镜头来窥探它们，这是文学教授爱德华·W. 赛义德（Edward W. Said）在他的影响深远的《东方主义》（*Orientalism*）一书中提出的著名观点。

欧洲西部难以捉摸的岛国

在旅程的最后，我们回到我们旅行得更多、更熟悉且文化上更占优势的水域。欧洲具有一种独特的、超越其极限的想象力流派。在"外界"的东方，有一片陆地遍布着狗头人、巨人和食人族，北非之外的酷热南方被认为是无法逾越的赤道地狱。对于科学史学家洛林·达斯顿（Lorraine Daston）和凯瑟琳·帕克（Katherine Park）而言，欧洲的奇观"扩大了其读者对于可能性的感觉，使他们去幻想有着令人难以置信的财富、灵活的两性角色、极度的奇异和美好的另一种世界"（2008：60）。在西方，在水的中间，散布着零星的岛屿、怪物、《圣经》中的奇迹和幻想。一些学者，如中世纪史学家塞尔维·巴赞–塔凯拉（Sylvie Bazin-Tacchella）和阿尔布雷希特·克拉森（Albrecht Classen），对这些五花八门的奇迹都作了极佳的描述（Bazin-Tacchella 2002：annex 1，99—120；Classen 2018：chs. 2—3，53—88）。

在地中海舒适的包围圈之外的中世纪欧洲的海洋，是一片未知的领域，是一个熟悉得出奇的陌生人。它们在陆地之外，也在世界之外，存在于一个充满奇迹和神秘的空间内（Adão da Fonseca 2018：129—130）。正因如此，豪奥法"欧洲的海洋不是家园"的说法才变得恰如其分。我们之所以期望在中世纪的海洋中存在异世界和想象的世界，是因为中世纪海洋领域的知识让观察者们期望它们存在。中世纪史学家塞巴斯蒂安·索贝奇提出，"陆地和海洋的对立贯穿在（欧洲）文明中，从基本、主要的二分法延伸到更复杂的文学背景"（2008：10）。在不列颠的情况下，这就意味着，好比说，"不列颠的，因而也就是英格兰的边缘地位，促成了与大海密不可分的英国风格的叙事"（10）。其结果是故事的丰富多彩，它巩固了身份，但也疏远了想象。

欧洲人用来描述欧洲以外陆地的词汇很能说明问题。对于"两海之间"（*entremers*）的陆地——如一侧是印度洋和波斯湾、另一侧是地中海的埃及，以及"海洋之外"（*outre-mer*）的陆地——如耶路撒冷和巴勒斯坦（后者成为十字军国家非正式的诺曼名称），中世纪史学家尼古拉斯·雅斯佩特（Nikolas Jaspert）和塞巴斯蒂安·科蒂茨（Sebastian Kolditz）探讨了中世纪的地理思维在二者上的区别（2018：8）。这些命名的方式反映出"海洋本身是将彼此隔离的陆地连接在一起的枢纽"（9）。如艾曼纽埃尔·瓦格农在本卷《表现》一章中所述，古典地理学认为，印度洋实际上是一座巨大的四面有边界的内陆海（Adão da Fonseca 2018：129），它不是欧洲主要关心的问题，却让它的想象焕发出光彩。从相反的方向看画面就会翻转过来，如 12 世纪伊德里西的《云游者的娱乐》就将不列颠群岛描绘为被"黑暗之海"（大西洋在前现代阿拉伯的名称）所包围的遥远而边缘的陆地（Chism 2016：500）。

欧洲的想象世界招致了一些文化浪漫主义的火花和激情。最具影响力的传统故事有许多竞争者：曼德维尔、布伦丹航海或马可·波罗。这些文本材料的任何一个都能构成本章的重点，我过去也曾花时间对它们进行了讨论（Smith 2016）。爱尔兰文化在这种现象中处于前沿和中心。在对海洋中的想象世界或异世界更广泛的理解中，想象的岛屿从水中浮出。爱尔兰"*echtrai*"（前基督教英雄的航行）和"*imramma*"（基督徒的航行）等题材是爱尔兰和欧洲神话的主要内容（Westropp

1912）。前往"青春之岛"等地的旅程，以及与把这座岛屿称为家园的超自然的、神圣的丹努之子（Tuatha Dé Danann）（女神丹努的部族）之间的交流，让这类题材蒙上了惊奇和神秘的色彩，但这远远不是故事的全部。同样，斯堪的纳维亚人也有他们自己的"西部岛屿"，如"*Vinland*"（葡萄之地）、"*Hvítramannaland*"（白人之地）、"*Glaesisvellir*"（闪烁之地）、"*Ódáinsakr*"（不朽之地）（Egeler 2017：1—2）。长期以来，人们对北大西洋的想象中的岛屿进行了大量的分类研究，其中的典型代表是作家、诗人威廉·亨利·巴布科克（William Henry Babcock）1922 年对大西洋传奇岛屿的广泛研究《传说中的大西洋岛屿：中世纪地理学研究》（*Legendary Islands of the Atlantic*；*a Study in Medieval Geography*）。它融合了地理、制图和欧洲神话创作，受现代起源幻想的影响，并经历了令人惊讶的漫长来生。14 世纪后期《加泰罗尼亚地图集》中的一段说明文字对此有清楚的表明。地图集由一位马略卡的犹太人制作于西地中海，放在北大西洋爱尔兰海岸附近的一大段说明文字详细说明"外界"有：

217

> 许多令人惊叹的岛屿，它们的存在是可信的。其中有一座小岛，岛上的人永不死去，因为当他们即将老死时，便会被送到岛外。岛上没有毒蛇、青蛙，也没有毒蜘蛛，土壤会将它们驱除，因为它是克利尔岛（洁岛）（Cléire/Clear Island）所在之处。此外，岛上还有像成熟的无花果一样吸引鸟儿的树木。还有一座岛，岛上的女子从不生育，因为按照习俗，当她们即将生育时，便会被带到岛外。

（The Cresques Project n.d.：panel Ⅲ.1）

在《加泰罗尼亚地图集》中，凯尔特神话的记忆与源自亚历山大传奇的东方古典地理学并存，并在历史上见证了马略卡水手对西非海岸的探索。

中世纪人们所知的想象世界通过接受和新的制作而大量地涌现，在理解这一点时，将目光投向欧洲以外是至关重要的。此外，同样重要的是要考虑为*什么*这些世界出现于海洋中，以及它们描述的是*什么*。民族主义的神话创造，就像以上讨论的围绕利莫里亚的泰米尔叙事，同样也是欧洲民族身份和民族划分的核心。爱尔兰的例子就极好地证明了这一点。前现代爱尔兰基督教神话故事的影响力，以及对它富有浪漫色彩的接受，一直持续到 19 世纪末、20 世纪初的"凯尔特薄暮"（Celtic Twilight）民族创造时期。爱尔兰著名诗人叶芝（W. B. Yeats）在他著名的民间故事集《凯尔特的薄暮》（*Celtic Twilight*）中迷恋于漂浮的爱尔兰岛的神秘与浪漫。在这样的空间里，"人们没有苦劳和担忧，没有嘲讽的笑声，却能在成荫的树丛里，听库楚兰（Cuchulin）和他的英雄们交谈"（1893：157）。

叶芝似乎捕捉到了神话创作中"潮辩"的漩涡和激流：就像漂浮物和废弃物回到陆地一样，故事同样也会被冲刷到孤独的海岸上。神秘的海布雷泽尔（Hy Brasil）岛是对即将到来的别的事物的永恒的预示，无论这个事物是文化动荡，是更好的时代还是更坏的时代。就像以上描述的马基拉岛之"事"一样，它的海岛想象形成了一种对于积极的神话创造，对于浸透着情感、故事和惊奇的地方创造的富有表现力的比喻。按照社会学家芭芭拉·弗赖塔格（Barbara Freitag）的分类（2013），海布雷泽尔的故事就像许多其他欧洲神话中的群岛一样，是一种混杂、融合了绘图错误和猜测，并演变成大众想象、民族建构和爱尔兰例外论的神话传说。爱尔兰民俗学家和古文物研究者托马斯·约翰逊·韦斯特罗普（Thomas Johnson Westropp）很高兴地声称"早期的盖尔人（Gael）喜爱海上传说"（1912：226），而叶芝等浪漫主义者则将这种喜爱，或说他们所感应到的喜爱，输送到民族神话创造中。其结果，就是爱尔兰风格的汇集，是想象者作为民族身份负责人的角色而带来的一堆共同经验。

这种现象可以延伸到无数其他的欧洲表现形式中。当哥伦布在 15 世纪 90 年代开始他的美洲之旅时，他的想象世界也伴随着他。中世纪知识历史学家瓦莱丽·弗林特（Valerie Flint）特别提出，基督徒的新世界神话创造利用了遥远的国家以前所拥有的能量，"以地理图画和描述组成，详尽却也陌生，有些来自《圣经》，有些来自（基督教水手和朝圣者的故事）"（1992：xiii）。我在过去曾探讨过（Smith 2016：534—535），当哥伦布航行到西部时，他遭遇了想象世界的后遗症，让海洋充满了疯狂的地图和神话的幻想。当元素来自不同的有影响力的文化时，它们产生了埃格勒所说的"共鸣"（2017：291），导致了一种被改变但也被加强的综合文化元素。譬如，基督徒的人间天堂、爱尔兰的异世界岛屿和罗马的仙岛结合在一起，创造出圣布伦丹的岛屿：一种持续了几个世纪、具有文化力量的综合物。哥伦布相信它是"外界"，是从它们前身的组成部分中形成的想象中地点的群岛的一部分。如中世纪文学和制图学学者阿尔弗雷德·希亚特（Alfred Hiatt）（2016：513）所言，欧洲中世纪包含了许多相互矛盾和不断演变的关于海岛空间的概念，这些概念在1492年以后继续改变、变化，将中世纪与现代融合在一起。

结论

阿布 卢格霍德对全球文化交流有一个著名的描述，"在一个体系中，必须要研究的是各部分之间的关系"，因为"当这些关系紧密并成为网格状时，这个体系便可称为'上升'；当它们破损时，体系就衰退"（1989：368，emphasis in original）。因而，历史的改变和社会的连通性刺激了中世纪时期地区联系乃至全球联系的兴衰（Davis and Puett 2016）。中世纪渗透在世界的海岛知识中，只因一个简单的原因：欧洲的前现代性是评判其他所有故事的透镜。由此我们对它们含义的接受被扭曲成了欧洲的形式。

我们可通过比较研究和对易变的多元性与多样化的重新认识，来扩展我们关于海洋文化史的观点，这样我们就可以达到跨学科研究和合作研究的新的可能性。通过寻找跨越文化、空间和时间的共鸣，新的历史会成为可能。总之，想象的世界是对海洋的共同感知，是人类经验的群岛。中世纪的海洋掩盖了我们今天在全球化的世界中所熟悉的思想、文化和民族，但在当时，它们在空间上遥不可及，因此在知识上被包裹在神奇、超自然和超时间当中。熟悉或晦涩叙事的悠久历史证明了这种遗产，在"全球中世纪"的每一种远洋文化中，这个故事都是相同的。

当我们注视海洋，想象把它理解为历史的时候，我们看到的是什么呢？通过一系列主题实例研究，本章考察了全球中世纪在海洋文化史中对想象世界的接受和改编，其范围从来世、众神的故事到淹没的海岸线、自然和非自然的奇迹，以及消失的岛屿。它的原始材料多种多样，同等程度地来自民间传说、神话故事、现存的文化遗产、历史、游记、文学和文化理论。我们可以把这些海洋的想象世界理解为人类由来已久的对海洋的关注，不是把海洋作为客观的历史实体，而是作为预示历史且传递故事的密码。通过复制、翻译、再翻译、分享、旅行和改编，从中世纪海洋世界的多元文化中产生了层层叙事和知识。本章仅是浮光掠影，它们真正深层的含义还在等待着水落石出。

参考文献

原始资料

Ahmad, S. Maqbul (1989), *Arabic Classical Accounts of India and China*, Calcutta: Indian Institute of Advanced Study.

Akhbār al-sīn wa-l-hind (2014), *Accounts of China and India: Abū Zayd al-Sīrāfī*, ed. and trans. Tim Mackintosh–Smith in Philip F. Kennedy and Shawkat M. Toorawa (eds.), *Two Arabic Travel Books*, 4–161, New York: New York University Press.

Aucassin and Nicolette and Other Tales (1971), trans. Pauline Matarasso, Harmondsworth: Penguin Books.

al-Biruni, Abu'l-Rayhan (1936–7), *Al-jamāhir fī maʿrifat al-jawāhir*, ed. Fritz Krenkow [in Arabic], Hyderabad: Osmaniya Oriental Publication Bureau.

Boccaccio, Giovanni (2010), *Il Decamerone*, trans. Mark Musa and Peter Bondanella as *The Decameron*, New York: Signet Classics.

Buondelmonti, Cristoforo (2018), trans. and ed. Evelyn Edson as *Cristoforo Buondelmonti, Description of the Aegean and Other Islands*, New York: Italica Press.

Chaucer, Geoffrey (2018), *The Canterbury Tales*, ed. Larry D. Benson as *The Riverside Chaucer* [in Middle English], Boston: Houghton-Mifflin Co. Available online: https://chaucer.fas.harvard.edu/pages/general-prologue-0 (accessed October 19, 2020).

de Clari, Robert (1996), *La Conquête de Constantinople*, trans. Edgar Holmes McNeal as *The Conquest of Constantinople*, Medieval Academy Reprints for Teaching, Toronto: University of Toronto Press.

Erivgenae, Iohannes Scotti (1995), *Periphyseon (De Divisione Naturae): Liber Quartus*, ed. Edouard A. Jeauneau, trans. John J. O'Meara and I.P. Sheldon-Williams [in Latin and English], Dublin: Institute for Advanced Studies.

Gerald of Wales (1982), *Topographia Hibemica*, trans. John O'Meara as *The History and Topography of Ireland*, London: Penguin Classics.

Hall, Martin and Jonathan Phillips, eds. and trans. (2013), *Caffaro, Genoa and the Twelfth-Century Crusades*, Farnham: Ashgate.

al-Hariri, Abu Muhammad al-Qasim b. ʿAli b. Muhammad (1898), *The Assemblies of Al-Hariri*, trans. F. Steingass, London: Royal Asiatic Society.

Ibn Fadlan, Ahmad (2012), *Risāla*, trans. as "Mission to the Volga," in Paul Lunde and Caroline Stone (eds.), *Ibn Fadlan and the Land of Darkness: Arab Travelers in the Far North*, 3–58, London: Penguin.

Ibn Ishaq (1955), *Sīrat rasūl Allāh*, ed. and trans. A. Guillaume as *The Life of Muhammad*, Oxford: Oxford University Press.

Ibn Jubayr, Abu'l-Husayn Muhammad (2013), *Rihla*, trans. Roland Broadhurst as *The Travels of Ibn Jubayr*, New Delhi: Goodword Books.

Ibn Majid, Ahmad (1971), *Al-ʿulūm al-baḥriyya ʿinda al-ʿarab. Al-qism al-thani: musannafat Shihab al-Din Ahmad b. Majid b. Muhammad b. ʿAmru b. Fadl b. Duwayk b. Yusuf b. Hasan b. Husayn b. Abi Muʿalliq al-Saʿdi b. Abi Rakaʾib al-Najdi. Al-jizʾa al-awwal: Kitāb al-fawāʾid fī usūl al-ʿilm al-bahr wa-l-qawāʾid*, ed. Ibrahim al–Khuri [in Arabic], Damascus: Matbuʿat Majmaʿ al-Lughat al-ʿArabiyya bi-Damashq.

Ibn Majid, Ahmad (1993), *al-Nuniyya al-kubrā maʿa sitt qasāʾid ukhra*, ed. Hasan Salih Shihab [in Arabic], Muscat: Ministry of Culture and Heritage.

Ibn al-Mujawir, Yusuf ibn Ya'qub (2008), *Ta'rikh al-mustabsir*, trans. G. Rex Smith as *A Traveller in Thirteenth-century Arabia: Ibn al-Mujawir's Tarikh al-Mustabsir*, London: The Hakluyt Society.

Joinville, Jean de and Geoffrey de Villehardouin (1963), *Chronicles of the Crusades*, trans. Margaret R.B. Shaw as *Chronicles of the Crusades*, Harmondsworth: Penguin Books.

Kautilya (2016), *The Arthashastra*, trans. L.N. Rangaranjan as *The Arthashastra*, New Delhi: Penguin Random House India.

Konungs Skuggsjá (1917), trans. Laurence Larson as *The King's Mirror (Speculum Regale–Konungs Skuggsjá)*, New York: American-Scandinavian Foundation; London: Humprey Milford; Oxford: Oxford University Press.

Ma Huan (1970), *Ying-yai Sheng-lang*, trans. from the Chinese and ed. Feng Ch'eng Chun with introduction, notes and appendices by J.V.G. Mills as *Ying-yai Sheng-lan, The Overall Survey of the Ocean's Shores (1433)*, Cambridge: Cambridge University Press.

al-Mahri, Sulayman b. Ahmad (1970), *Al-ʿulūm al-bahriyya ʿinda al-ʿarab. Al-qism al-awwal; musannafat Sulaymān b. Ahmad b. Sulayman al–Mahrī. Al-jizʾa al-awwal: al-ʿumdat al-mahrīyya fi dabt al-ʿulūm al-bahriyya*, ed. Ibrahim al-Khūrī, Damascus: Matbuʿat Majmaʿ al-Lughat al-ʿArabiyya bi-Damashq.

al-Muqaddasi, Shams al-Din Abu ʿAbd Allah Muḥammad (1906), *Kitāb ahsān al-taqāsim fi maʿrifat al-aqālīm*, ed. M. J. De Goeje, Leiden: Brill.

al-Muqaddasi, Shams al-Din Abu ʿAbd Allah Muhammad (2001), *Ahsan al–taqasim fi maʿrifat al–aqalim*, trans. Basil Anthony Collins [in English], Reading: Garnet.

al-Masʿudi, ʿAli b. Ḥusayn (1861–77), *Murūj al-dhahab wa-maʿādin al-jawhar*, 9 vols, ed. and trans. C.B. Meynard and P. De Courteille [in French], Paris: Imprimerie impériale.

Nikephoros Gregoras (1829), *Byzantina historia*, ed. Ludwig Schopen and Immanuel Bekker, vol. 2, Bonn: Weber.

Orkneyinga Saga (1978), *The History of the Earls of Orkney*, trans. Hermann Pálsson and Paul Edwards, London: Hogarth Press.

Periplus Maris Erythraei (1989), trans. Lionel Casson as *The Periplus Maris Erythraei: Text with Introduction, Translation, and Commentary*, Princeton, NJ: Princeton University Press.

Petrarch (2002), *Itinerarium ad sepulchrum domini nostri Yehsu Christi*, trans. Theodore J. Cachey, Jr. as *Petrarch's Guide to the Holy Land. Itinerarium ad sepulchrum domini nostri Yehsu Christi/Itinerary to the Sepulcher of Our Lord Jesus Christ. Facsimile edition of Cremona, Biblioteca Statale, Deposito Libreria Civica, manuscript BB.1.2.5*, Notre Dame, IN: University of Notre Dame Press.

Polo, Marco (1903), *Livres des Merveilles du Monde*, trans. and ed. Henry Yule and H. Cordier as *The Book of Ser Marco Polo the Venetian concerning the Kingdoms and Marvels of the East*, 2 vols, London: John Murray.

Polo, Marco (1976), *Livres des Merveilles du Monde*, trans. Ronald Latham as *The Travels*, repr., Harmondsworth: Penguin.

Polo, Marco (2016), *Livres des Merveilles du Monde*, trans. and ed. Sharon Kinoshita as *The Description of the World*, Indianapolis, IN: Hackett.

al-Ramhurmuzi, Buzurg b. Shahriyar (1929), *'Ajā'ib al-hind*, trans. Peter Quennell as *The Book of the Marvels of India* [based on the French trans. by L. Marcel Devic of the Arabic original], New York: Dial Press.

al-Ramhurmuzi, Buzurg b. Shahriyar (1990), *'Ajā'ib al-hind*, ed. Yusuf al-Sharuni as *'Ajā'ib al-hind: min qisas al-Milāhat al-'arabiyya* [in Arabic], London: Riad El-Rayyes.

Romance of Eneas (1974), trans. John A. Yunck as *Eneas: A Twelfth-Century French Romance*, New York: Columbia University Press.

Russian Primary Chronicle (1953), trans. S. Hazzard Cross and O.P. Sherbowitz-Wetzor, Cambridge, MA: Harvard University Press.

al-Saraqusti, Muhammad ibn Yusuf al-Tamimi (2002), *Al-maqāmāt al-luzūmīyah*, trans. James T. Monroe as *Al-Maqāmāt al-Luzūmīyah by Abū l-Tāhir Muhammad ibn Yūsuf al-Tamīmī al-Saraqustī ibn al-Aštarkūwī (d. 538/1143)*, Leiden: Brill.

Schurhammer, Georg (1977), *Francis Xavier: His Life, His Times*, vol. 2, India, 1541–1545, trans. M. Joseph Costelloe, Rome: The Jesuit Historical Institute.

Scylitzae, Ioannis (1973), *Synopsis Historiarum*, ed. Hans Thurn as *Ioannis Scylitzae Synopsis Historiarum*, Berlin: De Gruyter.

Scylitzae, Ioannis (2010), *Synopsis Historiarum*, trans. John Wortley as *John Skylitzes: A Synopsis of Byzantine History, 811–1057: Translation and Notes*, Cambridge: Cambridge University Press.

Las Siete Partidas (2001), ed. Samuel Parsons Scott and trans. Robert I. Burns as *Las Siete Partidas*, 5 vols, Philadelphia: University of Pennsylvania Press.

Strassberg, Richard E. (2002), *A Chinese Bestiary: Strange Creatures from the Guideways through Mountains and Seas*, Berkeley: University of California Press.

Thietmar of Merseberg (1957), *Chronik*, ed. and trans. Robert Holtzmann and Werner Trillmich, Darmstadt: Wissenschaftliche Buchgesellschaft.

Tibbetts, G.R. (1981), *Arab Navigation in the Indian Ocean Before the Coming of the Portuguese*, London: Royal Asiatic Society Books.

de Troyes, Chrétien (1991), *Erec et Enide, Cliges, Yvain, Lancelot*, trans. William W. Kibler and Carleton W. Carroll as *Four Arthurian Romances*, London: Penguin Books.

de Troyes, Chrétien (1994), *Cligès*, ed. and trans. Charles Méla and Olivier Collet as *Lettres Gothiques*, Paris: Le Livre de Poche.

Tudela, Benjamin of (2005), *Sefer Masa'ot*, trans. Adolf Asher as *The Itinerary of Benjamin of Tudela: Travels in the Middle Ages*, Cold Spring, NY: Nightingale Resources.

Uddyotanasūri (2008), *Kuvalayamālā*, trans. and ed. Christine Chojnacki as *Kuvalayamālā: Roman Jaina de 779, Composé par Uddyotanasūri*, 2 vols [in French], Marburg: Indica et Tibetica Verlag.

al-'Umara al-Hakami, *Ta'rīkh al-Yaman*, ed. and trans. Henry Cassels as *Yaman: Its Early Mediaeval History*, London: Edward Arnold.

Vita Niconis (1987), *Bios kai politeia kai merik thaumatn digsis tou hagiou kai thaumatourgou Niknos myroblytou tou Metanoeite* [The Life, Conduct, and Partial Narration of the Miracles of the Holy, Miracle-Worker Nikon Myrobletes the Metanoeite], ed. and trans. Denis Sullivan as *The Life of Saint Nikon: Text, Translation, and Commentary*, Brookline, MA: Hellenic College Press.

Zhao Rugua (1966), *Zhufanzhi*, trans. Friedrich Hirth and W.W. Rockhill as *Chau Ju-Kua: His work on the Chinese and Arab Trade in the Twelfth and Thirteenth Centuries, Entitled Chu-fan-chï*, New York: Paragon Book Reprint Corp.

二手资料

Abu-Lughod, Janet L. (1989), *Before European Hegemony: The World System AD 1250–1350*, Oxford: Oxford University Press.

Achaya, K.T. (1994), *Indian Food: A Historical Companion*, New Delhi: Oxford University Press.

Acri, Andrea (2019), "Navigating the 'Southern Seas', Miraculously: Avoidance of Shipwreck in Buddhist Narratives of Maritime Crossings," in Marina Berthet, Fernando Rosa, and Shaun Viljoen (eds.), *Moving Spaces: Creolisation and Mobility in Africa, the Atlantic and Indian Ocean*, 50–77, Leiden: Brill.

Adão da Fonseca, Luís (2018), "Straits, Capes and Islands as Points of Confluence in the Portuguese Ocean Route between the Atlantic and the East (in the Fifteenth Century)," in Nikolas Jaspert and Sebastian Kolditz (eds.), *Entre Mers—Outre-Mer: Spaces, Modes and Agents of Indo-Mediterranean Connectivity*, 129–38, Heidelberg: Heidelberg University Publishing.

Agius, Dionisius (2008), *Classic Ships of Islam: From Mesopotamia to the Indian Ocean*, Leiden: Brill.

Ahmed, Sara (2015), "Race as Sedimented History," *Postmedieval: A Journal of Medieval Cultural Studies*, 6 (1): 94–7.

Alardawe, Rania Mohamdshareef S. (2016), "The Poetic Image of Water in Jāhilī and Andalusian Poetry; A Phenomenological Comparative Study," unpublished PhD diss., Durham University, UK.

Aleem, A.A. (1967), "Concepts of Currents, Tides and Winds among Medieval Arab Geographers in the Indian Ocean," *Deep–Sea Research*, 14: 459–63.

Alpers, Edward (2013), *The Indian Ocean in World History*, Oxford: Oxford University Press.

Amitai, Reuven (2008), "Diplomacy and the Slave Trade in the Eastern Mediterranean," *Oriente Moderno*, n.s., 88: 349–68.

Amundsen, Colin, Sophia Perdikaris, Thomas Howatt McGovern, Yekaterina Krivogorskaya, Matthew Brown, Konrad Smiarowski, Shaye Storm, Salena Modugno, Malgorzata Frik, and Monika Koczela (2005), "Fishing Booths and Fishing Strategies in Medieval Iceland: an Archaeofauna from the of Akurvík, North-West Iceland," *Environmental Archaeology*, 10 (2): 127–42.

Anderson, Atholl (2006), "Islands of Exile," *Journal of Island and Coastal Archaeology*, 1 (3): 33–47.

Anderson, Atholl and Douglas J. Kennett, eds. (2012), *Taking the High Ground (Terra Australis 37): The Archaeology of Rapa, a Fortified Island in Remote East Polynesia*, Canberra: ANU E Press.

Anderson, Jon and Kimberley Peters (2016), "'A perfect and absolute blank': Human Geographies of Water Worlds," in Jon Anderson and Kimberley Peters (eds.), *Water Worlds: Human Geographies of the Ocean*, 3–19, London: Routledge.

Anonymous (1922), *Ein russisch-byzantinisches Gesprächbuch*, ed. Max Vasmer, Leipzig: Markert & Petters.

Astuti, Rita (1995), *People of the Sea: Identity and Descent among the Vezo of Madagascar*, Cambridge: Cambridge University Press.

'Atwan, Hussein (1982), *Wasf al-bahr wa-l-nahr fī-l-sha'r al-'arabī min al-'asr al-jāhilī ilā al-'asr al-'abbāsī al-thānī* [Portrayal of the Sea and Rivers in Arabic Poetry from the Jahiliyya to the Second Abbasid period], 2nd edn., Beirut: Dar al-Jil.

Babcock, William Henry (1922), *Legendary Islands of the Atlantic; a Study in Medieval Geography*, New York: American Geographical Society.

Bacci, Michele and Martin Rohde, eds. (2014), *The Holy Portolano / Le Portulan sacré: The Sacred Geography of Navigation in the Middle Ages. Fribourg Colloquium 2013 / La geographie religieuse de la navigation au Moyen Age. Colloque Fribourgeois 2013*, Freiburg: De Gruyter.

Bachrach, Bernard (1993), *Fulk Nerra*, Berkeley: University of California Press.

Badenhorst, Shaw, Paul Sinclair, Annell Ekblom, and Ina Plug (2011), "Faunal Remains from Chibuene, an Iron Age Coastal Trading Station in Central Mozambique," *Southern African Humanities*, 23 (1): 1–15.

Bagrow, Leo (1956), "Italians on the Caspian," *Imago Mundi*, 13: 3–11.

Bakirtzis, Nikolaos and Xenophon Moniaros (2019), "Mastic Production in Medieval Chios: Economic Flows and Transitions in an Insular Setting," *Al-Masāq*, 31 (2): 171–95.

Balard, Michel (2006), *La Méditerranée médiévale: Espaces, itinéraires, comptoirs*, Paris: Picard.

Balard, Michel, ed. (2017), *The Sea in History: The Medieval World / La mer dans l'histoire: Le Moyen Âge*, Woodbridge: Boydell Press.

Balard, Michel (2019), "Latins in the Aegean and the Balkans (1300–1400)," in Jonathan Shepard (ed.), *The Cambridge History of the Byzantine Empire, c.500–1492*, rev. edn., 834–51, Cambridge: Cambridge University Press.

Balard, Michel and Christophe Picard (2014), *La Méditerranée au Moyen Âge: Les hommes et la mer*, Paris: Hachette.

Baldacchino, Godfrey (2008), "Studying Islands, On Whose Terms? Some Epistemological and Methodological Challenges to the Pursuit of Island Studies," *Island Studies Journal*, 3 (1): 37–56.

Baldwin, R.C.D. (1980), "The Development and Interchange of Navigational Information and Technology Between the Maritime Communities of Iberia, North-Western Europe and Asia, 1500–1620," unpublished PhD diss., Durham University, UK.

Barraclough, Eleanor Rosamund (2012), "Sailing the Saga Seas: Narrative, Cultural, and Geographical Perspectives in the North Atlantic Voyages of the *Íslendingasögur*," *Journal of the North Atlantic*, 18: 1–12.

Barrett, James H. (2016), "Medieval Sea Fishing, AD 500–1550," in James Barrett and David C. Orton (eds.), *Cod and Herring*, 250–72, Oxford: Oxbow.

Barrett, James H. and David C. Orton, eds. (2016), *Cod and Herring: The Archaeology and History of Medieval Sea Fishing*, Oxford: Oxbow.

Barrett, James H. and Michael P. Richards (2004), "Identity, Gender, Religion and Economy: New Isotope and Radiocarbon Evidence for Marine Resource Intensification in Early Historic Orkney, Scotland, UK," *European Journal of Archaeology*, 7: 249–71.

Barrett, James H., Alison M. Locker, and Callum M. Roberts (2004), "Dark Age Economics' Revisited: The English Fish Bone Evidence AD600 –1600," *Antiquity*, 78: 618–36.

Batchelor, Robert (2013), "The Selden Map Rediscovered: A Chinese Map of East Asian Shipping Routes, c. 1619," *Imago Mundi*, 65 (1): 37–63.

Bazin-Tacchella, Sylvie (2002), "Merveilles aquatiques dans les récits de voyage de l'époque médiévale," in Danièle James-Raoul and Claude Thomasset (eds.), *Dans l'eau, Sous l'eau: Le monde aquatique au Moyen Age*, 79–120, Paris: Presses de l'université de Paris-Sorbonne.

Beaujard, Philippe (2005), "The Indian Ocean in Eurasian and African World-Systems before the Sixteenth Century," *Journal of World History*, 16 (4): 411–65.

Beaujard, Philippe (2012), *Les Mondes de l'Océan Indien*, 2 vols, Paris: Armand Colin.

Beech, Mark J. (2004), *In the Land of the Ichthyophagi: Modelling Fish Exploitation in the Arabian Gulf and Gulf of Oman from the 5th Millennium BC to the Late Islamic Period*, Oxford: British Archaeological Reports.

Belfioretti, Luca and Tom Vosmer (2010), "Al-Balīd Ship Timbers: Preliminary Overview and Comparisons," *Proceedings of the Seminar for Arabian Studies*, 40: 111–17.

Belhamissi, Moulay (2005), *Al-bahr wa-l-'arab fi-l-ta'rikh wa-l-adab* [The Sea and the Arabs in History and Literature], Algiers: Manshurat ANEP.

Bellon-Méguelle, Hélène (2006), "L'exploration sous-marine d'Alexandre: un miroir de chevalerie," in Chantal Connochie-Bourgne (ed.), *Mondes marins du Moyen Age*, 43–56, Aix-en-Provence: Presses universitaires de Provence.

Benecke, N. (1982), "Zur frühmittelalterlichen Heringsfischerei im südlichen Ostseeraum - ein archäozoologischer Beitrag," *Zeitschrift für Archäologie*, 16: 283–90.

Benjamin, Thomas (2009), *The Atlantic World*, Cambridge: Cambridge University Press.

Berlekamp, Persis (2011), *Wonder, Image, and Cosmos in Medieval Islam*, New Haven, CT: Yale University Press.

Bernáth, Balázs, Alexandra Farkas, Dénes Száz, Miklós Blahó, Ádám Egri, András Barta, Susanne Åkesson, and Gábor Horváth (2014), "How Could the Viking Sun Compass Be Used with Sunstones Before and After Sunset?," *Proceedings: Mathematical, Physical and Engineering Sciences*, 470 (2166): 1–18.

Bessard, Fanny (2020), *Caliphs and Merchants*, Oxford: Oxford University Press.

Bhindra, S.C. (2002), "Notes on Religious Ban on Sea Travel in Ancient India," *Indian Historical Review*, 29 (1–2): 29–47.

Biedermann, Zoltán (2006), *Soqotra: Geschichte Einer Christlichen Insel im Indischen Ozean vom um bis zur Frühen Neuzeit*, Wiesbaden: Harrassowitz.

Biedermann, Zoltán (2010), "An Island under the Influence," in Ralph Kauz (ed.), *Aspects of the Maritime Silk Road*, 11–16, Wiesbaden: Harrassowitz.

Biedermann, Zoltán (2017), "Les îles dans la cartographie portugaise de la Renaissance," in Éric Vallet and Emmanuelle Vagnon (eds.), *La fabrique de l'Océan Indien: Cartes d'orient et d'occident*, 211–23, Paris: Editions de la Sorbonne.

Bill, Jan (2008), "Viking Ships and the Sea," in Stefan Brink with Neil Price (eds.), *The Viking World*, 170–80, London: Routledge.

Billig, Volkmar ([1936] 2009), *Inseln: Geschichte einer Faszination*, Berlin: Matthes and Seitz.

Blackburn, Mark (2011), *Viking Coinage and Currency in the British Isles*, London: Spink.

Blue, Lucy (2006), "Sewn Boat Timbers from the Medieval Islamic Port of Quseir al-Qadim on the Red Sea Coast of Egypt," in Lucy Blue, Frederick Hocker, and A. Englert (eds.), *Connected by the Sea: Proceedings of the 10th International Symposium on Boat and Ship Archaeology*, 277–84, Oxford: Oxbow Books.

Bodenhamer, David J., John Corrigan, and Trevor M. Harris, eds. (2015), *Deep Maps and Spatial Narratives*, Bloomington: Indiana University Press.

Boivin, Nicole, Alison Crowther, Mary E. Prendergast, and Dorian Q. Fuller (2014), "Indian Ocean Food Globalisation and Africa," *African Archaeological Review*, 31 (4): 547–81.

Bonner, Michael (2011), "The Arabian Silent Trade: Profit and Nobility in the 'Markets of the Arabs'," in Margariti Eleni Roxani, Adam Sabra, and Petra M. Sijpesteijn (eds.), *Histories of the Middle East: Studies in Middle Eastern Society, Economy, and Law in Honor of A.L. Udovitch*, 23–52, Leiden: Brill.

Bopearachchi, Osmund (2014), "Sri Lanka and the Maritime Trade: Bodhisattva Avalokitesvara as the Protector of Mariners," in Upinder Singh and Parul Pandya Dhar (eds.), *Asian Encounters: Exploring Connected Histories*, 161–87, New Delhi: Oxford University Press.

Bouloux, Nathalie (2012), "L'*Insularium illustratum* d'Henricus Martellus," *Historical Review / La Revue Historique*, 9: 77–94.

Bramoullé, David (2007), "Recruiting Crews in the Fatimid Navy (909–1171)," *Medieval Encounters*, 13: 4–31.

Bramoullé, David (2012), "The Fatimids and the Red Sea (969–1171)," in Dionisius Agius, John Cooper, Athena Trakadas, and Chiara Zazzaro (eds.), *Navigated Spaces, Connected Places, Proceedings of Red Sea Project V held at the University of Exeter September 2010*, 127–36, Oxford: Archaeopress.

Bramoullé, David (2017), "Représenter et décrire l'espace maritime dans le califat fatimide. L'exemple des cartes de la Méditerranée et de l'océan Indien," *Cartes et Géomatique*, CFC, 234: 55–68.

Braudel, Fernand (1972), *The Mediterranean and the Mediterranean World in the Age of Philip II*, 2 vols, trans. Siân Reynolds, New York: Harper & Row.

Brett, Michael (2017), *The Fatimid Empire*, Edinburgh: Edinburgh University Press.

Brice, William C. (1977), "Early Muslim Sea-Charts," *Journal of the Royal Asiatic Society of Great Britain and Ireland*, 1: 53–61.

Brill, Robert (1995), "Chemical Analysis of Some Glasses from Jenne-Jeno," in Susan McIntosh (ed.), *Excavations at Jenne-Jeno*, 252–7, Berkeley: University of California Press.

Brisbane, Mark A., Nikolai A. Makarov, and Evgenij Nosov, eds. (2012), *The Archaeology of Medieval Novgorod in Context*, Oxford: Oxbow.

Brotton, Jerry (2002), *The Renaissance Bazaar*, Oxford: Oxford University Press.

Buchet, Christian and Michel Balard, eds. (2017), *The Sea in History: The Medieval World / La mer dans l'histoire: Le Moyen Âge*, Woodbridge: Boydell and Brewer.

Budak, Neven (2018), "One more Renaissance?," in Mladen Ančić, Jonathan Shepard, and Trpimir Vedriš (eds.), *Imperial Spheres and the Adriatic: Byzantium, The Carolingians and the Treaty of Achen (812)*, 174–91, Abingdon: Routledge.

Bulgakova, Victoria (2004), *Byzantinische Bleisiegel in Osteuropa*, Wiesbaden: Harrassowitz.

Buschinger, Danielle and Wolfgang Spiewok, eds. (1997), *La mer dans la culture médiévale*, Actes du colloque Saint-Valery-sur-Somme, 20–23 mars 1997, *Speculum Medii Aevi, Zeitschrift für Geschichte und Literatur des Mittelalters / Revue d'Histoire et de Littérature médiévales* 3, Griefswald: Reineke Verlag.

Byrne, Aisling (2016), *Otherworlds: Fantasy and History in Medieval Literature*, Oxford: Oxford University Press.

Calanca, Paola (2010), "Perception et pratique de l'espace maritime par les fonctionnaires chinois (XIVe-début du XIXe siècle)," *Bulletin de l'Ecole française d'Extrême-Orient*, 97–8: 21–54.

Campbell, Gwyn (2016), "Africa and the Early Indian Ocean Exchange System in the Context of Human-Environment Interaction," in Gwyn Campbell (ed.), *Early Exchange between Africa and the Wider Indian Oceanic World*, 1–23, Cham: Palgrave Macmillan.

Campbell, Tony (1986), "Census of Pre-Sixteenth-Century Portolan Charts," *Imago Mundi*, 38: 67–94.

Campbell, Tony (1987), "Portolan Charts from the Late Thirteenth Century to 1500," in John B. Harley and David Woodward (eds.), *The History of Cartography, 1: Cartography in Prehistoric, Ancient and Medieval Europe and the Mediterranean*, 441–4, Chicago: University of Chicago Press.

Carter, Robert (2005), "The History and Prehistory of Pearling in the Persian Gulf," *Journal of the Economic and Social History of the Orient*, 48 (2): 139–209.

Casale, Giancarlo (2010), *The Ottoman Age of Exploration*, Oxford: Oxford University Press.

Cattaneo, Angelo (2011), *Fra Mauro's Mappa mundi and Fifteenth Century Venice*, Terrarum Orbis 8, Turnhout: Brepols.

Cerón-Carrasco, Ruby (1998), "Fish Bone," in Christopher Lowe (ed.), *Coastal Erosion and the Archaeological Assessment of an Eroding Shoreline at St Boniface Church, Papa Westray, Orkney*, 149–55, Stroud: Sutton Publishing in association with Historic Scotland.

Cerrito, Stefania (2006), "La mer dans le roman de Troie: les aventures d'Ulysse," in Chantal Connochie-Bourgne (ed.), *Mondes marins du Moyen Âge, Actes du 30ème colloque du CUER-MA, 3,4 et 5 mars 2005*, 79–93, Aix-en-Provence: Presses universitaires de Provence.

Chakravarti, Ranabir (2002), "Seafarings, Ships and Ship Owners: India and the Indian Ocean (AD700–1500)," in Ruth Barnes, and David Parkin (eds.), *Ships and the Development of Maritime Technology in the Indian Ocean*, 28–61, London: RoutledgeCurzon.

Chan, Hok-lam (1998), "The Chien-wen, Yung-lo, Hung-hsi, and Hsüan-te reigns, 1399–1435," in Frederick W. Mote and Denis Twitchett (eds.), *The Cambridge History of China*, vol. 7, *The Ming Dynasty, 1368–1644, Part 1*, 182–304, Cambridge: Cambridge University Press.

Chareyron, Nicole and Michel Tarayre (2006), "Le monde marin de Félix Fabri," in Chantal Connochie-Bourgne (ed.), *Mondes marins du Moyen Âge, Actes du 30ème* colloque du CUER-MA, 3,4 et 5 mars 2005, 95–104, Aix-en-Provence: Presses universitaires de Provence.

Chaudhuri, Kirti N. (1985), *Trade and Civilization in the Indian Ocean: An Economic History from the Rise of Islam to 1750*, Cambridge: Cambridge University Press.

Chavannes, Edouard (1903), "Les deux plus anciens spécimens de la cartographie Chinoise," *Bulletin de l'Ecole Française d'Extrême Orient*, 3: 214–47.

Chekin, Leonid, S. (2006), *Northern Eurasia in Medieval Cartography: Inventory, Text, Translation, and Commentary*, Turnhout: Brepols.

Chism, Christine (2009), "Arabic in the Medieval World," *PMLA* (*Publications of the Modern Language Association of America*), 124 (2): 624–31.

Chism, Christine (2016), "Britain and the Sea of Darkness: Islandology in Al-Idrīsī's *Mushtaq*," *Postmedieval: A Journal of Medieval Cultural Studies*, 7 (4): 497–510.

Christides, Vassilios (2018), "A Supplementary Investigation Tracing the Christians Under the Shadow of Muslim Rule in the Emirate of Crete (ca. 825/6–961 CE): The Case of the Treaty of Naxos in John Caminiates' Narration of the Sacking of Thessaloniki in 904 CE.," *Pharos Journal of Theology*, 99. Available online: https://www.pharosjot.com/uploads/7/1/6/3/7163688/article_26_vol_99_2018_-_unisa___greece.pdf (accessed October 20, 2020).

Christie, Annalisa (2011), "Exploring the Social Context of Maritime Exploitation in the Mafia Archipelago, Tanzania: An Archaeological Perspective," unpublished PhD diss., University of York, UK.

Church, Mike J., Símon V. Arge, Kevin J. Edwards, Philippa L. Ascough, Julie M. Bond, Gordon T. Cook, Steve J. Dockrill, Andrew J. Dugmore, Thomas H. McGovern, Claire Nesbitt, and Ian A. Simpson (2013), "The Vikings Were Not the First Colonizers of the Faroe Islands," *Quaternary Science Reviews*, 77: 228–32.

Chutiwongs, Nandana (2000), "Bronze Ritual Implements in the Majapahit Period: Meaning and Function," *Arts of Asia*, 30 (6): 69–84.

Clark, Alfred (1993), "Medieval Arab Navigation on the Indian Ocean: Latitude Determinations," *Journal of the American Oriental Society*, 113 (3): 360–73.

Classen, Albrecht (2018), *Water in Medieval Literature: An Ecocritical Reading*, Lanham, MD: Lexington Books.

Cohen, Jeffrey Jerome (2003), *Medieval Identity Machines*, Minneapolis: Minnesota University Press.

Conlan, Thomas D. (2001), *In Little Need of Divine Intervention: Tazeki Suenaga's Scrolls of the Mongol Invasions of Japan*, Ithaca, NY: Cornell University Press.

Connery, Christopher (2006), "There Was No More Sea: The Suppression of the Oceans, from Bible to Cyberspace," *Journal of Geographical History*, 32: 495–505.

Connochie-Bourgne, Chantal, ed. (2006), *Mondes marins du Moyen Âge, Actes du 30ème colloque du CUER-MA, 3,4 et 5 mars 2005*, Sénéfiance, 52, Aix-en-Provence: Presses universitaires de Provence.

Connor, Clifford D. (2005), *A People's History of Science: Miners, Midwives and "Low Mechanicks,"* New York: Nation Books.

Conrad, Lawrence (2001), "Islam and the Sea: Paradigms and Problematics," *Al-Qantara*, 23 (1): 123–54.

Corbellari, Alain (2006), "La mer, espace structurant du roman courtois," in Chantal Connochie-Bourgne (ed.), *Mondes marins du Moyen Âge*, 105–13, Aix-en-Provence: Presses universitaires de Provence.

Corbin, Alain and Hélène Richard, eds. (2004), *La Mer: Terreur et fascination*, Exposition de la Bibliothèque nationale de France, Paris: BnF/Seuil.

Coull, James R. (1996), *The Sea Fisheries of Scotland: A Historical Geography*, Edinburgh: John Donald.

Couto Dejanirah, Bacqué-Grammont Jean-Louis and Mahmud Taleghani, eds. (2006), *Atlas historique du golfe Persique (XVIᵉ-XVIIᵉ siècles)*, Turnhout: Brepols.

Crawford, Barbara E. (2008), *The Churches Dedicated to St Clement in Medieval England*, St. Petersburg: Axioma.

The Cresques Project (n.d.), "Panel III." Available online: https://sites.google.com/site/jafudacresquesproject/catalan-atlas-legends/panel-iii (accessed November 15, 2020).

Critch, Aaron, Jennifer F. Harland, and James H. Barrett (2018), "Tracing the Late Viking Age and Medieval Butter Economy: The View from Quoygrew, Orkney," in Jane Kershaw and Gareth Williams (eds.), *Silver, Butter, Cloth: Monetary and Social Economies in the Viking Age*, 278–96, Oxford: Oxford University Press.

Cropper, C. (2014), "Glass," in Ian Russell and Maurice Hurley (eds.), *Woodstown*, 282–3, Dublin: Four Courts.

Crowther, Alison, et al. (2016), "Coastal Subsistence, Maritime Trade, and the Colonization of Small Off-Shore Islands in Eastern African Prehistory," *Journal of Island and Coastal Archaeology*, 11 (2): 211–37.

Crumlin-Pedersen, Ole (2010), *Archaeology and the Sea in Scandinavia and Britain*, Roskilde: Viking Ship Museum.

Crumlin-Petersen, Ole and Olaf Olsen, eds. (2002), *The Skuldelev Ships*, vol. 1, Roskilde: Viking Ship Museum.

Cunliffe, Barry (2001), *Facing the Ocean: The Atlantic and its Peoples, 8000BC–AD 1500*, Oxford: Oxford University Press.

Curtin, Philip D. (1984), *Cross-Cultural Trade in World History*, Cambridge: Cambridge University Press.

Dalli, Charles (2016), "From Medieval Dar al-Islam to Contemporary Malta: raḥl toponymy in a Wider Mediterranean Context," *Island Studies Journal*, 11: 369–80.

Darley, Rebecca (2019), "The Island Frontier: Socotra, Sri Lanka and the Shape of Commerce in the Late Antique Western Indian Ocean," *Al-Masāq*, 31 (2): 223–41.

Dars, Jacques (1992), *La marine chinoise du Xᵉ siècle au XIVᵉ siècle*, Paris: Economica.

Daston, Lorraine and Katherine Park (2008), *Wonders and the Order of Nature, 1150–1750*, New York: MIT Press/Zone Books.

Davis, Kathleen and Michael Puett (2016), "Periodization and 'The Medieval Globe': A Conversation," *Medieval Globe*, 2 (1): 1–14.

Delgado, James P. (2010), *Khubilai Khan's Lost Fleet: In Search of a Legendary Armada*, Berkeley: University of California Press.

Deloche, Jean (1986), "Techniques militaires dans les royaumes du Dekkan au temps des Hoysala (XIIᵉ-XIIIᵉ siècle), d'après l'iconographie," *Artibus Asiae*, 47: 147–232.

Deloche, Jean (1987), "Etudes sur la circulation en Inde: VII. Konkan warships of the xlth-xvth centuries as represented on memorial stones," *Bulletin de l'Ecole française d'Extrême-Orient*, 76: 165–84.

Delumeau, Jean (1989), "Le protestantisme et la peur de la mer," in Alain Cabantous and Françoise Hildesheimer (eds.), *Foi chrétienne et milieux maritimes (xvᵉ-xxᵉ siècle)*, 122–8, Paris: Editions Publisud.

Deluz, Christiane (1996), "Partir c'est mourir un peu: Voyage et déracinement dans la société médiévale," in *Voyages et voyageurs au Moyen Age: Actes du 26ᵉ congrès de la Société des historiens médiévistes de l'enseignement supérieur public*, 291–303, Paris: Publications de la Sorbonne.

Deluz, Christiane (2005), "Les mers merveilleuses au Moyen Âge," *Le Monde des Cartes: Revue du CFC*, 184: 8–11.

Dening, Greg (2004), *Beach Crossings: Voyaging Across Times, Cultures, and Self*, Philadelphia: University of Pennsylvania Press.

Dewar, Robert E. and Henry T. Wright (1993), "The Culture History of Madagascar," *Journal of World Prehistory*, 7 (4): 417–66.

De Weerdt, Hilde (2009), "Maps and Memory: Readings of Cartography in Twelfth- and Thirteenth-Century Song China," *Imago Mundi*, 61 (2): 145–67.

De Weerdt, Hilde (2016), *Information, Territory, and Networks*, Cambridge, MA: Harvard University Asia Center.

Di Cosmo, Nicola (2010), "Black Sea Emporia and the Mongol Empire," *Journal of the Economic and Social History of the Orient*, 53: 83–108.

Di Cosmo, Nicola (forthcoming), "From War to Peace in Medieval Steppe Empires," in Jonathan Shepard, Peter Frankopan, and Averil Cameron (eds.), *Byzantine Spheres*, Oxford: Oxford University Press.

Diffie, Bailey W. and George D. Winius (1977), *Foundations of the Portuguese Empire 1415–1580*, Minneapolis: University of Minnesota Press.

Disney, Anthony (2009), *A History of Portugal and the Portuguese Empire*, vol. 1, Cambridge: Cambridge University Press.

Dobney, Keith and Anton Ervynck (2007), "To Fish or Not to Fish? Evidence for the Possible Avoidance of Fish Consumption during the Iron Age Around the North Sea," in Colin Haselgrove and T. Moore (eds.), *The Later Iron Age in Britain and Beyond*, 403–18, Oxford: Oxbow.

Dorofeeva-Lichtmann, Vera (2003), "Mapping a 'Spiritual' Landscape: Representation of Terrestrial Space in the *Shanhaijing*," in Don Waytt and Nicola Di Cosmo (eds.), *Political Frontiers, Ethnic Boundaries, and Human Geographies*, 35–79, London: RoutledgeCurzon.

Dorofeeva-Lichtmann, Vera (2007), "Mapless Mapping: Did the Maps of the *Shan hai jing* Ever Exist?," in Francesca Bray, Vera Dorofeeva-Lichtmann, and Georges Métailié (eds.), *Graphics and Text in the Production of Technical Knowledge in China: The Warp and the Weft*, 217–94, Leiden: Brill.

Dorofeeva-Lichtmann, Vera (2019), "'Inversed Cosmographs' in Late East Asian Cartography and the Atlas Production Trend," in Tokimasa 武田時昌 and Bill M. Mak 麥文彪 (eds.), *East-West Encounter in the Science of Heaven and Earth* 天と地 の科学, 144–74, Kyoto: Institute for Research in Humanities, Kyoto University.

Douglass, Kristina and Jens Zinke (2015), "Forging Ahead by Land and by Sea: Archaeology and Paleoclimate Reconstruction in Madagascar," *African Archaeological Review*, 32: 267–99.

Ducène, Jean-Charles (2017a), "Formes de l'océan Indien dans la cartographie arabe," in Emmanuelle Vagnon and Éric Vallet (eds.), *La Fabrique de l'océan Indien: Cartes d'Orient et d'Occident*, 57–72, Paris: Publications de la Sorbonne.

Ducène, Jean-Charles (2017b), "Merveilles de l'océan Indien dans la géographie arabe," in Emmanuelle Vallet and Éric Vagnon (eds.), *La fabrique de l'Océan Indien: Cartes d'orient et d'occident*, 269–72, Paris: Editions de la Sorbonne.

Ducène, Jean-Charles (2018), *L'Europe et les géographes arabes du Moyen Âge*, Paris: CNRS Éditions.

Dudbridge, Glen (2018), "Reworking the World System Paradigm," in Catherine Holmes and Naomi Standen (eds.), *The Global Middle Ages*, 297–316, Oxford: Oxford University Press.

Dufeu, Valérie (2018), *Fish Trade in Medieval North Atlantic Societies: An Interdisciplinary Approach to Human Ecodynamics*, Amsterdam: Amsterdam University Press.

Dugmore, Andrew J., Christian Keller, and Thomas H. McGovern (2007), "Norse Greenland Settlement: Reflections on Climate Change, Trade, and the Contrasting Fates of Human Settlements in the North Atlantic Islands," *Arctic Anthropology*, 44: 12–36.

Duncan-Jones, Richard (1982), *The Economy of the Roman Empire*, 2nd edn., Cambridge: Cambridge University Press.

Dwyer, Philip (2017), "Violence and its Histories: Meanings, Methods, Problems," *History and Theory*, 56 (4): 7–22.

L'eau au Moyen Âge (1985), Communications présentées au Colloque du CUER-MA, Aix-en-Provence février 1984, Aix-en Provence: Publications du CUERMA.

Edson, Evelyn (2004), "Reviving the Crusade: Sanudo's Schemes and Vesconte's Maps," in Rosamund Allen (ed.), *Eastward Bound: Travel and Travellers, 1050–1550*, 131–55, Manchester: Manchester University Press.

Edwards, Richard (2011), *The Heart of Ma Yuan: The Search for a Southern Song Aesthetic*, Hong Kong: Hong Kong University Press.

Egeler, Matthias (2017), *Islands in the West: Classical Myth and the Medieval Norse and Irish Geographical Imagination*, Medieval Voyaging, Turnhout: Brepols.

Elshakry, Marwa (2010), "When Science Became Western: Historiographical Reflections," *ISIS*, 101 (1): 98–109.

Enghoff, Inge Bødker (1999), "Fishing in the Baltic Region from the 5th Century BC to the 16th Century AD: Evidence from Fish Bones," *Archaeofauna*, 8: 41–85.

Englert, Anton (2015), *Large Cargo Ships in Danish Waters 1000–1250*, Roskilde: Viking Ship Museum.

Ewert, Ulf and Stephan Selzer (2016), *Institutions of Hanseatic Trade*, Frankfurt: Peter Lang.

Facey, William (2005), "Crusaders in the Red Sea: Renaud de Chatillon's Raids of AD 1182–3," in Janet C.M. Starkey (ed.), *People of the Red Sea: Proceedings of the Red Sea Project II*, 87–98, Oxford: Archaeopress.

Fahmy, Aly M. (1948), *Muslim Naval Organisation in the Eastern Mediterranean from the Seventh to the Tenth Century A.D*, Cairo: National Publication and Printing House.

Faith, Rosalind (2012), "The Structure of the Market for Wool in Early Medieval Lincolnshire," *Economic History Review*, 65: 674–700.

Falchetta, Piero (2006), *Fra Mauro's Map of the World: With a Commentary and Translations of the Inscriptions*, Terrarum Orbis 5, Turnhout: Brepols.

Falchetta, Piero (2009), "The Portolan of Michael of Rhodes," in Pamela O. Long, David McGee, and Alan M. Stahl (eds.), *The Book of Michael of Rhodes: A Fifteenth-Century Maritime Manuscript*, vol. 3, *Studies*, 194–210, Cambridge, MA: MIT Press.

Fatimi, Saiyid Q. (1996), "History of the Development of the Kamāl," in Himanshu Prabha Ray and Jean-Francois Salles (eds.), *Tradition and Archaeology: Early Maritime Contacts in the Indian Ocean*, 283–92, New Delhi: Manohar.

Faulkner, Patrick, Matthew Harris, Abdallah Ali, Othman Haji, Alison Crowther, Mark Horton, and Nicole Boivin (2018), "Characterising Marine Mollusc Exploitation in the Eastern African Iron Age: Archaeomalacological Evidence from Unguja Ukuu and Fukuchani, Zanzibar," *Quaternary International*, 471: 66–80.

Fauvelle, François-Xavier (2018), *The Golden Rhinoceros*, trans. Troy Tice, Princeton, NJ: Princeton University Press.

Favereau, Marie (forthcoming), "Byzantium and the Golden Horde," in Jonathan Shepard, Peter Frankopan, and Averil Cameron (eds.), *Byzantine Spheres*, Oxford: Oxford University Press.

Fenton, Alexander (1978), *The Northern Isles: Orkney and Shetland*, East Linton: Tuckwell Press.

Fenton, Alexander (2008), "Shellfish as bait," in James R. Coull, Alexander Fenton, and Kenneth Veitch (eds.), *Scottish Life and Society: A Compendium of Scottish Ethnology, Boats, Fishing and the Sea*, 90–102, Edinburgh: John Donald.

Fern, Carola (2012), *Seesturm im Mittelalter: ein literarisches Motiv im Spannungsfeld zwischen Topik, Erfahrungswissen und Naturkunde*, Berlin: Peter Lang Gmbh.

Fernández-Armesto, Filipe (2006), *Pathfinders: A Global History of Exploration*, Oxford: Oxford University Press.

Ferrand, Gabriel (1921–8), *Instructions nautiques et routiers arabes et portugais des XVe et XVIe siècles*, 3 vols, Paris: Librairie Orientaliste Paul Geuthner.

Ferreira de Miranda, Flávio (2013), "Before the Empire," *Journal of Medieval Iberian Studies*, 5: 65–89.

Flecker, Michael (2003), "The Thirteenth-Century Java Sea Wreck," *The Mariner's Mirror*, 89: 388–404.

Fleisher, Jeffrey (2003), "Viewing Stonetowns from the Countryside: An Archaeological Approach to Swahili Regional Systems, AD 800–1500," unpublished PhD diss., University of Virginia, USA.

Fleisher, Jeffrey, Paul Lane, Adria LaViolette, Mark Horton, Edward Pollard, Eréndira Quintana Morales, Thomas Vernet, Annalisa Christie, and Stephanie Wynne-Jones (2015), "When Did the Swahili Become Maritime?," *American Anthropologist*, 117 (1): 100–15.

Fleury, Christian (2013), "The Island/Sea/Territory Relationship," *Shima: The International Journal of Research into Island Cultures*, 7 (1): 1–13.

Flexner, James L., Jeffrey B. Fleisher, and Adria LaViolette (2008), "Bead Grinders and Early Swahili Household Economy: Analysis of an Assemblage from Tumbe, Pemba Island, Tanzania, 7th-10th Centuries AD," *Journal of African Archaeology*, 6 (2): 161–81.

Flint, Valerie J. (1992), *The Imaginative Landscape of Christopher Columbus*, Princeton, NJ: Princeton University Press.

Fontein, Jan (1990), *The Sculpture of Indonesia*, New York: Harry N. Abrams.

Forrest, Ian and Anne Haour (2018), "Trust in Long-Distance Relationships, 1000–1600," in Catherine Holmes and Naomi Standen (eds.), *The Global Middle Ages*, 190–213, Oxford: Oxford University Press.

Frake, Charles O. (1985), "Cognitive Maps of Time and Tide Among Medieval Seafarers," *Man*, 20 (2): 254–70.

Franklin, Simon and Jonathan Shepard (1996), *The Emergence of Rus, 750–1200*, London: Longman.

Frantzen, Allen J. (2014), *Food, Eating and Identity in Early Medieval England*, Oxford: Boydell and Brewer.

Frei, Karin M., et al. (2015), "Was it for Walrus? Viking Age Settlement and Medieval Walrus Ivory Trade in Iceland and Greenland," *World Archaeology*, 47 (3): 439–66.

Freitag, Barbara (2013), *Hy Brasil–The Metamorphosis of an Island: From Cartographic Error to Celtic Elysium*, Amsterdam: Rodopi.

Froese, R. and D. Pauly (2019), *FishBase*: World Wide Web electronic publication. Available online: http://www.fishbase.org/search.php (accessed October 20, 2020).

Fuʾad-Sayyed, Ayman and Roland-Pierre Gayraud (2000), "Fustat-le Caire à l'époque fatimide," in Jean-Claude Garcin (ed.), *Grandes villes méditerranéennes du monde musulman médiéval*, 135–56, Rome: École française.

Fuess, Albrecht (2001), "Rotting Ships and Razed Harbors: The Naval Policy of the Mamluks," *Mamluk Studies Review*, 5: 45–71.

Fusaro, Maria (2010), "Maritime History as Global History? The Methodological Challenges and a Future Research Agenda," in Maria Fusaro and Amélia Polónia (eds.), *Maritime History As Global History*, 267–82, Liverpool: Liverpool University Press.

Gardiner, Mark and Natascha Mehler (2007), "English and Hanseatic Trading and Fishing Sites in Medieval Iceland: Report on Initial Fieldwork," *Germania*, 85: 385–427.

Garipzanov, Ildar (2012), "Wandering Clerics and Mixed Rituals in the Early Christian North, *c.*1000–*c.*1150," *Journal of Ecclesiastical History*, 63: 1–17.

Gautier Dalché, Patrick (1995), *Carte marine et portulan au xiie siècle: le* Liber de existencia *riveriarum et forma maris nostri Mediterranei*, Rome: Ecole Française de Rome.

Gautier Dalché, Patrick (1996a), "Pour une histoire du regard géographique: Conception et usage de la carte au XVe siècle," *Micrologus*, 4: 77–103.

Gautier Dalché, Patrick (1996b), "L'usage des cartes marines aux XIVe et XVe siècles," in Enrico Menesto (ed.), *Spazi, tempi, misure e percorsi nell'Europa del Bassomedioevo: Atti del XXXII Convegno storico internazionale, Todi, 8-11 ottobre 1995*, 97–128, Spoleto: Fondazione CISAM.

Gautier Dalché, Patrick (1998), "Remarques sur les défauts supposés, et sur l'efficace certaine de l'image du monde au XIVe siècle," *La géographie au Moyen Âge: Espaces pensés, espaces vécus, espaces rêvés, Perspectives médiévales*, 24: 43–56.

Gautier Dalché, Patrick (2002), "Cartes marines, représentation du littoral et perception de l'espace au Moyen Âge: Un état de la question," in Jean-Marie Martin (ed.), "Zones côtières et plaines littorales dans le monde méditerranéen au Moyen Age," special issue of *Castrum*, 7: 9–33.

Gautier Dalché, Patrick (2009), *La Géographie de Ptolémée en Occident*, Turnhout: Brepols.

Gautier Dalché, Patrick (2017), "La carte marine au Moyen Age: outil technique, objet symbolique," in Christian Buchet and Michel Balard (eds.), *The Sea in History: The Medieval World / La mer dans l'histoire. Le Moyen Âge*, 101–14, Woodbridge: Boydell and Brewer.

Gelichi, Sauro (2018), "Aachen, Venice and Archaeology," in Mladen Ančić, Jonathan Shepard, and Trpimir Vedriš (eds.), *Imperial Spheres and the Adriatic*, 111–21, Abingdon: Routledge.

Gestsdóttir, Hildur, Guðrún Alda Gísladóttir, Lísabet Guðmundsdóttir, Howell M. Roberts, Mjöll Snæsdóttir, and Orri Vésteinsson (2017), "New Discoveries: Dysnes," *Archaeologia Islandica*, 12: 93–106.

Gillis, John R. (2012), *The Human Shore: Seacoasts in History*, Chicago: University of Chicago Press.

Gingras, Francis (2006), "Errances maritimes et explorations romanesques dans *Apollonius de Tyr* et *Floire et Blancheflor*," in Chantal Connochie-Bourgne (ed.), *Mondes marins du Moyen Age*, 168–85, Aix-en-Provence: Presses universitaires de Provence.

Glassé, Cyril (2001), *The New Encyclopaedia of Islam*, rev. edn., London: Stacey International.

Goitein, S.D. (1954a), "From the Mediterranean to India," *Speculum* 29: 181–97.

Goitein, S.D. (1954b), "Two Eyewitness Reports on an Expedition of the King of Kīsh (Qais) against Aden," *Bulletin of the School of Oriental and African Studies*, 16 (2): 247–57.

Goitein, S.D. (1966), "Letters and Documents of The India Trade in Medieval Times," in *Studies in Islamic History and Institutions*, 329–50, Leiden: Brill.

Goitein, S.D. (1967–93), *A Mediterranean Society, The Jewish Communities of the Arab World as Portrayed in the Documents of the Cairo Geniza*, 6 vols, Berkeley: University of California Press.

Goitein, S.D. and Mordechai A. Friedman (2008), *India Traders of the Middle Ages: Documents from the Cairo Geniza ('India Book')*, Leiden: E.J. Brill.

Golb, Norman and Omeljan Pritsak (1982), *Khazarian Hebrew Documents of the Tenth Century*, Ithaca, NY: Cornell University Press.

Goldberg, Jessica (2012), *Trade and Institutions in the Medieval Mediterranean: The Geniza Merchants and their Business World*, Cambridge: Cambridge University Press.

Goldie, Matthew Boyd and Sebastian Sobecki (2016), "Editors' Introduction. Our seas of islands," *Postmedieval: A Journal of Medieval Cultural Studies*, 7 (4): 471–83.

Granovetter, Mark (1983), "The Strength of Weak Ties," *Sociological Theory*, 1: 201–33.

Graziadei, Daniel, Britta Hartmann, Ian Kinane, Johannes Riquet, and Barney Samson (2017), "On Sensing Island Spaces and the Spatial Practice of Island-Making: Introducing Island Poetics, Part I," *Island Studies Journal*, 12: 239–52.

Grealy, Alicia, Kristina Douglass, James Haile, Chriselle Bruwer, Charlotte L. Gough, and Michael Bunce (2016), "Tropical Ancient DNA from Bulk Archaeological Fish Bone Reveals the Subsistence Practices of a Historic Coastal Community in Southwest Madagascar," *Journal of Archaeological Science*, 75: 82–8.

Green, Monica (2014), "Taking 'Pandemic' Seriously," *Medieval Globe*, 1: 27–62.

Green, Toby (2012), *The Rise of the Trans-Atlantic Slave Trade in Western Africa, 1300–1589*, Cambridge: Cambridge University Press.

Greif, Avner (2006), *Institutions and the Path to the Modern Economy*, Cambridge: Cambridge University Press.

Groom, Nigel (1981), *Frankincense and Myrrh*, London: Longman.

Gruszczyński, Jacek (2019), *Viking Silver, Hoards and Containers*, London: Routledge.

Gruszczyński, Jacek, Marek Jankowiak, and Jonathan Shepard, eds. (2021), *Viking-Age Trade: Silver, Slaves and Gotland*, Abingdon: Routledge.

Grydehøj, Adam, Otto Heim, and Huan Zhang (2017), "Islands of China and the Sinophone World," *Island Studies Journal*, 12: 3–6.

Guangqi, Sun (2000), "The Development of China's Navigation Technology and of the Maritime Silk Route," in Vadim Elisseeff (ed.), *The Silk Roads: Highways of Culture and Commerce*, 288–303, New York: Berghahan Books and UNESCO Publishing.

Guillot, Claude and Ludwik Kalus (2008), *Les monument funéraires et l'histoire du Sultanat de Pasai à Sumatra*, Paris: Association Archipel.

Guo, Li (2004), *Commerce, Culture, and Community in a Red Sea Port in the Thirteenth Century*, Leiden, Brill.

Guy, John (2017), "The Phanom Surin Shipwreck, a Pahlavi Inscription, and their Significance for the History of Early Lower Central Thailand," *Journal of the Siam Society*, 105: 179–96.

Guy, John (2019), "Shipwrecks in Late First Millennium Southeast Asia," in Angela Schottenhammer (ed.), *Early Global Interconnectivity Across the Indian Ocean World*, vol. 1, 121–63, Cham: Palgrave Macmillan.

Hägg, Inga (2016), "Silks at Birka," in Fedir Androshchuk, Jonathan Shepard, and Monica White (eds.), *Byzantium and the Viking World*, 281–304, Uppsala: Uppsala Universiteit.

Hall, Kenneth (2011), *A History of Early Southeast Asia*, Lanham, MD: Rowman & Littlefield.

Hamblin, William J. (1986), "The Fatimid Navy during the Early Crusades: 1099–1124," *American Neptune*, 46: 77–83.

Hamilton-Dyer, Sheila (2011), "Faunal Remains," in David Peacock and Lucy Blue (eds.), *Myos Hormos - Quseir al-Qadim: Roman and Islamic Ports on the Red Sea*, vol. 2, *Finds from the Excavations 1999–2003*, 245–88, Oxford: British Archaeological Reports.

Haour, Anne (2007), *Rulers, Warriors, Traders, Clerics: The Central Sahel and the North Sea 800–1500*, Oxford: Oxford University Press.

Haour, Anne, Anna Christie, and Shiura Jaufar (2016), "Tracking the Cowrie Shell: Excavations in the Maldives, 2016," *Nyame Akuma*, 85: 69–82.

Harland, Jennifer F. (2016), "Berst Ness Knowe of Skea: The Fish Remains," unpublished technical report for EASE Archaeology.

Harland, Jennifer F. (2019), "Dunbeath Broch (site code 60097): The Fish Remains," unpublished technical report for AOC Archaeology.

Harland, Jennifer F. and James H. Barrett (2012), "The Maritime Economy: Fish Bone," in James H. Barrett (ed.), *Being an Islander: Production and Identity at Quoygrew, Orkney, AD 900–1600*, 115–38, Cambridge: MacDonald Institute.

Harley, John B. and David Woodward, eds. (1987), *The History of Cartography*, vol. 1, *Cartography in Prehistoric, Ancient, and Medieval Europe and the Mediterranean*, Chicago: Chicago University Press.

Harley, John B. and David Woodward, eds. (1992), *The History of Cartography*, vol. 2.1, *Cartography in the Traditional Islamic and South Asian Societies*, Chicago: University of Chicago Press.

Harpster, Matthew (2019), "Sicily: A Frontier in the Centre of the Sea?," *Al-Masāq*, 31 (2): 158–70.

Harris, Oliver J.T., Hannah Cobb, Colleen E. Batey, Janet Montgomery, Julia Beaumont, Héléna Gray, Paul Murtagh, and Phil Richardson (2017), "Assembling Places and Persons: A Tenth-Century Viking Boat Burial from Swordle Bay on the Ardnamurchan Peninsula, Western Scotland," *Antiquity*, 91: 191–206.

Harvey, P. (2014), "Amber," in Ian Russell and Maurice Hurley (eds)., *Woodstown*, 285–7, Dublin: Four Courts.

Hassan, Naglaa Saad M. (2014), "The Sea," in John Andrew Morrow (ed.), *Islamic Images and Ideas: Essays on Sacred Symbolism*, 132–8. Jefferson, NC: McFarland.

Hassig, Ross (2006), *Mexico and the Spanish Conquest*, 2nd edn., Norman: Oklahoma University Press.

Hattendorf, John B. (2012), "Maritime History Today," *Perspectives on History*, February 1. Available online: https://www.historians.org/publications-and-directories/perspectives-on-history/february-2012/maritime-history-today (accessed October 20, 2020).

Hau'ofa, Epeli (2008), *We Are the Ocean: Selected Works*, Honolulu: University of Hawai'i Press.

Hayward, Philip (2012), "Aquapelagos and Aquapelagic Assemblages," *Shima: The International Journal of Research into Island Cultures*, 6 (1): 1–11.

Hegel, Georg Wilhelm Friedrich (1970), *Vorlesungen iiber die Philosophie der Geschichte*, ed. Eva Moldenhauer and Karl Markus Michel, Frankfurt: Suhrkamp.

Heim, Otto (2017), "Island Logic and the Decolonization of the Pacific," *Interventions*, 19 (7): 914–29.

Helms, Mary (1993), *Craft and the Kingly Ideal: Art, Trade and Power*, Austin: University of Texas Press.

Henderson, Julian (2016), *Ancient Glass*, Cambridge: Cambridge University Press.

Heng, Geraldine (2019), "An Ordinary Ship and Its Stories of Early Globalism," *Journal of Medieval Worlds*, 1: 11–54.

Hiatt, Alfred (2016), "From Pliny to Brexit: Spatial Representation of the British Isles," *Postmedieval: A Journal of Medieval Cultural Studies*, 7 (4): 511–25.

Hilberg, Volker and Sven Kalmring (2014), "Viking Age Hedeby and Its Relations with Iceland and the North Atlantic," in Davide Zori and Jesse Byock (eds.), *Viking Archaeology in Iceland*, 221–45, Turnhout: Brepols.

Hinkkanen, Merja-Liisa and David Kirby (2013), *The Baltic and the North Seas*, London: Routledge.

Hofmann, Catherine, Hélène Richard, and Emmanuelle Vagnon, eds. (2012), *L'âge d'or des cartes marines: Quand l'Europe découvrait le monde*, Paris: BnF/Seuil.

Hogendorn, Jan and Marion Johnson (1986), *The Shell Money of the Slave Trade*, Cambridge: Cambridge University Press.

Holm, Poul (1986), "The Slave Trade of Dublin," *Peritia*, 5: 317–45.

Holod, Renata and Tareq Kahlaoui (2019), "Guarding a Well-Ordered Space on a Mediterranean Island," in A. Asa Eger (ed.), *The Archaeology of Medieval Islamic Frontiers: From the Mediterranean to the Caspian Sea*, Louisville: University Press of Colorado.

Holt, Peter (1995), *Early Mamluk Diplomacy (1260–1290)*, Leiden: Brill.

Hoogervorst, T. and Nicole Boivin (2018), "Invisible Agents of Eastern Trade: Foregrounding Southeast Asian Agency in Pre-modern Globalisation," in N. Boivin and M. Franchetti (eds.), *Globalisation and the People Without History*, 205–31, Cambridge: Cambridge University Press.

Hope, Sebastian (2002), *Outcasts of the Islands: The Sea Gypsies of Southeast Asia*, Bangkok: Flamingo.

Horden, Peregrine and Nicholas Purcell (2000), *The Corrupting Sea: A Study of Mediterranean History*, Oxford: Blackwell.

Hornell, James (1942), "The Indian Chank in Folklore and Religion," *Folklore*, 53: 113–25.

Horton, Mark (1987), "The Swahili Corridor," *Scientific American*, 257: 86–93.

Horton, Mark (1994), "Swahili Architecture, Space and Social Structure," in Michael Parker Pearson and Colin Richards (eds.), *Architecture and Order*, 147–69, London: Routledge.

Horton, Mark (1996), *Shanga: The Archaeology of a Muslim Trading Community on the Coast of East Africa*, London: British Institute in Eastern Africa.

Horton, Mark and Catherine Clark (1985), *Survey of Zanzibar*, Zanzibar: Department of Archives, Museums and Antiquities.

Horton, Mark and John Middleton (2000), *The Swahili*, Oxford: Blackwell.

Horton, Mark and Nina Mudida (1993), "Exploitation of Marine Resources: Evidence for the Origin of the Swahili Communities of East Africa," in Thurstan Shaw, Paul Sinclair, Bassey Andah, and Alex Okpoko (eds.), *Archaeology of Africa: Food, Metals, and Towns*, 673–93, London: Routledge.

Hourani, George F. (1995), *Arab Seafaring in the Indian Ocean in Ancient and Early Medieval Tmes*, 2nd edn., ed. John Carswell, Princeton, NJ: Princeton University Press.

Howard, Robert E. (1936), "The Hyborian Age," *The Phantagraph*, February–August, October–November. Available online: http://www.gutenberg.org/files/42182/42182-h/42182-h.htm (accessed December 3, 2019).

Hreidarsdóttir, Elín (2014), "Beads from Hrísbrú and Their Wider Icelandic Context," in Davide Zori and Jesse Byock (eds.), *Viking Archaeology in Iceland*, 135–41, Turnhout: Brepols.

Huffman, Joseph (1998), *Family, Commerce and Religion in London and Cologne*, Cambridge: Cambridge University Press.

Hunt, Lucy-Anne (2015), "John of Ibelin's Audience Hall in Beirut," in Michael Featherstone, Jean-Michel Spieser, and Gülru Thnman, (eds.), *The Emperor's House: Palaces from Augustus to the Age of Absolutism*, 257–91, Boston: De Gruyter.

Inglis, Douglas (2014), "The Sea Stories and Stone Sails of Borobudur," in H. Van Tilburg, S. Tripati, V. Walker Vadillo, B. Fahy, and J. Kimura (eds.), *Proceedings of the 2014 Asia-Pacific Regional Conference on Underwater Cultural Heritage.The Mua Collection*. Available online: http://www.themua.org/collections/items/show/1637 (accessed October 19, 2020).

Ingrem, C. (2005), "The Sea: 1 Fish," in Niall Sharples (ed.), *A Norse Farmstead in the Outer Hebrides: Excavations at Mound 3, Bornais, South Uist*, 157–8, Oxford: Oxbow.

Insoll, Timothy (2003), *The Archaeology of Islam in Sub-Saharan Africa*, New York: Cambridge University Press.

Institut du Monde Arabe and MUCEM (2016), *Aventuriers des mers, VIIe-XVIIe siècle: De Sindbad à Marco Polo; Méditerranée-océan Indien*, Paris: Hazan.

Ivakin, Hlib, Nikita Khrapunov, and Werner Seibt, eds. (2015), *Byzantine and Rus' Seals [Vizantiis'ki ta davn'orus'ki pechatky]*, Kiev: Sheremetievs' Museum.

Jacoby, David (2000), "Byzantine Trade with Egypt from the Mid-Tenth Century to the Fourth Crusade," *Thesaurismata*, 30: 25–77.

Jacoby, David (2019), "After the Fourth Crusade," in Jonathan Shepard (ed.), *The Cambridge History of the Byzantine Empire, c.500–1492*, rev. edn., 759–78, Cambridge: Cambridge University Press.

James-Raoul, Danièle (2006), "L'écriture de la tempête en mer dans la littérature de fiction, de pèlerinage et de voyage," in Chantal Connochie-Bourgne (ed.), *Mondes marins du Moyen Âge: Actes du 30ème colloque du CUER-MA, 3,4 et 5 mars 2005*, 217–29, Aix-en-Provence: Presses universitaires de Provence.

James-Raoul, Danièle and Claude Thomasset, eds. (2002), *Dans l'eau, sous l'eau. Le monde aquatique au Moyen Âge*, Paris: Presses de l'Université de Paris-Sorbonne.

Jašaeva, Tatjana (2010), "Pilgerandenken im byzantinischen Cherson," in Falko Daim and Jörg Drauschke (eds.), *Byzanz – das Romerreich im Mittlelalter*, vol. 2, 479–91, Mainz: RGZM.

Jaspert, Nikolas and Sebastian Kolditz (2018), "Entre mers—Outre-mer: An Introduction," in Nikolas Jaspert and Sebastian Kolditz (eds.), *Entre Mers—Outre-Mer: Spaces, Modes and Agents of Indo-Mediterranean Connectivity*, 7–30. Heidelberg: Heidelberg University Publishing.

Johns, Dilys A., Geoffrey J. Irwin, and Yun K. Sung (2014), "An Early Sophisticated East Polynesian Voyaging Canoe Discovered on New Zealand's Coast," *Proceedings of the National Academy of Sciences of the United States of America*, 111 (41): 14728–33.

Jolly, Margaret (2001), "On the Edge? Deserts, Oceans, Islands," *Contemporary Pacific*, 13 (2): 417–66.

Jones, Gwyn (1984), *A History of the Vikings*, 2nd edn., Oxford: Oxford University Press.

Jones, Gwyn (1986), *The Norse Atlantic Saga*, 2nd edn., Oxford: Oxford University Press.

Kalligas, Harris A. (2010), *Monemvasia: A Byzantine City State*, London: Routledge.

Kalus, Ludvik and Claude Guillot (2005), "Inscriptions islamiques en arabe de l'archipel des Maldives," *Archipel*, 70: 15–52.

Kammerer, Albert (1929–35), *La Mer Rouge, l'Abyssinie et l'Arabie depuis l'Antiquité. Essai d'histoire et de géographie historique*, 2 vols, Cairo: Institut français d'archéologie orientale du Caire and Société royale de géographie d'Égypte.

Kauz, Ralph, ed. (2010), *Aspects of the Maritime Silk Road*, Wiesbaden: Harrassowitz.

Kawai, Hayao (1995), *Dreams, Myths and Fairy Tales in Japan*, Einseideln: Daimon.

Kelly, J.E., Jr. (1979), "Non-Mediterranean Influences that Shaped the Atlantic in the Early Portulan Charts," *Imago Mundi*, 31: 18–35.

Khalilieh, Hassan S. (2010), "An Overview of the Slaves' Juridical Status at Sea in Romano-Byzantine and Islamic Laws," in Roxani Eleni Margariti, Adam Sabra, and Petra Sijpesteijn (eds.), *Histories of the Middle East: Middle Eastern Society, Economy and Law in Honor of A.L. Udovitch*, 73–100, Leiden: Brill.

King, D.A. (1991), "Maṭlaʿ," in C.E. Bosworth, E. van Donzel, B. Lewis, P. Heinrichs, and Ch. Pellat (eds.), *Encyclopedia of Islam*, 2nd edn., vol. 6, 839–40, Leiden: Brill.

Kinoshita, Sharon (2006), *Medieval Boundaries: Rethinking Difference in Old French Literature*. Philadelphia: University of Pennsylvania Press.

Kinoshita, Sharon (2014), "Mediterranean Literature," in Peregrine Horden and Sharon Kinoshita (eds.), *A Companion to Mediterranean History*, 314–29, Oxford: Wiley-Blackwell.

Kirch, Patrick Vinton (2000), *On the Road of the Winds: An Archaeological History of the Pacific Islands Before European Contact*, Berkeley: University of California Press.

Kirkman, James (1964), *Men and Monuments on the East African Coast*, London: Lutterworth.

Kleppe, E. (2001), "Archaeological Investigations at Kizimkazi Dimbani," in Biancamaria Scarcia Amoretti (ed.), *Islam in East Africa: New Sources*, International Colloquium, Rome, December 2–4, 1999, 361–84, Rome: Herder.

Kloff, Dirk H.A. (1990) *Naukar, Rajput and Sepoy: The Ethnohistory of the Military Labour Market in Hindustan, 1450–1850*, Cambridge: Cambridge University Press.

Kowaleski, Maryanne (2010), "The Seasonality of Fishing in Medieval Britain," in Scott Bruce (ed.), *Ecologies and Economies in Medieval and Early Modern Europe: Studies in Environmental History for Richard C. Hoffman*, 113–45, Leiden: Brill.

Krahl, Regina, John Guy, J. Keith Wilson, and Julian Raby, eds. (2010), *Shipwrecked: Tang Treasures and Monsoon Winds*, Washington, DC: Arthur M. Sackler Gallery; Singapore: National Heritage Board of Singapore, and the Singapore Tourism Board.

Kramer, Philipp (1919), *Das Meer in der altfranzosischen Literatur*, Giessen: Christ and Herr.

Lai, Yu-chih (2014), "Historicity, Visuality and Patterns of Literati Transcendence: Picturing the Red Cliff," in Shane McCausland and Yin Hwang (eds.), *On Telling Images of China: Essays in Narrative Painting and Visual Culture*, 177–212, Hong Kong: Hong Kong University Press.

Lambert, Andrew, John Beeler, Barry Strauss, and J. Hattendorf (2010), "The Neglected Field of Naval History? A Forum," *Historically Speaking*, 11 (4): 9–19.

Lambourn, Elizabeth (2008), "India from Aden – Khutba and Muslim Urban Networks in Late Thirteenth-Century India," in Kenneth Hall (ed.), *Secondary Cities and Urban Networking in the Indian Ocean Realm, c. 1400–1800*, 55–97, Lanham, MD: Lexington Books.

Lambourn, Elizabeth (2016a), "Describing a Lost Camel – Clues for West Asian mercantile networks in South Asian maritime trade (Tenth–Twelfth centuries CE)," in Marie-Françoise Boussac, Jean-François Salles, and Jean-Baptiste Yon (eds.), *Harbours of the Indian Ocean: Proceedings of the Kolkata Colloquium 2011 (Median Project)*, 351–407, Delhi: Primus Books.

Lambourn, Elizabeth (2016b), "Towards a Connected History of Equine Cultures in South Asia - *bahrī* (Sea) Horses and 'Horsemania' in Thirteenth Century South India," *Medieval Globe*, 2 (1): 57–100.

Lambourn, Elizabeth (2018), *Abraham's Luggage: A Social Life of Things in the Medieval Indian Ocean World*, Cambridge: Cambridge University Press.

Lane, Paul J. and Colin P. Breen (2018), "The Eastern African Coastal Landscape," in Stephanie Wynne-Jones and Adria LaViolette (eds.), *The Swahili World*, 19–35, London: Routledge.

Lauri, Marco (2013), "Utopias in the Islamic Middle Ages: Ibn Tufayl and Ibn al-Nafis," *Uttopian Studies*, 24 (1): 23–40.

Lave, Jean (1991), "Situating Learning in Communities of Practice," *Perspectives on Socially Shared Cognition*, 2: 63–82.

Lavezzo, Kathy (2006), *Angels on the Edge of the World. Geography, Literature, and English Community, 1000–1534*, Ithaca, NY: Cornell University Press.

Lawrie, Margaret Elizabeth (1972), *Myths and Legends of the Torres Strait*, Brisbane: University of Queensland Press.

Leclercq-Marx, Jacqueline (2006), "L'idée d'un monde marin parallèle du monde terrestre. Émergence et développements," in Chantal Connochie-Bourgne (ed.), *Mondes marins du Moyen Age*, 259–71, Aix-en-Provence: Presses universitaires de Provence.

Leclercq-Marx, Jacqueline (2017), "Formes et figures de l'imaginaire marin dans le haut Moyen Âge et dans le Moyen Âge central," in "L'art roman et la mer," special issue of *Les cahiers de Saint-Michel de Cuxa*, 48: 9–22.

Leclercq-Marx, Jacqueline, ed. (1997), *La sirène dans la pensée et dans l'art de l'Antiquité et du Moyen Âge: Du mythe païen au symbole chrétien*, Brussels: Académie royale de Belgique. Available online: http://www.koregos.org/fr/jacqueline-leclercq-marx-la-sirene-dans-la-pensee-et-dans-l-art-de-l-antiquite-et-du-moyen-age/4389/#chapitre_4389 (accessed October 19, 2020).

Ledyard, Gari (1994), "Cartography in Korea," in John B. Harley and David Woodward (eds.), *The History of Cartography*, vol. 2-2, *Cartography in the Traditional East and South-East Asian Societies*, 235–345, Chicago: University of Chicago Press.

Le Goff, Jacques (1977), "L'Occident médiéval et l'océan Indien: un horizon onirique," in *Pour un autre Moyen Age: Temps, travail et culture en Occident: 18 essais*, 280–98, Paris: Gallimard.

Legrand, Emile (1897), *Description des îles de l'Archipel par Christophe Buondelmonti: Version grecque par un anonyme publiée d'après le manuscrit du Sérail, avec une traduction française et un commentaire*, Paris: E. Leroux.

Leont'ev, Aleksei N. and E.N. Nosov (2012), "Vostochnoevropeiskie puti soobshcheniia i torgovye sviazi v kontse VIII–X v." [Eastern European Routes and Trade Ties, End of the Eighth to Tenth Century], in Nikolai A. Makarov (ed.), *Rus' v IX–X vekakh* [Rus in the Ninth to Tenth Century], 382–401, Moscow: Drevnosti Severa.

Lerner, Michael (1985), *The Flame and the Lotus: Indian and Southeast Asian Art from the Kronos Collections*, New York: Metropolitan Museum of Art.

Lev, Yaacov (1984), "The Fatimid Navy, Byzantium, and the Mediterranean Sea, 996–1036," *Byzantion*, 54: 220–52.

Lewis, David (1994), *We, the Navigators: The Ancient Art of Landfinding in the Pacific*, 2nd edn., Honolulu: University of Hawaii Press.

Lewis, Martin W. (1999), "Dividing the Ocean Sea," *Geographical Review*, 89 (2): 188–214.

Leys, Simon (2003), *La mer dans la literature française*, Paris: Plon.

Linton, Jamie and Jessica Budds (2014), "The Hydrosocial Cycle: Defining and Mobilizing a Relational-Dialectical Approach to Water," *Geoforum*, 57: 170–80.

Llenín-Figueroa, Carmen Beatriz (2012), "Imagined Islands: A Caribbean Tidalectics," unpublished PhD diss., Duke University, Durham, NC, USA.

Lo, Jung-pang (1955), "The Emergence of China as a Sea Power during the Late Sung and Early Yuan Periods," *Far Eastern Quarterly*, 14 (4): 489–503.

Lo, Jung-pang (1969), "Maritime Commerce and its Relation to the Sung Navy," *Journal of the Economic and Social History of the Orient*, 12 (1): 57–100.

Lo, Jung-pang (2012), *China as a Sea Power, 1127–1368: A Preliminary Survey of the Maritime Expansion and Naval Exploits of the Chinese People During the Southern Song and Yuan Periods*, ed. and commented by Bruce A. Elleman, Singapore: National University of Singapore Press.

Lombard, Denys (1990), *Le carrefour javanais*, vol. 2, Paris: Éditions EHESS.

Long, Pamela O., David McGee, and Alan M. Stahl, eds. (2009), *The Book of Michael of Rhodes: A Fifteenth-Century Maritime Manuscript*, vol. 3, *Studies*, Cambridge, MA: MIT Press.

Lukin, Pavel (2014), *Novgorodskoe veche* [The Novgorodian Assembly], Moscow: Akademicheskii proekt.

Lunde, Paul (2013), "Sailing Times in Sulaymān al-Mahrī," in Anthony R. Constable and William Facey (eds.), *The Principles of Arab Navigation*, 75–82, London: Arabian Publishing.

Luo, Bin and Adam Grydehøj (2017), "Sacred Islands and Island Symbolism in Ancient and Imperial China: An Exercise in Decolonial Island Studies," *Island Studies Journal*, 12 (2): 25–44.

Mack, John (2011), *The Sea: A Cultural History*, London: Reaktion Books.

Mack, Merav (2018), "Genoa and the Crusades," in Carrie Beneš (ed.), *A Companion to Medieval Genoa*, 471–95, Leiden: Brill.

Maeda, Robert J. (1971) "The 'Water' Theme in Chinese Painting," *Artibus Asiae*, 33: 247–61.

Magdalino, Paul (2000), "Maritime Neighborhoods of Constantinople," *Dumbarton Oaks Papers*, 54: 209–26.

Magdalino, Paul (2007), "Isaac II, Saladin and Venice," in Jonathan Shepard (ed.), *The Expansion of Orthodox Europe*, 93–106, Farnham: Ashgate.

Magnavita, Sonja (2013), "Initial encounters," *Afriques*, 4. Available online: https://doi.org/10.4000/afriques.1145.

Mapping Our World: Terra Incognita to Australia (2013), [Exhibition Catalog], Canberra: National Library of Australia.

Margariti, Roxani Eleni (2007), *Aden and the Indian Ocean Trade: 150 Years in the Life of a Medieval Arabian Port*, Chapel Hill: University of North Carolina Press.

Margariti, Roxani Elani (2008), "Mercantile Networks, Port Cities, and 'Pirate' States: Conflict and Competition in the Indian Ocean World of Trade before the Sixteenth Century," *Journal of the Economic and Social History of the Orient*, 51: 543–77.

Margariti, Roxani Eleni (2015), "Wrecks and Texts: a Judeo-Arabic Case Study," in Deborah N. Carlson, Justin Leidwanger, and Sarah M. Kampbell (eds.), *Maritime Studies in the Wake of the Byzantine Shipwreck at Yassiada Turkey*, 189–201, College Station: Texas A&M University Press.

Marie de France (1990), *Lais de Marie de France*, ed. Karl Warnke, Lettres Gothiques, Paris: Livre de Poche.

Martinsson-Wallin, Helene and Susan J. Crockford (2001), "Early Settlement of Rapa Nui (Easter Island)," *Asian Perspectives*, 40 (1): 244–78.

Mauntel, Christopher (2018), "Linking Seas and Lands in Medieval Geographic Thinking during the Crusades and the Discovery of the Atlantic World," in Nikolas Jaspert and Sebastian Kolditz (eds.), *Entre mers—Outre-mer: Spaces, Modes and Agents of Indo-Mediterranean Connectivity*, 107–28, Heidelberg: Heidelberg University Publishing.

Mauntel, Christopher, Klaus Oschema, Jean-Charles Ducène, and Martin Hofmann (2018), "Mapping Continents, Inhabited Quarters and The Four Seas. Divisions of the World and the Ordering of Spaces in Latin-Christian, Arabic-Islamic and Chinese Cartography in the Twelfth to Sixteenth Centuries: A Critical Survey and Analysis," *Journal of Transcultural Medieval Studies*, 5 (2): 295–367.

Mayr-Harting, Henry (1992), "The Church of Magdeburg," in David Abulafia, Michael Franklin, and Miri Rubin (eds.), *Church and the City 1000–1500*, 129–50, Cambridge: Cambridge University Press.

McClanahan, T.R. and J.O. Omukoto (2011), "Comparison of Modern and Historical Fish Catches (AD750–1400) to Inform Goals for Marine Protected Areas and Sustainable Fisheries," *Conservation Biology*, 25 (5): 945–55.

McCormick, Michael (2001), *Origins of the European Economy*, Cambridge: Cambridge University Press.

McCormick, Michael (2011), *Charlemagne's Survey of the Holy Land*, Washington, DC: Dumbarton Oaks.

McCusker, Maeve and Anthony Soares (2011), *Islanded Identities: Constructions of Postcolonial Cultural Insularity*, Amsterdam: Rodopi.

McIntosh, Roderick and Susan McIntosh (1981), "The Inland Niger Delta before the Empire of Mali," *Journal of African History*, 22: 1–22.

McKillop, Heather (2005), *In Search of Maya Sea Traders*, College Station: Texas A&M.

Mehler, Natascha, Hans Christian Küchelmann, and Bart Holterman (2018), "The Export of Gyrfalcons from Iceland during the 16th Century: A Boundless Business in a Proto-globalized World," in Karl-Heinz Gersmann and Oliver Grimm (eds.), *Raptor and Human – Falconry and Bird Symbolism throughout the Millennia on a Global Scale*, 995–1020, Kiel: Wachholtz Verlag-Murmann Publishers.

Mel'nikova, Elena (2001), *Skandinavskie runicheskie nadpisi* [Scandinavian Runic Inscriptions], rev. edn., Moscow: Vostochnaia literatura RAN.

Mentz, Steven (2009), "Toward a Blue Cultural Studies: The Sea, Maritime Culture, and Early Modern English Literature," *Literature Compass*, 6: 997–1013.

Mentz, Steven (2016), "The Bermuda Assemblage: Toward a Posthuman Globalization," *Postmedieval: A Journal of Medieval Cultural Studies*, 7 (4): 551–64.

Miller, James (2008), "Traditional Fishing Boats," in James R. Coull, Alexander Fenton, and Kenneth Veitch (eds.), *Scottish Life and Society: A Compendium of Scottish Ethnology, Boats, Fishing and the Sea*, 103–23, Edinburgh: John Donald.

Miller, Peter N., ed. (2013), *The Sea: Thalassography and Historiography*, Ann Arbor: University of Michigan Press.

Milner, Nicky and James Barrett (2012), "The Maritime Economy: Mollusc Shell," in James Barrett (ed.), *Being an Islander: Production and Identity at Quoygrew, Orkney, AD 900–1600*, 105–15, Cambridge: McDonald Institute for Archaeological Research.

Miquel, André (1967–88), *La géographie humaine du monde musulman jusqu'au milieu du XIᵉ siècle*, Paris: Mouton.

Miran, Jonathan (2009), *Red Sea Citizens: Cosmopolitan Society and Cultural Change in Massawa*, Bloomington: Indiana University Press.

Moerman, D. Max (forthcoming), *Geographies of the Imagination: Buddhism and the Japanese World Map 1364–1865*, Cambridge, MA: Harvard University Asia Center.

Montgomery, James E. (2001), "Salvation at Sea? Seafaring in Early Arabic Poetry," in Gert Borg and Ed C.M. de Moor (eds.), *Representations of the Divine in Arabic Poetry*, 25–47, Amsterdam: Rodopoi.

Most, Ruth (2011), *"Dividing the Realm in Order to Govern": The Spatial Organisation of the Song State (960–1276 CE)*, Cambridge, MA: Harvard University Press.

Mostert, Michael (2020), "Linguistics of Contact in the Northern Seas," in Rolf Strootman, Floris van den Eijnde, and Roy van Wijk (eds.), *Empires of the Sea: Maritime Power Networks in World History*, 179–93, Leiden: Brill.

Msemwa, P.J. (1994), "An Ethnoarchaeological Study on Shellfish Collecting in a Complex Urban Setting," unpublished PhD diss., Brown University, USA.

Mudida, Nina (1996), "Subsistence at Shanga: The Faunal Record," in Mark Horton (ed.), *Shanga: The Archaeology of a Muslim Trading Community on the Coast of East Africa*, 378–93, London: British Institute in Eastern Africa.

Muir, Tom and James M. Irvine (2005), *George Marwick: Yesnaby's Master Storyteller*, Kirkwall: Orcadian.

Mukherjee, Rila (2014), "Escape from Terracentrism: Writing a Water History," *Indian Historical Review*, 41 (1): 87–101.

Murasheva, Veronika (forthcoming), "Rus, Routes and Sites," in Jonathan Shepard and Luke Treadwell (eds.), *Muslims on the Volga in the Viking Age: Diplomacy and Islam in the World of Ibn Fadlan*, London: I.B.Tauris.

Muthesius, Anna (1997), *Byzantine Silk Weaving*, Vienna: Fassbaender.

Nakamura, Hiroshi (1947), "Old Chinese World Maps Preserved by the Koreans," *Imago Mundi*, 4: 3–22.

Nakamura, Ryo (2011), "Multi-ethnic Coexistence in Kilwa Island, Tanzania," *Shima: The International Journal of Research into Island Cultures*, 5 (1): 44–68.

Nanda, Vivek and Alexander Johnson (2017), *Cosmology to Cartography: A Cultural Journey of Indian Maps*, New Delhi: National Museum, Kalakriti Archives.

Nedkvitne, Arnved (2014), *The German Hansa and Bergen 1100–1600*, Cologne: Böhlau Verlag GmbH & Cie.

Needham, Joseph ([1959] 1979), "Geography and Cartography," in *Science and Civilization in China*, vol. 3, *Mathematics and the Sciences of the Heaves and the Earth*, 497–590, Cambridge: Cambridge University Press.

Needham, Joseph, Wang Ling, and Lu Gwei-Djen (1971), *Science and Civilization in China*, vol. 4, *Physics and Physical Technology: Part III Civil Engineering and Nautics*, Cambridge: Cambridge University Press.

Needham, Stuart (2009), "Encompassing the Sea: 'Maritories' and Bronze Age Maritime Interactions," in Philip Clark (ed.), *Bronze Age Connections: Cultural Contact in Prehistoric Europe*, 12–37, Oxford: Oxbow.

Negri, Carolina and Giusi Tamburello, eds. (2009), *L'acqua non è mai la stessa. Le acque nella tradizione culturale dell'Asia. Atti del seminario, Lecce, 18 aprile 2007*, Milan: Leo Olschki Editore.

Nicholson, Rebecca A. (2007), "The Fish Remains," in John Hunter (ed.), *Investigations in Sanday, Orkney*, vol. 1, *Excavations at Pool, Sanday: A Multi-period Settlement from Neolithic to Late Norse Times*, 262–79, Kirkwall: Orcadian.

Nicolle, David (1989), "Shipping in Islamic Art: Seventh through Tenth Centuries A.D.," *American Neptune*, 49 (3): 168–97.

Noacco, Cristina (2006), "La surface métaphorique de la mer dans le *Livre de pensée* de Charles d'Orléans," in Chantal Connochie-Bourgne (ed.), *Mondes marins du Moyen Age*, 341–51, Aix-en-Provence: Presses universitaires de Provence.

Noonan, Thomas and Roman Kovalev (1997-8), "'Wine and Oil for All the Rus!'," *Acta Byzantina Fennica*, 9: 118–52.

Nosov, Evgenii N. (2012), "Novgorodskaia zemlia" [The Novgorodian Land], in Nikolai A. Makarov (ed.), *Rus' v IX–X vekakh*, 93–113, Moscow: Drevnosti Severa.

O'Doherty, Marianne (2011), "A Peripheral Matter? Oceans in the East in Late Medieval Thought: Report and Cartography," in Liz Mylod and Zsuzsanna Reed Papp (eds.), "Postcards from the Edge: European Peripheries in the Middle Ages," special issue of *Bulletin of International Medieval Research*, 16: 14–59.

O'Doherty, Marianne (2013), *The Indies and the Medieval West: Thought, Report, Imagination*, Turnhout: Brepols.

Ohler, Norbert (2010), *The Medieval Traveller*, trans. Caroline Hillier, rev. edn., Woodbridge: Boydell.

Oliver, Roland and Anthony Atmore (2001), *Medieval Africa, 1250–1800*, Cambridge: Cambridge University Press.

Orbell, Margaret (1991), *Hawaiki: A New Approach to Maori Tradition*, Christchurch: Canterbury University Press.

Orton, David, James Morris, Alison Locker, and James H. Barrett (2014), "Fish for the City: Meta-analysis of Archaeological Cod Remains and the Growth of London's Northern Trade," *Antiquity*, 88 (340): 516–30.

Östergren, Majvor (2009), "Spillings," in Ann-Marie Pettersson (ed.), *The Spillings Hoard*, 11–40, Visby: Gotlands Museum.

Owen, Olwyn and Magnar Dalland, (1999), *Scar: A Viking Boat Burial on Sanday, Orkney*, Phantassie: Tuckwell Press.

Paine, Lincoln (2013), *The Sea and Civilization: A Maritime History of the World*, New York: Alfred A. Knopf.

Palmer, Martin and Xiaomin Zhao (1997), *Essential Chinese Mythology*, London: Thorsons.

Park, Hyunhee (2012), *Mapping the Chinese and Islamic Worlds: Cross-Cultural Exchange in Pre-Modern Asia*, New York: Cambridge University Press.

Parrain, Camille (2012), "La haute mer: un espace aux frontières de la recherche géographique," *EchoGéo*, 19 (January/March). Available online: https://doi.org/10.4000/echogeo.12929.

Parry, John Horace (1981), *The Discovery of the Sea*, Berkeley: University of California Press.

Peacock, David and David Williams, eds. (2007), *Food for the Gods*, Oxford: Oxbow.

Peacock D. and L. Blue, eds. (2011), *Myos Hormos – Quseir al-Qadim: Roman and Islamic Ports on the Red Sea*, Oxford: British Archaeological Reports.

Pearson, Michael (2003), *The Indian Ocean: Seas in History*, London: Routledge.

Perdikaris, Sophia and Thomas Howatt McGovern (2008), "Codfish and Kings, Seals and Subsistence: Norse Marine Resource use in the North Atlantic," in Torben C. Rick and Jon M. Erlandson (eds.), *Human impacts on Ancient Marine Ecosystems: A Global Perspective*, 187–214, Berkeley: University of California Press.

Perdikaris, Sophia and Thomas Howatt McGovern (2009), "Viking Age Economics and the Origins of Commercial Cod Fisheries in the North Atlantic," in Louis Sicking and Darlene Abreu-Ferreira (eds.), *Beyond the Catch: Fisheries of the North Atlantic, the North Sea and the Baltic, 900–1850*, 61–90, Leiden: Brill.

Perry, W.J. (1921), "The Isles of the Blest," *Folklore*, 32: 150–80.

Peters, F.E. (1994), *Mecca: A Literary History of the Muslim Holy Land*, Princeton, NJ: Princeton University Press.

Phillips, Jonathan (2004), *The Fourth Crusade and the Sack of Constantinople*, London: Jonathan Cape.

Picard, Christophe (2015), *La mer des califes: Une histoire de la Méditerranée musulmane*, Paris: Seuil.

Picard, Christophe (2018), *Sea of the Caliphs: The Mediterranean in the Medieval Islamic World*, Cambridge, MA: Belknap Press of Harvard University Press.

Pillsbury, Joanne (1996), "The Thorny Oyster and the Origins of Empire: Implications of Recently Uncovered Spondylus Imagery from Chan Chan, Peru," *Latin American Antiquity*, 7 (4): 313–40.

Pillsbury, Joanne, Timophy Potts, and Kim N. Richter, eds. (2017), *Golden Kingdoms: Luxury Arts in the Ancient Americas*, Los Angeles: J. Paul Getty Trust.

Pinet, Simone (2011), *Archipelagoes: Insular Fictions from Chivalric Romance to the Novel*, Minneapolis: University of Minnesota Press.

Pinto, Karen C. (2013), "Passion and Conflict: Medieval Islamic Views of the West," in Keith D. Lilley (ed.), *Mapping Medieval Geographies: Geographical Encounters in the Latin West and Beyond, 300–1600*, 201–24, Cambridge: Cambridge University Press.

Pinto, Karen C. (2016), *Medieval Islamic Maps: An Exploration*, Chicago: University of Chicago Press.

Pirenne, Henri (1937), *Mahomet et Charlemagne*, Paris: Alcan.

de Planhol, Xavier (2000), *L'Islam et la mer: la mosquée et le matelot, viie-xxe siècle*, Paris: Librairie académique Perrin.

Pouwels, Randall (1984), "Oral Historiography and the Shirazi of the East African Coast," *History in Africa*, 11: 237–67.

Prange, Sebastian R. (2013), "The Contested Sea: Regimes of Maritime Violence in the Pre-Modern Indian Ocean," *Journal of Early Modern History*, 17: 9–33.

Prange, Sebastian R. (2018), *Monsoon Islam: Trade and Faith on the Medieval Malabar Coast*, Cambridge: Cambridge University Press.

Preiser-Kapeller, Johannes (2015), "Harbours and Maritime Networks as Complex Adaptive Systems," in Johannes Preiser-Kapeller and Falko Daim (eds.), *Harbours and Maritime Networks as Complex Adaptive Systems*, 1–24, Mainz: RGZM.

Prendergast, Mary E., Hélène Rouby, Paramita Punnwong, Robert Marchant, Alison Crowther, Nikos Kourampas, Ceri Shipton, Martin Walsh, Kurt Lambeck, and Nicole L. Boivin (2016), "Continental Island Formation and the Archaeology of Defaunation on Zanzibar, Eastern Africa," *PLOS One*, 11 (2): e0149565.

Price, Neil (forthcoming), "Vikings on the Volga?," in Jonathan Shepard and Luke Treadwell (eds.), *Muslims on the Volga in the Viking Age*, London: I.B.Tauris.

Prins, A.H.J. (1965), *Sailing from Lamu: A Study of Maritime Culture in Islamic East Africa*, Assen: Van Gorcum.

Ptak, Roderich (1987), "The Maldive and Laccadive Islands (liu-shan 溜 山) in Ming Records," *Journal of the American Oriental Society*, 107 (4): 675–94.

Ptak, Roderich (2007a), "Edward L. Dreyer: *Zheng He: China and the Oceans in the Early Ming Dynasty, 1405–14*," *Archipel*, 74: 256–60.

Ptak, Roderich (2007b), *Die Maritime Seidenstrasse: Küstenräume, Seefahrt und Handel in vorkolonialer Zeit*, Munich: C.H. Beck.

Pugh, Jonathan (2013), "Island Movements: Thinking with the Archipelago," *Island Studies Journal*, 8 (1): 9–24.

Pujades I Bataller, Ramon (2007), *Les Cartes Portolanes: La representació medieval d'una mar solcada*, Barcelona: Institut Cartogràfic de Catalunya.

Purcell, Nicholas (2005), "Colonization and Mediterranean History," in Henry Hurst and Sara Owen (eds.), *Ancient Colonizations: Analogy, Similarity and Difference*, London: Duckworth.

Purcell, Nicholas (2013), "Beach, Tide and Backwash: The Place of Maritime History," in Peter Miller (ed.), *The Sea: Thalassography and Historiography*, Ann Arbor: University of Michigan Press.

Qaisar, A. Jan (1987), "From Port to Port: Life on Indian Ships in the Sixteenth and Seventeenth Centuries," in Ashin Das Gupta and M.N. Pearson (eds.), *India and the Indian Ocean 1500–1800*, 331–49, Calcutta: Oxford University Press.

Questes Group (2018), *Le bathyscaphe d'Alexandre: L'homme et la mer au Moyen Âge*, Paris: éditions Vendémiaire.

Quintana Morales, Eréndira M. (2013), "Reconstructing Swahili Foodways: The Archaeology of Fishing and Fish Consumption in Coastal East Africa, AD 500–1500," unpublished PhD diss., University of Bristol, UK.

Quintana Morales, Eréndira M. and Mark Horton (2014), "Fishing and Fish Consumption in the Swahili Communities of East Africa, 700–1400 CE," *Internet Archaeology*, 37. Available online: https://doi.org/10.11141/ia.37.3.

Quintana Morales, Eréndira M. and Mary E. Prendergast (2018), "Animals and Their Uses in the Swahili World," in Stephanie Wynne-Jones and Adria LaViolette (eds.), *The Swahili World*, 335–49, London: Routledge.

Radimilahy, Marie de Chantal (1998), *Mahilaka: An Archaeological Investigation of an Early Town in Northwestern Madagascar*, Uppsala: Uppsala University.

Rainbird, Paul (2007), *The Archaeology of Islands*, Cambridge: Cambridge University Press.

Raj, Kapil (2016), "Rescuing Science from Civilization: On Joseph Needham's 'Asiatic Mode of (Knowledge) Production,'" in Arun Bala and Prasenjit Duara (eds.), *The Bright Dark Ages: Rethinking Needham's Grand Question*, 1–22, Leiden: E.J. Brill.

Ramaswamy, Sumathi (2004), *The Lost Land of Lemuria: Fabulous Geographies, Catastrophic Histories*, new edn., Berkeley: University of California Press.

Rao, Nalini (1991), "The Bodhisattva As Savior of Seamen," in S.R. Rao (ed.), *Recent Advance in Maritime Archaeology: Proceedings of the Second Indian Conference on Marine Archaeology of Indian Ocean Countries*, January 1990, 185–8, Goa: Society for Marine Archaeology, National Institute of Archaeology.

Rapoport, Yossef and Emily Savage-Smith (2018), *Lost Maps of the Caliphs: Drawing the World in Eleventh Century Cairo*, Chicago: University of Chicago Press.

Rapoport, Yossef and Emily Savage-Smith, eds. (2014), *An Eleventh Century Egyptian Guide to the Universe: The Book of Curiosities [Kitāb ġarā'ib al-funūn wa mulaḥ al-'uyūn]*, Leiden: Brill.

Ray, Himanshu Prabha (1994), *The Winds of Change: Buddhism and the Maritime Links of Early South Asia*, Delhi: Oxford University Press.

Ray, Himanshu Prabha (2003), *The Archaeology of Seafaring in Ancient South Asia*, Cambridge: Cambridge University Press.

Reckin, Anna (2003), "Tidalectic Lectures: Kamau Brathwaite's Prose/Poetry as Sound-Space," *Anthurium*, 1 (1): 1–16.

Reddy, Srinivas G. (2021), "Seven Seas and an Ocean of Wisdom: An Indian Episteme for the Indian Ocean," in Himanshu Prabha Ray (ed.), *The Archaeology of Knowledge Traditions of the Indian Ocean World*, 19–37, Abingdon: Routledge.

Reid, Anthony (2007), "Muslims and Power in a Plural Asia," in Anthony Reid and Michael Gilsenan (eds.), *Islamic Legitimacy in a Plural Asia*, 1–14, London: Routledge.

Relaño, Francesco (2002), *The Shaping of Africa: Cosmographic Discourse and Cartographic Science in Late Medieval and Early Modern Europe*, Aldershot: Ashgate.

Remensnyder, Amy G. (2018), "Mary, Star of the Multi-Confessional Mediterranean: Ships, Shrines and Sailors," in Nikolas Jaspert, Christian A. Neumann, and Marco Di Branco (eds.), *Ein Meer Und Seine Heiligen: Hagiographie Im Mittelalterlichen Mediterraneum*, 299–32, Paderborn: Wilhelm Fink.

Richards, Colin (2008), "The Substance of Polynesian Voyaging," *World Archaeology*, 40 (2): 206–23.

Ridel, Elisabeth (2009), *Les Vikings et les mots*, Paris: Errance.

Riley-Smith, Jonathan (1997), *The First Crusaders, 1095–1131*, Cambridge: Cambridge University Press.

Rivers, P.J. (2012), "New Lamps for Old: Modern Nautical Terms for Ancient Marine Practices and the Navigation of the Zheng He Voyages," *Journal of the Malaysian Branch of the Royal Asiatic Society*, 85 (1): 85–98.

Roach, Andrew (2005), *The Devil's World*, Harlow: Longman.

Rodger, N.A.M. (1996), "The Naval Service of the Cinque Ports," *English Historical Review*, 111 (442): 636–51.

Ronan, Colin A. (1986), *The Shorter Science and Civilization in China: An Abridgement of Joseph Needham's Original Text*, vol. 3, *A Section of Volume IV, Part 1 and a Section of Volume IV, Part 3, or the Major Series*, Cambridge: Cambridge University Press.

Rosedahl, Else (1987), *The Vikings*, London: Allen Lane, the Penguin Press.

Rosiek, Jerry Lee, Jimmy Snyder, and Scott L. Pratt (2020), "The New Materialisms and Indigenous Theories of Non-Human Agency: Making the Case for Respectful Anti-Colonial Engagement," *Qualitative Inquiry*, 26 (3–4): 331–346.

Rubin, Jonathan (2018), *Learning in a Crusader City*, Cambridge: Cambridge University Press.

Rüdiger, Jan (2017), "Medieval Maritime Polities – Some Considerations," in Michel Balard (ed.), *The Sea in History: The Medieval World*, 34–44, Woodbridge: Boydell Press.

Russ, Hannah, Ian Armit, Jo McKenzie, and Andrew K.G. Jones (2012), "Deep-Sea Fishing in Iron Age Scotland? New Evidence from Broxmouth Hillfort, East Lothian," *Environmental Archaeology*, 17 (2): 177–84.

Rust, Martha (2008), *Imaginary Worlds in Medieval Books: Exploring the Manuscript Matrix*, Basingstoke: Palgrave Macmillan.

Sacks, David Harris (2014), "The Blessings of Exchange in the Making of the Early English Atlantic," in Francesca Trivellato, Leor Halevi, and Catia Antunes (eds.), *Religion and Trade: Cross-Cultural Exchanges in World History, 1000–1900*, 62–90, Oxford: Oxford University Press.

Sadhale, Nalini and Y.L. Nene (2005), "On Fish in Manasollasa (c. 1131 AD)," *Asian Agri-History*, 9 (3): 177–99.

Sahlins, Marshall (1985), *Islands of History*, Chicago: University of Chicago Press.

Sather, Clifford (1997), *The Bajau Laut*, Oxford: Oxford University Press.

Saussure, Léopold de ([1923] 1928), "Et l'invention de la boussole," in Gabriel Ferrand (ed.), *Instructions Nautiques et Routiers Arabes et Portugais des XVe et XVIe Siècles*, vol. 3, *Introduction a l'Astonomie Nautique Arabe*, 31–127, Paris: Librairie Orientaliste Paul Geuthner.

Sawyer, Peter (2013), *The Wealth of Anglo-Saxon England*, Oxford: Oxford University Press.

Scales, Len (2012), *The Shaping of German Identity*, Cambridge: Cambridge University Press.

Schmidl, Petra G. (1997–8), "Two Early Arabic Sources on the Magnetic Compass," *Journal of Arabic and Islamic Studies*, 1: 81–132.

Schröder Stefan (2012), "Wissenstransfer und Kartieren von Herrschaft? Zum Verhältnis von Wissen und Macht bei al-Idrisi und Marino Sanudo," in Ingrid Baumgärtner and Martina Stercken (eds.), *Herrschaft verorten. Politische Kartographie des Mittelalters und in der frühen Neuzeit*, 313–34, Zurich: Chronos.

Scott, Michael W. (2012), "The Matter of Makira: Colonialism, Competition, and the Production of Gendered Peoples in Contemporary Solomon Islands and Medieval Britain," *History and Anthropology*, 23 (1): 115–48.

Serels, Steven (2018), "Food Insecurity and Political Instability in the Southern Red Sea Region During the 'Little Ice Age,' 1650–1840," in Dominik Collet and Maximilian Schuh (eds.), *Famines During the 'Little Ice Age' (1300–1800): Socionatural Entanglements in Premodern Societies*, 115–29, Cham: Springer.

Shafiq, Suhanna (2011), "The Maritime Culture in the Kitāb 'Ajā'ib Al-Hind (The Book of the Marvels of India) by Buzurg Ibn Shahriyār (d.399/1009)," MPhil diss., University of Exeter, UK.

Shafiq, Suhanna (2013), *Seafarers of the Seven Seas: The Maritime Culture in the Kitāb 'Ajā'ib al-Hind (The Book of the Marvels of India) by Buzurg Ibn Shahriyār (d. 399/1009)*, Berlin: Klaus Schwarz Verlag.

Shapinsky, Peter D. (2014), *Lords of the Sea: Pirates, Violence and Commerce in Late Medieval Japan*, Ann Arbor: Center for Japanese Studies, University of Michigan.

Sharples, Niall (2005), "Resource Exploitation: The Shore. 1. Shellfish," in Niall Sharples (ed.), *A Norse Farmstead in the Outer Hebrides: Excavations at Mound 3, Bornais, South Uist*, 159–62, Oxford: Oxbow.

Shaw, Sarah (2012), "Crossing to the Farthest Shore: How Pāli Jātakas Launch the Buddhist Image of the Boat onto the Open Seas," *Journal of the Oxford Centre for Buddhist Studies*, 3: 128–56.

Shaw, Sarah (2013), "The Capsized Self: Sea Navigation, Shipwrecks and Escapes from drowning in Southern Buddhist Narrative and Art," in Carl Thompson (ed.), *Shipwreck in Art and Literature: Images and Interpretations from Antiquity to the Present Day*, 27–41, London: Routledge.

Shepard, Jonathan (2012), "Imperial Constantinople: Relics, Palaiologan Emperors, and the Resilience of the Exemplary Centre," in Jonathan Harris, Catherine Holmes, and Eugenia Russell (eds.), *Byzantines, Latins, and Turks in the Eastern Mediterranean World After 1150*, 61–92, Oxford: Oxford University Press.

Shepard, Jonathan (2015), "Communications Across the Bulgarian Lands," in Vasil Giuzelev and Georgi Nikolov (eds.), *South-Eastern Europe in the Second Half of 10th–The Beginning of the 11th Centuries*, 217–35, Sofia: Bulgarian Academy of Sciences.

Shepard, Jonathan (2016), "Back in Old Rus and the USSR," *English Historical Review*, 131: 384–405.

Shepard, Jonathan (2017), "Man-to-Man, Dog-Eat-Dog, Cults-in-Common: The Tangled Threads of Alexios' Dealings with the Franks," *Travaux et Mémoires*, 21(2): 749–88.

Shepard, Jonathan (2019), "Bolesław the Brave versus Byzantine Soft Power," in Stanisław Turlej, Michał Stachura, Bartosz Jan Kołoczek, and Adam Izdebski (eds.), *Byzantina et Slavica*, 349–66, Kraków: Historia Iagellonica.

Shepard, Jonathan (2021), "Why Gotland?," in Jacek Gruszczyński, Marek Jankowiak, and Jonathan Shepard (eds.), *Viking-Age Trade: Slaves, Trade and Gotland*, 1–12, London: Routledge.

Shepard, Jonathan (forthcoming), "Other Goings-On," in Jonathan Shepard and Luke Treadwell (eds.), *Muslims on the Volga in the Viking Age*, London: Bloomsbury.

Sheriff, Abdul (2010), *Dhow Cultures and the Indian Ocean: Cosmopolitanism, Commerce and Islam*, Oxford: Oxford University Press.

Siewers, Alfred K. (2009), *Strange Beauty: Ecocritical Approaches to Early Medieval Landscape*, Basingstoke: Palgrave Macmillan.

Silverstein, Adam (2007), "From Markets to Marvels," *Journal of Jewish Studies*, 58: 91–104.

Sinclair, P.J.J. (1982), "Chibuene – An Early Trading Site in Southern Mozambique," *Paideuma: Mitteilungen zur Kulturkunde* 28: 149–64.

Sindbæk, Søren (2007), "The Small World of the Vikings," *Norwegian Archaeological Review*, 40: 59–74.

Singaravélou, Pierre and Fabrice Argounès (2018), *Le Monde vu d'Asie: Une histoire cartographique*, Paris: Musée national des Arts Asiatiques-Guimet and Seuil.

Sivasundaram, Sujit (2010), "Sciences and the Global: On Methods, Questions, and Theory," *Isis: A Journal of the History of Science Society*, 101 (1): 146–58.

Smith, James L. (2016), "Brendan Meets Columbus: A More Commodious Islescape," *Postmedieval: A Journal of Medieval Cultural Studies*, 7 (4): 526–38.

Smith, James L. (2017), *Water in Medieval Intellectual Culture: Case-Studies from Twelfth-Century Monasticism*, Turnhout: Brepols.

Smith, James L. and Hetta Howes, eds. (2018), *New Approaches to Medieval Water Studies*, Open Library of Humanities. Available online: https://olh.openlibhums.org/collections/special/new-approaches-to-medieval-water-studies/ (accessed October 19, 2020).

Sobecki, Sebastian I. (2003), "From the *désert liquide* to the Sea of Romance: Benedeit's *Le Voyage de saint Brendan* and the Irish Immrama," *Neophilologus*, 87 (2): 193–207.

Sobecki, Sebastian I. (2008), *The Sea and Medieval English Literature*, Cambridge: D.S. Brewer.

Stahl, Alan (2019), "Where the Silk Road Met the Wool Trade," in Sophia Menache, Benjamin Z. Kedar, and Michel Balard (eds.), *Crusading and Trading Between East and West*, 351–64, London: Routledge.

Staley, Lynn (2016), "Fictions of the Island: Girdling the Sea," *Postmedieval: A Journal of Medieval Cultural Studies*, 7 (4): 539–50.

Staples, Eric (2013), "An Experiment in Arab Navigation: The *Jewel of Muscat* Passage," in Anthony R. Constable and William Facey (eds.), *The Principles of Arab Navigation*, 47–60, London: Arabian Publishing.

Star, Bastiaan, James H. Barrett, Agata T. Gondek, and Sanne Boessenkool (2018), "Ancient DNA Reveals the Chronology of Walrus Ivory Trade from Norse Greenland," *Proceedings of the Royal Society B*, 285: 20180978. Available online: https://doi.org/10.1098/rspb.2018.0978.

Star, Bastiaan, et al. (2017), "Ancient DNA Reveals the Arctic Origin of Viking Age Cod from Haithabu, Germany," *Proceedings of the National Academy of Sciences*, 114 (34): 9152–7. Available online: https://doi.org/10.1073/pnas.1710186114.

Stargardt, Janice (2014), "Indian Ocean Trade in the Ninth and Tenth Centuries," *South Asian Studies*, 30: 35–55.

Starr, Cindy (2016), "Annual Arctic Sea Ice Minimum 1979–2015, with graph," NASA Scientific Visualization Studio, March 10. Available online: https://svs.gsfc.nasa.gov/4435 (accessed October 9, 2020).

Steinberg, Philip E. (2001), *The Social Construction of the Ocean*, Cambridge: Cambridge University Press.

Steinberg, Philip E. and Kimberley Peters (2015), "Wet Ontologies, Fluid Spaces: Giving Depth to Volume through Oceanic Thinking," *Environment and Planning D: Society and Space*, 33: 247–64.

Storm, Mary (2013a), *Head and Heart: Valor and Self-Sacrifice in the Art of India*, London: Routledge.

Storm, Mary (2013b), "An Unusual Group of Hero Stones: Commemorating Self-Sacrifice at Mallam, Andhra Pradesh," *Ars Orientalis*, 44: 61–84.

Subbarayalu, Y. (2009), "A Note on the Navy of the Chola State," in Hermann Kulke, K. Kesavapany, and Vijay Sakhuja (eds.), *Nagapattinam to Suvarnadwipa: Reflections on the Chola Naval Expeditions to Southeast Asia*, 91–101, Singapore: ISEAS.

Szabo, Vicki E. (2008), *Monstrous Fishes and the Mead-Dark Sea: Whaling in the Medieval North Atlantic*, The Northern World, vol. 35, Leiden: Brill.

Tai, Emily Sohmer (2005), "Marking Water: Piracy and Property in the Pre-Modern West," paper presented at "Seascapes, Littoral Cultures, and Trans-Oceanic Exchanges," Library of Congress, Washington, DC, February 12–15, 2003. Available online: http://webdoc.sub.gwdg.de/ebook/p/2005/history_cooperative/www.historycooperative.org/proceedings/seascapes/tai.html (accessed October 19, 2020).

Talbert, Richard J.A. and Richard W. Unger, eds. (2008), *Cartography in Antiquity and the Middle Ages: Fresh Perspectives, New Methods*, Leiden: Brill.

Talbot, Cynthia (2001), *Precolonial India in Practice: Society, Region, and Identity in Medieval Andhra*, New York: Oxford University Press.

Tallack, Malachy (2016), *The Un-Discovered Islands: An Archipelago of Myths and Mysteries, Phantoms and Fakes*, London: Picador.

Taylor, Eva Germaine Rimington (1956), *The Haven–Finding Art: A History of Navigation from Odysseus to Captain Cook*, London: Hollis and Carter.

Thapar, Romila (2003), "Death and the Hero," in *Cultural Pasts: Essays in Early Indian History*, 680–95, Delhi: Oxford Paperbacks.

Thomas, Tim (2009), "Communities of Practice in the Archaeology of New Georgia, Rendova and Tetepare," in Peter J. Sheppard, Tim Thomas, and Glenn Summerhayes (eds.), *Lapita: Ancestors and Descendants*, 119–45, Dunedin: New Zealand Archaeological Association.

Thomas, R. (2011), "Fishing Activity," in David Peacock and Lucy Blue (eds.), *Myos Hormos – Quseir al-Qadim: Roman and Islamic Ports on the Red Sea*, vol. 2, *Finds from the Excavations 1999–2003*, 211–20, Oxford: British Archaeological Reports.

Tolias, George (2007), "Isolarii, Fifteenth to Seventeenth Centuries," in David Woodward (ed.), *The History of Cartography*, vol. 3, *Cartography in the European Renaissance*, 263–84, Chicago: Chicago University Press.

Toorawa, Shawkat (2012), "The Medieval Waqwaq Islands and the Mascarenes," in Shawkat Toorawa (ed.), *The Western Indian Ocean: Essays on Islands and Islanders*, 49–65, Port Louis: Hassam Toorawa Trust.

Traineau-Durozoy, Anne-Sophie (2017), "Jonas et le poisson," in "L'art roman et la mer," special issue of *Les cahiers de Saint-Michel de Cuxa*, 48: 115–27.

Tripati, Sila (2005), "Ships on Hero Stones from the West Coast of India," *International Journal of Nautical Archaeology*, 35 (1): 88–96.

Tsigonaki, Christina (2019), "A Border at the Sea: Defensive Works and Landscape-Mindscape Changes (Seventh-Eighth Centuries A.D.)," in Miguel Ontiveros, Catalina Mas Florit, and John F. Cherry (eds.), *Change and Resilience: The Occupation of Mediterranean Islands in Late Antiquity*, 163–92, Oxford: Oxbow.

Um, Nancy (2013), "Reflections on the Red Sea Style: Beyond the Surface of Coastal Architecture," *Northeast African Studies*, 12 (1): 243–72.

Vagnon, Emmanuelle (2013), *Cartographie et représentations occidentales de l'Orient méditerranéen (du milieu du XIIIe à la fin du XVe siècle)*, Terrarum Orbis 11, Turnhout: Brepols.

Vagnon, Emmanuelle and Éric Vallet (2017a), "L'océan Indien, invention d'un objet cartographique global," in Éric Vallet and Emanuelle Vagnon (eds.), *La fabrique de l'Océan Indien: Cartes d'orient et d'occident*, 285–314, Paris: Publications de la Sorbonne.

Vagnon, Emmanuelle and Éric Vallet, eds. (2017b), *La fabrique de l'océan Indien: Cartes d'Orient et d'Occident (Antiquité-XVIe siècle)*, Paris: Publications de la Sorbonne.

Vallet, Éric (2005), "Yemeni Oceanic Policy at the End of the Thirteenth Century," *Proceedings of the Seminar of Arabian Studies*, 36: 289–96.

Vallet, Éric (2010), *L'Arabie Marchande: État et Commerce Sous les Sultans Rasulides du Yémen (628–858/1229–1454)*, Paris: Publications de la Sorbonne.

Vallet, Éric (2017), "Les flottes islamiques de l'océan indien (VIIe-XVe siècles): une puissance navale au service du commerce," in Michel Balard (ed.), *The Sea in History: The Medieval World / La mer dans l'histoire. Le Moyen Âge*, 753–64, Woodbridge: Boydell Press.

Van Doorninck, Frederick (2009), "The Voyage," in George F. Bass et al. (eds.), *Serçe Limanı*, vol. 2, 3–6, College Station: Texas A&M University Press.

Van Neer, Wim and Anton Ervynck (2003), "Remains of Traded Fish in Archaeological Sites: Indicators of Status, or Bulk Food?," in Sharon Jones, Wim Van Neer, and Anton Ervynck (eds.), *Behaviour Behind Bones: The Zooarchaeology of Ritual, Religion, Status and Identity*, 203–14, Oxford: Oxbow Books.

Von Falkenhausen, Vera (2010), "Gli Amalfitani nell'impero bizantino," in Edward Farrugia (ed.), *Amalfi and Byzantium*, 17–44, Rome: Pontificio istituto orientale.

Vauchez, André (2006), "L'homme au péril de la mer dans les miracles médiévaux," in Jacques Jouanna, Jean Leclant, and Michel Zink (eds.), *L'homme face aux calamités naturelles dans l'Antiquité et au Moyen Âge*, 183–95, Paris: Académie des Inscriptions et Belles-Lettres.

Velázquez Castro, Adrián (2017), "Luxuries from the Sea: The Use of Shells in the Ancient Americas," in Joanne Pillsbury, Timophy Potts, and Kim N. Richter (eds.), *Golden Kingdoms: Luxury Arts in the Ancient Americas*, 91–8, Los Angeles: J. Paul Getty Trust.

Vérin, Pierre (1986), *The History of Civilization in North Madagascar*, Rotterdam: Balkema.

Vijayalekshmy, M. (2014), "Pirates, Shallows and Ship-Wrecks – On the Perils of Voyages in the Indian Ocean World in the Middle Ages," *Proceedings of the Indian History Congress*, 75: 982–8.

Villain-Gandossi, Christiane (2004a), "Au Moyen Âge, le domaine de la peur," in Alain Corbin and Hélène Richard (eds.), *La mer: Terreur et fascination*, 71–7, Paris: BnF/Seuil.

Villain-Gandossi, Christiane (2004b), "La perception des dangers de la mer au Moyen Age à travers les textes littéraires et l'iconographie," in Mickaël Augeron and Mathias Tranchant (eds.), *La violence et la mer dans l'espace atlantique (XIIe–XIXe s.)*, 439–56, Rennes: Presses Universitaires de Rennes.

Wade, Geoffrey (2013), "An Asian Commercial Ecumene, 900–1300 CE," in Fujita Kayoko, Momoki Shiro, and Anthony Reid (eds.), *Offshore Asia*, 76–111, Singapore: ISEAS Publishing.

Wade, Geoffrey (2015), "Chinese Engagement with the Indian Ocean," in Michael Pearson (ed.), *Trade, Circulation, and Flow in the Indian Ocean World*, 55–82, Basingstoke: Palgrave Macmillan.

Walcott, Derek (2007), "The Sea is History," in *Selcted Poems*, New York: Farrar, Straus and Giroux. Available online: https://poets.org/poem/sea-history (accessed October 9, 2020).

Walker Vadillo, Veronica (2016), "The Fluvial Cultural Landscape of Angkor," unpublished PhD diss., University of Oxford, UK.

Walker Vadillo, Veronica (2021), "Entangled Traditions: The Royal Barges of Angkor," in Himanshu Prabha Ray (ed.), *The Archaeology of Knowledge Traditions of the Indian Ocean World*, 194–210, Abingdon: Routledge.

Wallace, Patrick (2016), *Viking Dublin*, Sallins, County Kildare: Irish Academic Press.

Walsh, Kevin (2014), *The Archaeology of Mediterranean Landscapes*, Cambridge: Cambridge University Press.

Walsh, Martin T. (2007), "Island Subsistence: Hunting, Trapping and the Translocation of Wildlife in the Western Indian Ocean," *Azania*, 42 (1): 83–113.

Walz, Jonathan R. (2010), "Route to a Regional Past: An Archaeology of the Lower Pangani (Ruvu) Basin, Tanzania, 500–1900 CE," unpublished PhD thesis, University of Florida, USA.

Wang, Zhenping (2005), *Ambassadors from the Islands of Immortals: China-Japan Relations in the Han-Tang Period*, Honolulu: University of Hawai'i Press.

Ward, Robin (2009), *The World of the Medieval Shipmaster: Law, Business and the Sea c.1350–1450*, Woodbridge: Boydell Press.

Weiss, Richard S. (2009), *Recipes for Immortality: Healing, Religion, and Community in South India*, Oxford: Oxford University Press.

Wenger, Etienne (1998), *Communities of Practice: Learning, Meaning and Identity*, Cambridge, Cambridge University Press.

Westerdahl, Christer (1992), "The Maritime Cultural Landscape," *International Journal of Nautical Archaeology*, 21 (1): 5–14.

Westerdahl, Christer (2008), "Fish and Ships: Towards a Theory of Maritime Culture," *Sozialgeschichte der Schiffahrt*, 30: 191–230.

Westerdahl, Christer (2012), "The Ritual Landscape of the Seaboard in Historical Times: Island Chapels, Burial Sites and Stone Mazes–A Scandinavian Example. Part I: Chapels and Burial Sites," *Deutsches Shiffahrtsarchiv: Wissenschaftliches Jahrbuch Des Deutschen Shiffahartsmuseums*, 34: 259–370.

Westermann-Angerhausen, Hiltrud (2014), *Mittelalterliche Weihrauchfässer von 800 bis 1500*, Petersberg: Imhof Verlag.

Westropp, Thomas Johnson (1912), "Brasil and the Legendary Islands of the North Atlantic: Their History and Fable; A Contribution to the 'Atlantis' Problem," *Proceedings of the Royal Irish Academy: Section C; Archaeology, Celtic Studies, History, Linguistics, Literature*, 30: 223–60.

White, Monica (forthcoming), "Non-Elite Church Contacts between Byzantium and Rus in the Palaiologan Period," in Jonathan Shepard, Peter Frankopan, and Averil Cameron (eds.), *Byzantine Spheres*, Oxford: Oxford University Press.

Wigen, Kären (2007), "Introduction," in Kären Wigen, Renate Bridenthal, and Jerry H. Bentley (eds.), *Seascapes: Maritime Histories, Littoral Cultures, and Transoceanic Exchanges*, 1–18, Honolulu: University of Hawai'i Press.

Williams, Gavin (2015), "Viking Camps and the Means of Exchange in Britain and Ireland in the Ninth Century," in Howard Clarke and Ruth Johnson (eds.), *The Vikings in Ireland and Beyond*, 93–116, Dublin: Four Courts Press.

Williams, Joanna (1992), "The Churning of the Ocean of Milk— Myth, Image and Ecology," *India International Centre Quarterly*, 19 (1/2): 145–55.

Williamson, Andrew (1973), *Sohar and Omani Seafaring in the Indian Ocean*, Muscat: Petroleum Development (Oman).

Willson, Margaret (2016), *Seawomen of Iceland: Survival on the Edge*, Seattle: University of Washington Press.

Wilmshurst, Janet M., Terry L. Hunt, Carl P. Lipo, and Atholl J. Anderson (2011), "High-Precision Radiocarbon Data Shows Recent and Rapid Initial Colonization of East Polynesia," *Proceedings of the National Academy of Sciences*, 108 (5): 1815–20.

Wilson, T.H. and A.L. Omar (1997), "Archaeological Investigations at Pate," *Azania*, 32: 31–76.

Wincott Heckett, Elizabeth (2003), *Viking Age Headcoverings from Dublin*, Dublin: National Museum of Ireland.

Wink, Andre (1990–2004), *Al-Hind: The Making of the Indo-Islamic World*, 3 vols, Leiden: Brill.

Wolf, Mark J.P. (2012), *Building Imaginary Worlds: The Theory and History of Subcreation*, New York: Routledge.

Wolska, Wanda (1962), *La Topographie chrétienne de Cosmas Indicopleustès, Théologie et science au VIᵉ siècle*, Paris: Presses universitaires de France.

Woods, Andrew R. (2021), "Viking Economies and the Great Army," in Jacek Gruszczyński, Marek Jankowiak, and Jonathan Shepard (eds.), *Viking-Age Trade*, 396–414, Abingdon: Routledge.

Woodward, David (1987), "Medieval Mappaemundi," in John B. Harley and David Woodward (eds.), *The History of Cartography*, vol. 1, *Cartography in Prehistoric, Ancient, and Medieval Europe and the Mediterranean*, 286–370, Chicago: Chicago University Press.

Wright, Christopher (2012), "Byzantine Authority and Latin Rule in the Gattilusio Lordships," in Jonathan Harris, Catherine Holmes, and Eugenia Russell (eds), *Byzantines, Latins and Turks in the Eastern Mediterranean After 1150*, 247–63, Oxford: Oxford University Press.

Wubs-Mrozewicz, Justyna (2009) "Fish, Stock and Barrel: Changes in the Stockfish Trade in Northern Europe, c. 1360–1560," in Louis Sicking and Darlene Abreu-Ferreira (eds.), *Beyond the Catch: Fisheries of the North Atlantic, the North Sea and the Baltic, 900–1850*, 187–208, Leiden: Brill.

Wynne-Jones, Stephanie and Jeffrey Fleisher (2016), "The Multiple Territories of Swahili Urban Landscapes," *World Archaeology*, 48 (3): 349–62.

Yeats, W.B. (1893), *The Celtic Twilight*, London: Lawrence and Bullen.

Yee, Cordell D.K. (1994), "Chinese Cartography among the Arts: Objectivity, Subjectivity, Representation," in John B. Harley and David Woodward (eds.), *The History of Cartography*, vol. 2–2, *Cartography in the Traditional East and South-East Asian Societies*, 128–69, Chicago: University of Chicago Press.

Yuan, Haiwang (2006), *The Magic Lotus Lantern and Other Tales from the Han Chinese*, Greenwood, CT: Greenwood.

Zakharov, S.N. (2012), "Beloozero," in Nikolai A. Makarov (ed.), *Rus' v IX–X vekakh*, 213–39, Moscow: Drevnosti Severa.

Zamora, Lois Parkinson and Wendy B. Faris, eds. (1995), *Magical Realism: Theory, History, Community*, Durham, NC: Duke University Press.

Zargar, Cyrus Ali (2014), "Water," in John Andrew Morrow (ed.), *Islamic Images and Ideas: Essays on Sacred Symbolism*, 112–23, Jefferson, NC: McFarland.

Zemon Davis, Natalie (1973), "The Rites of Violence: Religious Riot in Sixteenth-Century France," *Past and Present*, 59 (1): 51–91.

Zhao, Bing (2015), "Chinese-Style Ceramics in East Africa from the 9th to 16th Century," *Afriques*, 6. Available online: https://doi.org/10.4000/afriques.1836.

撰稿人介绍

詹妮弗·哈兰德（Jennifer Harland）是一位动物考古学家，主要研究北大西洋地区，特别关注从维京时代到中世纪晚期的鱼类消费、捕鱼和鱼类贸易。詹妮弗曾担任多个博士后职位，尤其是在利华休姆信托（Leverhulme Trust）项目"商业海上捕鱼的中世纪起源"（*The Medieval Origins of Commercial Sea Fishing*）（英国剑桥大学麦克唐纳考古研究所［McDonald Institute for Archaeological Research］）和英国约克大学。自 2014 年起，她一直担任英国苏格兰高地和群岛大学考古研究所的讲师，目前担任奥克尼群岛斯凯尔农场（Skaill Farm）发掘项目的联合主任。

莎朗·木下（Sharon Kinoshita）是美国加州大学圣克鲁斯分校地中海研究中心文学教授和联席主任。她是《中世纪的边界：重新思考法国古代文学的差异》（*Medieval Boundaries: Rethinking Difference in Old French Literature*）（2006）一书的作者。她与他人合著了关于克雷蒂安·德·特鲁瓦（Chretien de Troyes）和玛丽·德·法兰西（Marie de France）的几部专著，以及最近的《我们可以谈论地中海吗？关于中世纪和早期现代研究新兴领域的对话》（*Can We Talk Mediterranean? Conversations on an Emerging Field in Medieval and Early Modern Studies*）（2017）。她于 2016 年出版了马可·波罗《东方见闻录》（*Description of the World*）的新译本，且目前正在撰写一本暂名为《马可·波罗与全球中世纪》（*Marco Polo and the Global Middle Ages*）的配套作品。

伊丽莎白·A.兰伯恩（Elizabeth A. Lambourn）是英国德蒙福特大学物质史教授。作为研究公元1500年前南亚和印度洋世界的历史学家，她致力于中世纪历史的跨学科和跨文化研究，她的工作同样涉及文本和"事物"（things），以及将文本作为物质"事物"的研究。伊丽莎白发表了大量关于印度洋地区文物、动物、人和思想流通的文章。她最近出版了专著《亚伯拉罕的行李：中世纪印度洋世界物品的社会生活》（*Abraham's Luggage*：*A Social Life of Things in the Medieval Indian Ocean World*）（2018）。

罗克珊妮·E.玛格丽蒂（Roxani E. Margariti）是美国埃默里大学中东和南亚研究系的中东研究副教授。她的研究兴趣包括中东社会和经济史、航海史和考古学、物质文化和城市研究。她是《亚丁和印度洋贸易：中世纪阿拉伯港口的150年》（*Aden and the Indian Ocean Trade*：*150 Years in the Life of a Medieval Arabian Port*）（2007）一书的作者。2016年，她成为美国柏林学院的研究员，在那里她着手撰写新书《岛屿十字路口：红海达拉克群岛的当地、区域和全球故事》（*Insular Crossroads*：*The Local*，*Regional and Global Story of the Red Sea's Dahlak Archipelago*）。

乔纳森·谢泼德（Jonathan Shepard）曾任英国剑桥大学俄罗斯史讲师。他与S.富兰克林（S. Franklin）合著了《罗斯的崛起》（*The Emergence of Rus*）（1996）并合编了《拜占庭外交》（*Byzantine Diplomacy*）（1992），他的12篇研究成果被收录于《新兴精英与拜占庭》（*Emergent Elites and Byzantium*）（2011）中。他编辑的著作包括《东正教欧洲的扩张》（*The Expansion of Orthodox Europe*）（2007）、《剑桥拜占庭帝国史》（*The Cambridge History of the Byzantine Empire*）（2019年修订版）、与F.安德罗丘克（F. Androshchuk）和M.怀特（M. White）合编的《拜占庭与维京世界》（*Byzantium and the Viking World*）（2016）、与M.安西奇（M. Ančić）和T.维德里什（T. Vedriš）合编的《帝国领域与亚得里亚海》（*Imperial Spheres and the Adriatic*）（2018），以及与J.格鲁时钦斯基（J. Gruszczyński）和M.杨科维亚克（M. Jankowiak）合编的《维京时代贸易：白银、奴隶和哥特兰岛》（*Viking-Age Trade*：*Silver*，*Slaves and Gotland*）（2020）。

詹姆斯·L. 史密斯（James L. Smith）是都柏林圣三一学院地理系的爱尔兰政府博士后研究员，他正在研究名为"深度绘制爱尔兰湖泊精神水景：以多尼戈尔德格湖为例"（Deep Mapping the Spiritual Waterscape of Ireland's Lakes：The Case of Lough Derg, Donegal）的项目。他的作品探索思想史、文化和精神地理、生态批评、数字人文、环境人文、空间人文和水的历史。他的第一本专著是《中世纪知识文化中的水：十二世纪修道院制度案例研究》（*Water in Medieval Intellectual Culture*：*Case-Studies from Twelfth-Century Monasticism*）（2018）。詹姆斯是《乘客：中世纪的文本和过境》（*The Passenger*：*Medieval Texts and Transits*）（2017）的编者，并与赫塔·豪斯（Hetta Howes）博士共同编辑了人文开放图书馆收藏的《中世纪水研究新方法》（"New Approaches to Medieval Water Studies"）。

埃里克·斯特普尔斯（Eric Staples）是阿拉伯联合酋长国扎耶德大学的助理教授。他的专业兴趣领域包括造船、航海和导航技术。在获得摩洛哥大西洋沿岸海洋考古学博士学位后，他积极参与了关于印度洋海域的各种项目，包括建造并于2010年将9世纪单桅帆船"马斯喀特珍珠号"的一艘缝板复制品从阿曼驶往新加坡。他参与编辑了乔治·奥尔姆斯出版社（Georg Olms Verlag）的《阿曼：海洋史》（*Oman*：*A Maritime History*）（2017），并撰写了许多其他篇章。埃里克曾担任阿曼苏丹国海洋遗产项目总监。

埃曼纽埃尔·瓦格农（Emmanuelle Vagnon）毕业于巴黎高等师范学院，拥有中世纪历史博士学位。自2013年起，她一直担任法国国家科学研究中心（CNRS）研究员，在巴黎西方中世纪实验室（Laboratoire de Médiévistique Occidentale）工作。她是2012年在法国国家图书馆举办的"海图的黄金时代"（*L'âge d'or des cartes marines*）展览的策展人之一和目录联合编辑。最近，她与埃里克·瓦莱（Eric Vallet）共同编辑了第一本对通过制图学表现印度洋进行长时段研究的专著《印度洋工厂：东方与西方地图（古代至十六世纪）》（*La Fabrique de l'océan Indien*：*Cartes d'Orient et d'Occident*［*Antiquité–XVIe siècle*］）（2017）。

斯蒂芬妮·韦恩-琼斯（Stephanie Wynne-Jones）是英国约克大学考古系的高级讲师。斯蒂芬妮专门研究东非沿海城市化、物质文化和社会实践考古学。她领导了一系列在肯尼亚沿海地区、坦桑尼亚和桑给巴尔的研究项目，并研究了内陆商队路线。她曾在英国东非研究所和布里斯托尔大学任职，并于2015年至2017年在瑞典乌普萨拉高等研究院担任未来科学研究员（Pro Futura Scientia fellowship）。她最近出版的作品是参与编辑的劳特里奇世界系列（Routledge Worlds series）中的一卷：《斯瓦希里世界》（*The Swahili World*）（2018）。

索引

gift exchange 74
Gillis, John 18, 23, 24, 121–2
Gioia, Flavio 45
glass 76, 79, 80–1
Global Middle Ages 2, 124, 218
gold 85, 94
Gomes, Diogo 43
Gomito, Martuccio 159
Gostanza 159
Gotenjiku Zu map 187
grant documents 108
graves 138–9
Green Sea 166
Guanglun jiangli tu map 191
Guigemar 147–8
guilds 84
Gulf (Persian/Arabian)
    Hormuz 38, 189, 190
    Kish (Qays), attack on Aden 99–103,
      107
    Ramisht of Siraf 101, 103
    Siraf 32, 55, 101, 126, 135
    zooarchaeological record 55

Hainei huayi-tu map 189
Hangzhou 35
al-Hariri, Abu Muhammad al-Qasim b.
    'Ali 133–4, 142, 171, 213 (see also
    Maqāmāt)
Hawaiki island 202–6
Henry the Navigator 29, 94
Herodotus 135
hero stones 105–9, 110, 127
herring 61–2, 63, 81
Hinduism 10, 11–14, 210
holy water 14
Homer 171
Hormuz 38, 189, 190
Horyu-ji temple map 187
Hourani, George 99, 100
Howard, Robert E. 211
Huangdi 208
Hyborian Age, The (Howard) 211
Hy Brasil 217
Hye ch'o 75

d'Ibelin, Jean 87–8
Ibn al-Mujawir, Yusuf ibn Yaq'ub 30, 102,
    105, 109, 112–13, 114, 128, 136

Ibn Fadlan, Ahmad 77, 80
Ibn Jubayr, Abu'l-Husayn Muhammad 148,
    149, 150–1, 155
Ibn Khurdadhbih, Abu'l-Qasim Ubaydallah
    35
Ibn Majid, Ahmad 35, 38–9, 42–3
iconography 10, 12–14, 164, 165, 166,
    168–71
al-Idrisi, Abu 'Abdallah Muhammad 107–8,
    176–7
immram 154
incense 74, 84, 87
Indian Ocean
    color 166, 174
    conflicts 95–117
    environmental navigation 32–2
    fish and fishing 49–50, 51–2, 55–8, 130
    imaginary worlds 210, 212
    latitude sailing 41–2
    maps 174, 175–6, 193
    navigational instrument 45, 47
    navigational literature 35, 38
    networks 75, 82, 88–9
    shrines 138
Intan wreck 76
Irish myths 216–17
Isaac II Angelos 87
Isidore of Seville 173
Islam 24, 83–4, 88, 117
    environmental navigation 34
    imaginary worlds 212–15
    maps 174–5, 181
    navies 100
    navigational literature 34
    Swahili-speakers 75
    weights 80
islands 119–39
    Blessed 182, 208–9
    burial sites 138–9
    connectivity and isolation 122, 123–4
    Crete 118–19, 121, 124
    cross-cultural trade 134–5
    Dahlak 111, 126, 132
    depopulated 123
    economics 129–32
    as frontiers 122
    Hormuz 38, 189, 190
    imaginary 200–6, 217, 218
    Kish (Qays) 99–103, 107

图书在版编目(CIP)数据

中世纪海洋文化史/(美)玛格丽特·科恩
(Margaret Cohen)主编;(英)伊丽莎白·兰伯恩
(Elizabeth Lambourn)编;刘嫩译. —上海:上海人
民出版社,2024
(海洋文化史;第2卷)
书名原文:A Cultural History of the Sea in the
Medieval Age
ISBN 978 - 7 - 208 - 18385 - 8

Ⅰ. ①中⋯　Ⅱ. ①玛⋯ ②伊⋯ ③刘⋯　Ⅲ. ①海洋-
文化史-世界-中世纪　Ⅳ. ①P7 - 091

中国国家版本馆 CIP 数据核字(2023)第 122023 号

责任编辑　冯　静　张晓婷
封面设计　苗庆东

海洋文化史　第2卷

中世纪海洋文化史

[美]玛格丽特·科恩 主编
[英]伊丽莎白·兰伯恩 编

刘　嫩　译

出　　版　上海人民出版社
　　　　　(201101　上海市闵行区号景路 159 弄 C 座)
发　　行　上海人民出版社发行中心
印　　刷　江阴市机关印刷服务有限公司
开　　本　720×1000　1/16
印　　张　19.25
插　　页　4
字　　数　292,000
版　　次　2024 年 6 月第 1 版
印　　次　2024 年 6 月第 1 次印刷
ISBN 978 - 7 - 208 - 18385 - 8/K · 3299
定　　价　98.00 元

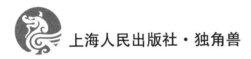

上海人民出版社·独角兽

"独角兽·历史文化"书目

《工业革命(1760—1830)》

《世界和日本》

《世界和非洲》

《激荡的百年史》

《论历史》

《论帝国:美国、战争和世界霸权》

《法国大革命:马赛曲的回响》

《明治维新史再考:由公议、王政走向
集权、去身份化》

阅读,不止于法律。更多精彩书讯,敬请关注:

微信公众号 微博号 视频号